高职高专自动化类"十二五"规划教材

PLC 控制系统(西门子)

吉 红 耿惊涛 主 编

梁艳辉 副主编

化学工业出版社

·北京·

本书主要以西门子 S7-200 和 S7-300 两种型号的 PLC 为对象，以 PLC 的实际应用为重点，对 S7-200 和 S7-300 的硬件组态、编程语言、程序设计与仿真调试、系统结构和通信网络等方面进行了详细的介绍。内容安排采用项目化教学模式，全书分为八个项目，每个项目为一个知识单元，将基础知识和实践操作紧密结合，以项目引导、任务驱动进行学习，不但增加了知识的易学性，而且适应了实践教学环节的需要。

本书知识内容讲授直观易懂、由浅入深，对初学者的学习具有较好的帮助作用，书中有大量的应用实例，有利于提高读者的实践动手能力。书中将两种机型的必备知识有机融合，必定会增加学生就业的适用面和可选性。

本书适合作高职高专电气自动化技术、生产过程控制技术、机电一体化、机械电子技术等专业学生学习 PLC 应用技术的教材，也可作为相关技术人员的参考书。

图书在版编目（CIP）数据

PLC 控制系统（西门子）/吉红，耿惊涛主编 . —北京：化学工业出版社，2012.1
高职高专自动化类"十二五"规划教材
ISBN 978-7-122-13030-3

Ⅰ．P⋯　Ⅱ．①吉⋯②耿⋯　Ⅲ．可编程序控制器-控制系统-高等职业教育-教材　Ⅳ．TM571.6

中国版本图书馆 CIP 数据核字（2011）第 260186 号

责任编辑：张建茹　刘　哲　　　　　　　　　　　文字编辑：吴开亮
责任校对：吴　静　　　　　　　　　　　　　　　装帧设计：尹琳琳

出版发行：化学工业出版社（北京市东城区青年湖南街 13 号　邮政编码 100011）
印　　装：大厂聚鑫印刷有限责任公司
787mm×1092mm　1/16　印张 17½　字数 466 千字　2012 年 2 月北京第 1 版第 1 次印刷

购书咨询：010-64518888（传真：010-64519686）　售后服务：010-64518899
网　　址：http://www.cip.com.cn
凡购买本书，如有缺损质量问题，本社销售中心负责调换。

定　　价：32.00 元　　　　　　　　　　　　　　　　　　版权所有　违者必究

前　言

　　高职高专教材建设是高职院校教学改革的重要组成部分，2009 年全国化工高职仪电类专业委员会组织会员学校对近百家自动化类企业进行了为期一年的广泛调研。2010 年 5 月在杭州召开了全国化工高职自动化类规划教材研讨会。参会的高职院校一线教师和企业技术专家紧密围绕生产过程自动化技术、机电一体化技术、应用电子技术及电气自动化技术等自动化类专业人才培养方案展开研讨，并计划通过三年时间完成自动化类专业特色教材的编写工作。主编采用竞聘方式，由教育专家和行业专家组成的教材评审委员会于 2011 年 1 月在广西南宁确定出教材的主编及参编，众多企业技术人员参加了教材的编审工作。

　　本套教材以《国家中长期教育改革和发展规划纲要》及 2006 年教育部《关于全面提高高等职业教育教学质量的若干意见》为编写依据。确定以"培养技能，重在应用"的编写原则，以实际项目为引领，突出教材的应用性、针对性和专业性，力求内容新颖，紧跟国内外工业自动化技术的最新发展，紧密跟踪国内外高职院校相关专业的教学改革。

　　本书是为满足高职高专电气自动化技术、生产过程控制技术、机电一体化、机械电子技术等专业学习 PLC 应用技术而编写的一本通用教材。

　　PLC 控制是一门实践性较强的技术，知识点多，内容综合性强。本教材在编写的过程中注重学用结合、学练结合，以实例为切入点，按照实例将西门子 S7-200 和 S7-300 的知识进行合理整合，通过每个项目基础知识介绍、程序设计、仿真调试和系统运行等几部分的学习可以使学生较好地掌握西门子 PLC 控制系统的应用。本书主要特点如下。

　　① 本书采用项目化教学模式，全书分为八个项目，每个项目为一个知识单元，将基础知识和实践操作紧密结合，以项目引导，任务驱动进行学习，不但增加了知识的易学性，而且适应了实践教学环节的需要。

　　② 知识内容的讲授尽量做到直观易懂、由浅入深，并且辅以清楚的图片和任务实施的操作步骤，使得知识的掌握过程更加具体化，可以更好地掌握理论知识。

　　③ 实训内容设置尽量和工程实际接近，案例与生产实际紧密结合，项目实施过程清晰、连贯、易于理解和掌握，并有实际操作验证。突出了课程的实际应用性特点，有助于实践操作技能的培养。

　　④ 本书内容涵盖了西门子 S7-200 和 S7-300 两种 PLC，适用面更宽。因为随着自动化技术的发展，高职毕业生在今后的工作中需要对两种机型都有所了解，所以将两种机型的必备知识有机地融合在一起，必定会增加学生就业的适用面和可选性。

　　本书由吉红、耿惊涛担任主编，梁艳辉担任副主编，杨辉静、陈冬和梁晓明参编。书中项目一由耿惊涛编写，项目二由杨辉静编写，项目三由陈冬编写，项目四和项目六吉红编写，项目五由梁艳辉编写，项目七由梁晓明编写，项目八由耿惊涛和梁艳辉共同编写。

　　在本书编写过程中，得到朱凤芝教授的大力帮助和支持，在此表示衷心的感谢。由于时间仓促，编者水平有限，书中难免有不妥之处，敬请各位读者和专家批评指正。

全国化工高职仪电类专业委员会

2011 年 7 月

目　　录

项目一 S7-200 系列 PLC 模块选型与安装

能力目标
① 会根据需要对 S7-200 系列 PLC 进行模块选型。
② 会进行 S7-200 系列 PLC 的接线安装。
知识目标
① 了解 S7-200 系列 PLC 的基本组成及基本功能。
② 熟悉 S7-200 系列 PLC 数据的存储结构。
③ 熟悉 S7-200 系列 PLC 安装接线方法。

任务一 S7-200 系列 PLC 基本组成及基本功能

【任务描述】

S7-200 系列 PLC 是德国西门子公司生产的一种超小型系列可编程控制器，它能够满足多种自动化控制的需求，其设计紧凑，价格低廉，并且具有良好的可扩展性以及强大的指令功能。本任务主要学习 S7-200 系列 PLC 的软、硬件组成和基本功能。

【任务分析】

① 了解 S7-200 系列 PLC 的硬件系统。
② 了解 S7-200 系列 PLC 的软件系统。
③ 了解 S7-200 系列 PLC 的基本功能。

【知识准备】

一、S7-200 PLC 硬件系统

1. S7-200 系列 PLC 主机的外形和端子介绍

S7-200 系列 PLC 主机的外形和端子介绍如图 1-1、图 1-2 所示。

2. CPU 模块

S7-200 系列 PLC 可提供 5 种 CPU 模块，其主要技术性能指标如表 1-1 所示。

表 1-1 S7-200 CPU 主要技术性能指标

型号	CPU221	CPU222	CPU224	CPU226	CPU226MX
用户数据存储器类型	EEPROM	EEPROM	EEPROM	EEPROM	EEPROM
程序空间(永久保存)	2048 字	2048 字	4096	4096 字	8192 字
用户数据存储器	1024 字	1024 字	2560 字	2560 字	5120 字
数据后备(超级电容)典型值/H	50	50	190	190	190
主机 I/O 点数	6/4	8/6	14/10	24/16	24/16
可扩展模块	无	2	7	7	7

续表

型号	CPU221	CPU222	CPU224	CPU226	CPU226MX
24V 传感器电源最大电流(mA)/电流限制(mA)	180/600	180/600	280/600	400/约1500	400/约1500
最大模拟量输入/输出	无	16/16	28/7 或 14	32/32	32/32
240V AC 电源 CPU 输入电流(mA)/最大负载电流(mA)	25/180	25/180	35/220	40/160	40/160
24V DC 电源 CPU 输入电流(mA)/最大负载(mA)	70/600	70/600	120/900	150/1050	150/1050
为扩展模块提供的 5V DC 电源的输出电流	—	最大 340mA	最大 660mA	最大 1000mA	最大 1000mA
内置高速计数器	4(30kHz)	4(30kHz)	6(30kHz)	6(30kHz)	6(30kHz)
高速脉冲输出	2(20kHz)	2(20kHz)	2(20kHz)	2(20kHz)	2(20kHz)
模拟量调节电位器	1个	1个	2个	2个	2个
实时时钟	有(时钟卡)	有(时钟卡)	有(内置)	有(内置)	有(内置)
RS-485 通信口	1	1	1	1	1
各组输入点数	4,2	4,4	8,6	13,11	13,11
各组输出点数	4(DC 电源) 1,3(AC 电源)	6(DC 电源) 3,3(AC 电源)	5,5(DC 电源) 4,3,3(AC 电源)	8,8(DC 电源) 4,5,7(AC 电源)	8,8(DC 电源) 4,5,7(AC 电源)

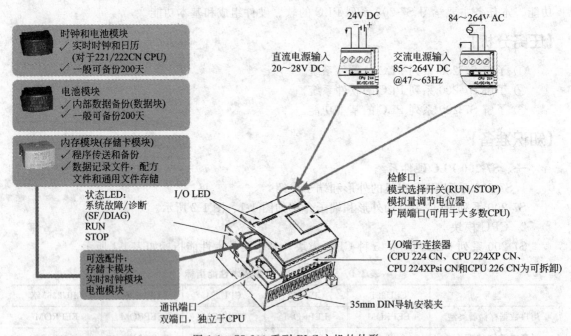

图 1-1　S7-200 系列 PLC 主机的外形

3. 扩展模块

除 CPU221 外，其他 CPU 模块为了扩展 I/O 点数和执行特殊功能，均可配接多个扩展模块。扩展模块主要有如下几类。

（1）数字量扩展模块　数字量 I/O 模块专门用于扩展 S7-200 系统的数字量 I/O 数量，用户通过选用具有不同 I/O 点数的数字量扩展模块，可以满足不同的控制需要，节约投资

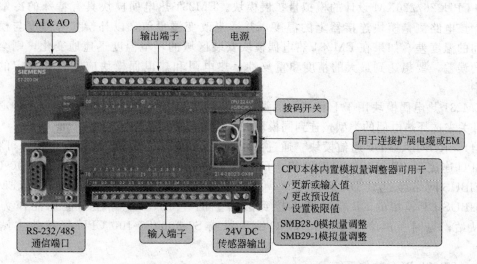

图 1-2　S7-200 系列 PLC 主机的端子和硬件介绍

费用。可选用的数字量扩展模块如表 1-2 所示。连接时，CPU 模块放在最左侧，扩展模块用扁平电缆与左侧的模块相连。

表 1-2　数字量扩展模块

类型	型号	各组输入点数	各组输出点数
输入扩展模块 EM221	EM221 24V DC 输入	4,4	—
	EM221 230V AC 输入	8 点相互独立	—
输出扩展模块 EM222	EM222 24V DC 输出	—	4,4
	EM222 继电器输出	—	4,4
	EM222 230V AC 双向晶闸管输出		8 点相互独立
输入/输出 扩展模块 EM223	EM223 24V DC 输入/继电器输出	4	4
	EM223 24V DC 输入/24VDC 输出	4,4	4,4
	EM223 24V DC 输入/24VDC 输出	8,8	4,4,8
	EM223 24V DC 输入/继电器输出	8,8	4,4,4,4

（2）模拟量扩展模块　在工业控制中，某些输入量（如压力、温度、流量、转速等）为模拟量，某些执行机构（如电动调节阀、变频器等）要求可编程序控制器输出模拟信号。

可编程序控制器的 CPU 不能直接处理模拟量，输入的模拟量首先被传感器和变送器转换为标准的电流或电压，如 4～20mA、1～5V、0～10V，可编程序控制器用 A/D 转换器将它们转换成数字量。D/A 转换器将可编程序控制器处理过的数字量转化为模拟电压或电流，再去控制执行机构。模拟量 I/O 扩展模块的主要任务就是实现 A/D 转换（模拟量输入）和 D/A 转换（模拟量输出）。S7-200 的三种模拟量扩展模块如表 1-3 所示。

表 1-3　模拟量扩展模块

模块	EM231	EM232	EM235
点数	4 路模拟量输入	2 路模拟量输出	4 路输入,1 路输出

（3）热电偶、热电阻扩展模块　EM231 热电偶、热电阻扩展模块是为 S7-200 CPU222/

224 和 CPU226/226XM 设计的模拟量扩展模块。EM231 热电偶模块具有特殊的冷端补偿电路，该电路测量模块连接器上的温度，并适当改变测量值，以补偿参考温度与模块温度之间的温度差，如果在 EM231 热电偶模块安装区域的环境温度迅速地变化，则会产生额外的误差，要想达到最大的精度和重复性，热电阻和热电偶模块应安装在稳定的环境温度中。

EM231 热电偶模块用于七种热电偶类型（J、K、E、N、S、T 和 R 型）。用户必须用 DIP 开关来选择热电偶的类型，连到同模块上的热电偶必须是相同类型。

（4）PROFIBUS-DP 通信模块　通过 EM 277 PROFIBUS-DP 扩展从站模块，可将 S7-200 CPU 连接到 PROFIBUS-DP 网络。EM 277 经过串行 I/O 总线连接到 S7-200 CPU，PROFIBUS 网络经过其 DP 通信端口，连接到 EM 277 PROFIBUS-DP 模块。EM 277 PROFIBUS-DP 模块的 DP 端口可连接到网络上的一个 DP 主站上，但仍能作为一个 MPI 从站，与同一网络上如 SIMATIC 编程器或 S7-300/S7-400 CPU 等其他主站进行通信。

二、S7-200 PLC 软件系统

1. 系统程序

系统程序由 PLC 的制造商编制，固化在 EPROM 或 PROM 中，它包括以下三个部分。

① 系统管理程序：由它决定系统的工作节拍，包括 PLC 运行管理（各种操作的时间分配安排）、存储空间管理（生成用户数据区）和系统自诊断管理（如电源、系统出错、程序语法、句法检验等）。

② 用户程序编辑和指令解释程序：编辑程序能将用户程序变为内码形式以便于程序的修改、调试。解释程序能将编程语言变为机器语句以便 CPU 操作运行。

③ 标准子程序与调用管理程序：为提高运行速度，在程序执行中某些信息处理（如 I/O 处理）或特殊运算等是通过调用标准子程序来完成的。

2. 用户程序

根据系统配置和控制要求编制的用户程序，是 PLC 应用于工业控制的一个重要环节。PLC 编程语言由国际标准——IEC 61131—3 规定了五种。

① 顺序功能图（Sequential Function Chart）。

② 梯形图（Ladder Diagram）。

③ 功能块图（Function Block Diagram）。

④ 指令表（Instruction List）。

⑤ 结构文本（Structured Text）。

S7-200 PLC 的编程软件 STEP 7-Micro/WIN 的 IEC 61131—3 指令集只提供梯形图、功能块图和语句表三种编程语言。

（1）梯形图（LAD）　这是目前 PLC 应用最广、最受电气技术人员欢迎的一种编程语言。梯形图与继电器控制原理图相似，具有形象、直观、实用的特点，与继电器控制图的设计思路基本一致，很容易由继电器控制线路转化而来。如图 1-3 所示。

（2）语句表（STL）　这是一种与汇编语言类似的编程语言，它采用助记符指令，并以程序执行顺序逐句编写成语句表。梯形图和指令表完成同样控制功能，两者之间存在一定对应关系，如图 1-4 所示。

（3）功能块图（FBD）　功能块图类似于数字逻辑门电路，包括与（AND）、或（OR）、非（NOT）以及定时器、计数器、触发器等，如图 1-5 所示。

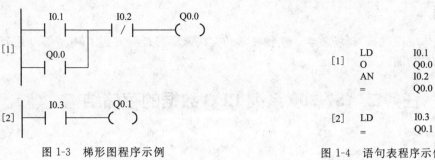

图 1-3　梯形图程序示例　　　　　图 1-4　语句表程序示例

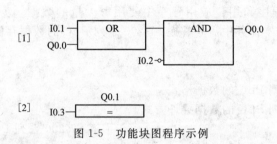

图 1-5　功能块图程序示例

三、S7-200 PLC 的基本功能

S7-200 CPU 的基本功能就是监视现场的输入信号，根据用户程序中编制的控制逻辑进行运算，把运算结果作为输出信号去控制现场设备的运行。

在 S7-200 系统中，控制逻辑由用户编程实现。用户程序要下载到 S7-200 CPU 中执行。S7-200 CPU 按照循环扫描的方式，完成包括执行用户程序在内的各项任务。

S7-200 CPU 周而复始地执行一系列任务，这些任务每次自始至终地执行一遍，CPU 就经历一个扫描周期。

通常在一个扫描周期内，CPU 顺序执行如下操作。

① 读输入。S7-200 CPU 读取物理输入点上的状态并复制到输入过程映像寄存器中。

② 执行用户控制逻辑。从头至尾地执行用户程序。一般情况下，用户程序从输入映像寄存器获得外部控制和状态信号，把运算的结果写到输入出映像寄存器中，或者存入到不同的数据保存区中。

③ 处理通信任务。

④ 执行自诊断。S7-200 CPU 检查整个系统是否工作正常。

⑤ 写输出。复制输出过程映像寄存器中的特殊存储区，专门用于存放从物理输入/输出点到读取或写到物理输入/输出点的状态。用户程序通过过程映像寄存器访问实际物理输入和输出点，可以大大提高程序执行效率。

S7-200 有两种操作模式：停止模式和运行模式。CPU 前面板上的 LED 状态指示灯显示了当前的操作模式。在停止模式下，S7-200 不执行用户程序，只进行内部处理和通信服务。

要改变 S7-200 CPU 的操作模式，有以下几种方法。

① 使用 S7-200 CPU 的模式开关。开关拨到 RUN 时，CPU 运行；开关拨到 STOP 时，CPU 停止；开关拨到 TERM 时，不改变当前操作模式。如果需要 CPU 在上电时自动运行，模式开关必须在 RUN 位置。

② CPU 上的模式开关在 RUN 或 TERM 位置时，可以使用 STEP 7-Micro/WIN 编程软件控制 CPU 的运行和停止。

③ 在程序中插入 STOP 指令，可以在条件满足时将 CPU 设置为停止模式。

【任务实施】

通过多媒体（课件）、现场教学、实物教学和完成课后习题等方法了解 S7-200 系列 PLC 基本组成及基本功能。

任务二　S7-200 系列 PLC 数据的存储结构

【任务描述】

在 PLC 内部系统程序和用户应用程序中使用着大量的数据。为了更好地理解和掌握 PLC 程序编写方法，在本任务中需要掌握 S7-200 系列 PLC 的数据存储结构。

【任务分析】

① 了解 S7-200 系列 PLC 的数据格式。

② 了解 S7-200 系列 PLC 的数据寻址方式。

③ 了解 S7-200 系列 PLC 的各数据存储区功能及其寻址方式。

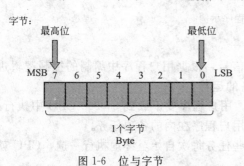

图 1-6　位与字节

【知识准备】

一、数据格式

在计算机中使用的都是二进制数，其最基本的存储单位是位（bit），8 位二进制数组成 1 个字节（Byte），其中的第 0 位为最低位（LSB），第 7 位为最高位（MSB），如图 1-6 所示。两个字节（16 位）组成 1 个字（Word），两个字（32 位）组成 1 个双字（Double word），如图 1-7 所示。把位、字节、字和双字占用的连续位数称为长度。

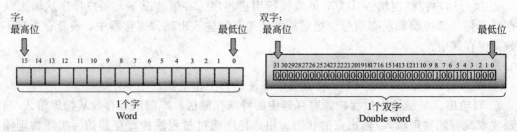

图 1-7　字和双字

二进制数的"位"只有 0 和 1 两种的取值，开关量（或数字量）也只有两种不同的状态，如触点的断开和接通、线圈的失电和得电等。在 S7-200 梯形图中，可用"位"描述它们，如果该位为 1 则表示对应的线圈为得电状态，触点为转换状态（常开触点闭合、常闭触点断开）；如果该位为 0，则表示对应线圈，触点的状态与前者相反。

数据格式和取值范围如表 1-4 所列。

表 1-4　数据格式和取值范围

寻址格式	数据长度 （二进制数）	数据类型	取值范围
BOOL（位）	1（位）	布尔数（二进制数）	0,1

续表

寻址格式	数据长度 (二进制数)	数据类型	取值范围
BYTE(字节)	8(字节)	无符号整数	0～255; 0～FF(H)
INT(整数)	16(字)	有符号整数	−32768～32767; 8000～7FFF(H)
WORD(字)		无符号整数	0～65535; 0～FFFF(H)
DINT(双整数)		有符号整数	−2147483648～2147483647; 80000000～7FFFFFFF(H)
DWORD(双字)	32(双字)	无符号整数	0～4294967295; 0～FFFFFFFF(H)
REAL(实数)		IEEE 32 位 单精度浮点数	−3.402823E+38～−1.175495E−38(负数); +1.175495E-38～+3.402823E+38(正数)
ASCII	8(字节)/1 个	字符列表	ASCII 字符,汉字内码(每个汉字两字节)
STEING(字符串)		字符串	1～254 个 ASCII 字符、汉字内码(每个汉字两字节)

二、数据的寻址方式

S7-200 CPU 将信息存储在不同的存储器单元中,每个单元都有地址。S7-200 CPU 使用数据地址访问所有的数据,称为寻址。数字量和模拟量输入/输出点、中间运算数据等各种数据具有各自的地址定义方式。S7-200 的大部分指令都需要指定数据地址。

在 S7-200 系统中,可以按位、字节、字和双字对存储单元寻址。

寻址时,数据地址可以代表存储区类型的字母开始,随后是表示数据长度的标记,然后是存储单元编号,如图 1-8 所示;对于二进制位寻址,还需要在一个小数点分隔符后指定位编号,如图 1-9 所示。

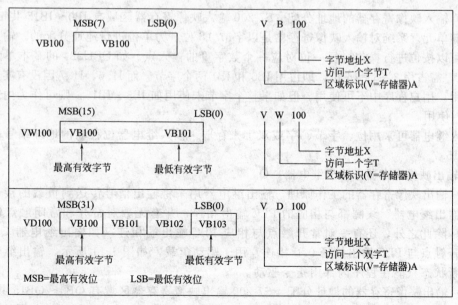

图 1-8 字节、字和双字寻址示例

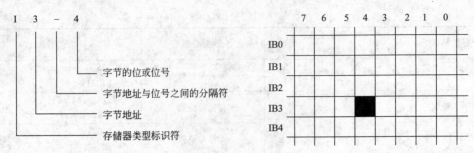

图1-9 位寻址示例例

三、各数据存储区功能及地址分配

1. 输入映像寄存器（输入继电器）I

（1）输入映像寄存器的工作原理 输入继电器是PLC用来接收用户设备输入信号的接口。PLC中的"继电器"与继电器控制系统中的继电器有本质性的差别，是"软继电器"，它实质上是存储单元。每一个"输入继电器"线圈都与相应的PLC输入端相连（如"输入继电器"I0.0的线圈与PLC的输入端子0.0相连），当外部开关信号闭合，则"输入继电器的线圈"得电，在程序中其常开触点闭合，常闭触点断开，如图1-10所示。由于存储单元可以无限次的读取，所以有无数对常开、常闭触点供编程时使用。编程时应注意，"输入继电器"的线圈只能由外部信号来驱动，不能在程序内部用指令来驱动，因此，在用户编制的梯形图中只应出现"输入继电器"的触点，而不应出现"输入继电器"的线圈。

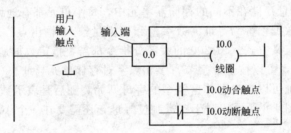

图1-10 输入映像寄存器

（2）输入映像寄存器的地址分配 S7-200输入映像寄存器区域有IB0～IB15共16个字节的存储单元。系统对输入映像寄存器是以字节（8位）为单位进行地址分配的。输入映像寄存器可以按位进行操作，每一位对应一个数字量的输入点。如CPU224的基本单元输入为14点，需占用$2\times8=16$位，即占用IB0和IB1两个字节。而I1.6、I1.7因没有实际输入而未使用，用户程序中不可使用。但如果整个字节未使用如IB3～IB15，则可作为内部标志位（M）使用。

输入继电器可采用位、字节、字或双字来存取。输入继电器位存取的地址编号范围为I0.0～I15.7。

2. 输出映像寄存器（输出继电器）Q

（1）输出映像寄存器的工作原理 输出继电器用来将输出信号传送到负载的接口，每一个"输出继电器"线圈都与相应的PLC输出相连，并有无数对常开和常闭触点供编程时使用。除此之外，还有一对常开触点与相应PLC输出端相连（如输出继电器Q0.0有一对常开触点与PLC输出端子0.0相连）用于驱动负载，如图1-11所示。输出继电器线圈的通断状态只能在程序内部用指令驱动。

（2）输出映像寄存器的地址分配 S7-200输出映像寄存器区域有QB0～QB15共16个字节的存储单元。系统对输出映像寄存器也是以字节（8位）为单位进行地址分配的。输出

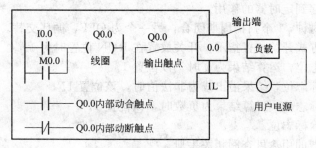

图 1-11　输出映像寄存器

映像寄存器可以按位进行操作，每一位对应一个数字量的输出点。如 CPU224 的基本单元输出为 10 点，需占用 2×8＝16 位，即占用 QB0 和 QB1 两个字节。但未使用的位和字节均可在用户程序中作为内部标志位使用。

输出继电器可采用位、字节、字或双字来存取。输出继电器位存取的地址编号范围为 Q0.0～Q15.7。

以上介绍的两种软继电器都是和用户有联系的，因而是 PLC 与外部联系的窗口。下面所介绍的则是与外部设备没有联系的内部软继电器。它们既不能用来接收用户信号，也不能用来驱动外部负载，只能用于编制程序，即线圈和接点都只能出现在梯形图中。

3. 变量存储器 V

变量存储器主要用于存储变量，可以存放数据运算的中间运算结果或设置参数，在进行数据处理时，变量存储器会被经常使用。变量存储器可以是位寻址，也可按字节、字、双字为单位寻址，其位存取的编号范围根据 CPU 的型号有所不同，CPU221/222 为 V0.0～V2047.7 共 2KB 存储容量，CPU224/226 为 V0.0～V5119.7 共 5KB 存储容量。

4. 内部标志位存储器（中间继电器）M

内部标志位存储器，用来保存控制继电器的中间操作状态，其作用相当于继电器控制中的中间继电器，内部标志位存储器在 PLC 中没有输入/输出端与之对应，其线圈的通断状态只能在程序内部用指令驱动，其触点不能直接驱动外部负载，只能在程序内部驱动输出继电器的线圈，再用输出继电器的触点去驱动外部负载。

内部标志位存储器可采用位、字节、字或双字来存取。内部标志位存储器位存取的地址编号范围为 M0.0～M31.7 共 32 个字节。

5. 特殊标志位存储器 SM

PLC 中还有若干特殊标志位存储器，特殊标志位存储器提供大量的状态和控制功能，用来在 CPU 和用户程序之间交换信息。特殊标志位存储器能以位、字节、字或双字来存取，CPU224 的 SM 的位地址编号范围为 SM0.0～SM179.7 共 180 个字节，其中 SM0.0～SM29.7 的 30 个字节为只读型区域。

常用的特殊存储器的用途如下。

SM0.0：运行监视。SM0.0 始终为"1"状态。当 PLC 运行时可以利用其触点驱动输出继电器，在外部显示程序是否处于运行状态。

SM0.1：初始化脉冲。每当 PLC 的程序开始运行时，SM0.1 线圈接通一个扫描周期，因此 SM0.1 的触点常用于调用初始化程序等。

SM0.3：开机进入 RUN 时，接通一个扫描周期，可用在启动操作之前，给设备提前预热。

SM0.4、SM0.5：占空比为 50% 的时钟脉冲。当 PLC 处于运行状态时，SM0.4 产生周期为 1min 的时钟脉冲，SM0.5 产生周期为 1s 的时钟脉冲。若将时钟脉冲信号送入计数器作为计数信号，可起到定时器的作用。

SM0.6：扫描时钟，1 个扫描周期闭合，另一个为 OFF，循环交替。

SM0.7：工作方式开关位置指示，开关放置在 RUN 位置时为 1。

SM1.0：零标志位，运算结果为 0 时，该位置 1。

SM1.1：溢出标志位，结果溢出或为非法值时，该位置 1。

SM1.2：负数标志位，运算结果为负数时，该位置 1。

SM1.3：被 0 除标志位。

其他特殊存储器的用途可查阅相关手册。

6. 局部变量存储器 L

局部变量存储器 L 用来存放局部变量。局部变量存储器 L 和变量存储器 V 十分相似，主要区别在于全局变量是全局有效，即同一个变量可以被任何程序（主程序、子程序和中断程序）访问，而局部变量只是局部有效，即变量只和特定的程序相关联。

S7-200 有 64 个字节的局部变量存储器，其中 60 个字节可以作为暂时存储器，或给子程序传递参数。后 4 个字节作为系统的保留字节。PLC 在运行时，根据需要动态地分配局部变量存储器，在执行主程序时，64 个字节的局部变量存储器分配给主程序，当调用子程序或出现中断时，局部变量存储器分配给子程序或中断程序。

局部存储器可以按位、字节、字、双字直接寻址，其位存取的地址编号范围为 L0.0～L63.7。

L 可以作为地址指针。

7. 定时器 T

PLC 所提供的定时器作用相当于继电器控制系统中的时间继电器。每个定时器可提供无数对常开和常闭触点供编程使用。其设定时间由程序设置。

每个定时器有一个 16 位的当前值寄存器，用于存储定时器累计的时基增量值（1～32767），另有一个状态位表示定时器的状态。若当前值寄存器累计的时基增量值大于等于设定值时，定时器的状态位被置"1"，该定时器的常开触点闭合。

定时器的定时精度分别为 1ms、10ms 和 100ms 三种，CPU222、CPU224 及 CPU226 的定时器地址编号范围为 T0～T225，它们分辨率、定时范围并不相同，用户应根据所用 CPU 型号及时基，正确选用定时器的编号。

8. 计数器 C

计数器用于累计计数输入端接收到的由断开到接通的脉冲个数。计数器可提供无数对常开和常闭触点供编程使用，其设定值由程序赋予。

计数器的结构与定时器基本相同，每个计数器有一个 16 位的当前值寄存器用于存储计数器累计的脉冲数，另有一个状态位表示计数器的状态，若当前值寄存器累计的脉冲数大于等于设定值时，计数器的状态位被置"1"，该计数器的常开触点闭合。计数器的地址编号范围为 C0～C255。

9. 高速计数器 HC

一般计数器的计数频率受扫描周期的影响，不能太高。而高速计数器可用来累计比 CPU 的扫描速度更快的事件。高速计数器的当前值是一个双字长（32 位）的整数，且为只读值。

高速计数器的地址编号范围根据 CPU 的型号有所不同，CPU221/222 各有 4 个高速计数器，CPU224/226 各有 6 个高速计数器，编号为 HC0～HC5。

10. 累加器 AC

累加器是用来暂存数据的寄存器，它可以用来存放运算数据、中间数据和结果。CPU

提供了 4 个 32 位的累加器，其地址编号为 AC0～AC3。累加器的可用长度为 32 位，可采用字节、字、双字的存取方式，按字节、字只能存取累加器的低 8 位或低 16 位，双字可以存取累加器全部的 32 位。

11. 顺序控制继电器 S（状态元件）

顺序控制继电器是使用步进顺序控制指令编程时的重要状态元件，通常与步进指令一起使用以实现顺序功能流程图的编程。

顺序控制继电器的地址编号范围为 S0.0～S31.7。

12. 模拟量输入/输出映像寄存器（AI/AQ）

S7-200 的模拟量输入电路是将外部输入的模拟量信号转换成 1 个字长的数字量存入模拟量输入映像寄存器区域，区域标志符为 AI。

模拟量输出电路是将模拟量输出映像寄存器区域的 1 个字长（16 位）数值转换为模拟电流或电压输出，区域标志符为 AQ。

在 PLC 内的数字量字长为 16 位，即两个字节，故其地址均以偶数表示，如 AIW0、AIW2……AQW0、AQW2……。

对模拟量输入/输出是以 2 个字（W）为单位分配地址，每路模拟量输入/输出占用 1 个字（2 个字节）。如有 3 路模拟量输入，需分配 4 个字（AIW0、AIW2、AIW4、AIW6），其中没有被使用的字 AIW6，不可被占用或分配给后续模块。如果有 1 路模拟量输出，需分配 2 个字（AQW0、AQW2），其中没有被使用的字 AQW2，不可被占用或分配给后续模块。

模拟量输入/输出的地址编号范围根据 CPU 的型号的不同有所不同，CPU222 为 AIW0～AIW30/AQW0～AQW30，CPU224/226 为 AIW0～AIW62/AQW0～AQW62。

S7-200 系列 PLC 把内部数据存储器分为若干区域，并定义为不同功能的内部编程元件。为了便于应用，S7-200 系列 PLC 存储区范围及特性汇总于表 1-5。

表 1-5　S7-200 系列 PLC 存储区范围及特性

描　述	CPU221	CPU222	CPU224	CPU226	CPU226XM
用户程序大小	2K 字	2K 字	4K 字	4K 字	8K 字
用户数据大小	1K 字	1K 字	2.5K 字	2.5K 字	5K 字
输入映象寄存器（I）	I0.0～I15.7	I0.0～I15.7	I0.0～I15.7	I0.0～I15.7	I0.0～I15.7
输出映象寄存器（Q）	Q0.0～Q15.7	Q0.0～Q15.7	Q0.0～Q15.7	Q0.0～Q15.7	Q0.0～Q15.7
模拟量输入（只读）(AI)	—	AIW0～AIW30	AIW0～AIW62	AIW0～AIW62	AIW0～AIW62
模拟量输出（只写）(AQ)	—	AQW0～AQW30	AQW0～AQW62	AQW0～AQW62	AQW0～AQW62
变量存储器(V)	VB0～VB2047	VB0～VB2047	VB0～VB5119	VB0～VB5119	VB0～VB10239
局部存储器(L)	LB0～LB63	LB0～LB63	LB0～LB63	LB0～LB63	LB0～LB63
位存储器(M)	M0.0～M31.7	M0.0～M31.7	M0.0～M31.7	M0.0～M31.7	M0.0～M31.7
特殊存储器(SM)只读	SM0.0～SM179.7 SM0.0～SM29.7	SM0.0～SM299.7 SM0.0～SM29.7	SM0.0～SM549.7 SM0.0～SM29.7	SM0.0～SM549.7 SM0.0～SM29.7	SM0.0～SM549.7 SM0.0～SM29.7
定时器（T）	256(T0～T255)	256(T0～T255)	256(T0～T255)	256(T0～T255)	256(T0～T255)
有记忆接通延迟 1ms	T0,T64	T0,T64	T0,T64	T0,T64	T0,T64
有记忆接通延迟 10ms	T1～T4, T65～T68	T1～T4, T65～T68	T1～T4, T65～T68	T1～T4, T65～T68	T1～T4, T65～T68

描　述	CPU221	CPU222	CPU224	CPU226	CPU226XM
有记忆接通延迟 100ms	T5～T31, T69～T95	T5～T31, T69～T95	T5～T31, T69～T95	T5～T31, T69～T95	T5～T31, T69～T95
接通/关断 延迟 1ms	T32,T96	T32,T96	T32,T96	T32,T96	T32,T96
接通/关断 延迟 10ms	T33～T36, T97～T100	T33～T36, T97～T100	T33～T36, T97～T100	T33～T36, T97～T100	T33～T36, T97～T100
接通/关断延迟 100ms	T37～T63, T101～T255	T37～T63, T101～T255	T37～T63, T101～T255	T37～T63, T101～T255	T37～T63, T101～T255
计数器(C)	C0～C255	C0～C255	C0～C255	C0～C255	C0～C255
高速计数器(HC)	HC0,HC3～HC5	HC0,HC3～HC5	HC0～HC5	HC0～HC5	HC0～HC5
顺控继电器(S)	S0.0～S31.7	S0.0～S31.7	S0.0～S31.7	S0.0～S31.7	S0.0～S31.7
累加寄存器(AC)	AC0～AC3	AC0～AC3	AC0～AC3	AC0～AC3	AC0～AC3
跳转/标号	0～255	0～255	0～255	0～255	0～255
调用/子程序	0～63	0～63	0～63	0～63	0～127
中断程序	0～127	0～127	0～127	0～127	0～127
正/负跳变	256	256	256	256	256
PID 回格		0～7	0～7	0～7	0～7
端口	端口 0	端口 0	端口 0	端口 0,1	端口 0,1

【任务实施】

通过多媒体（课件）、现场教学、实物教学和完成课后习题等方法了解 S7-200 系列 PLC 数据的存储结构。

任务三　S7-200 系列 PLC 安装接线

【任务描述】

PLC 是专为工业生产环境设计的控制装置，具有较强的抗干扰能力，但是，也必须严格按照技术指标规定的条件安装使用。另外，输入、输出和通信线的连线正确与否直接决定系统是否能正常工作。在本任务中通过教师实物演示和实际安装连线操作，掌握 S7-200 系列 PLC 安装接线的应用。

【任务分析】

① 了解 S7-200 系列 PLC 的安装固定方式。
② 了解 S7-200 系列 PLC 的电源、输入、输出接线方式。
③ 了解 S7-200 系列 PLC 的通信接线方式。

【知识准备】

一、PLC 的安装

PLC 一般要求安装在环境温度为 0～55℃，相对湿度小于 85%，无粉尘、油烟，无腐蚀性及可燃性气体的场合中。为了达到这些条件，PLC 不要安装在发热器件附近，不能安装在结露、雨淋的场所，在粉尘多、油烟大、有腐蚀性气体的场合安装时要采取封闭措施，在封闭的电器柜中安装时，要注意解决通风问题。另外 PLC 要安装在远离强烈振动源及强烈电磁干扰源的场所，否则需采取减振及屏蔽措施。

PLC 的安装固定通常有两种方式：一是直接利用机箱上的安装孔，用螺钉将机箱固定在控制柜的背板或面板上；其二是利用 DIN 导板安装，这需先将 DIN 导板固定好，再将 PLC 及各种扩展单元卡上 DIN 导板。安装时还要注意在 PLC 周围留出散热及接线的空间。

二、PLC 的接线

PLC 在工作前必须正确地接入控制系统。和 PLC 连接的主要有 PLC 的电源接线、输入/输出器件的接线、通信线、接地线。图 1-12 为西门子 S7-200 系列 PLC 中 CPU224 AC/DC/Relay 接线图，可参照阅读。型号中 AC 为本机使用交流电源，DC 指输入端用直流电源，Relay 指输出器件为继电器。

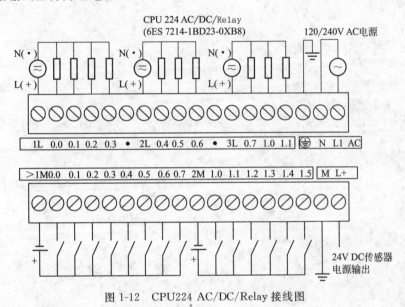

图 1-12　CPU224 AC/DC/Relay 接线图

1. 电源接线

PLC 的供电通常有两种情况：一是直接使用工频交流电，通过交流输入端子连接，对电压的要求比较宽松，100～250V 均可使用；二是采用外部直流开关电源供电，一般配有直流 24V 输入端子。采用交流供电的 PLC 机内自带直流 24V 内部电源，为输入器件供电。

2. 输入器件的连接

PLC 的输入器件主要有开关、按钮及各种传感器，这些都是触点类型的器件，在接入 PLC 时，每个触点的两个接头分别连接一个输入点及输入公共端。PLC 的开关量输入接线点都是螺钉接入方式，每一位信号占用一个螺钉，公共端有时是分组隔离的。开关、按钮等器件都是无源器件，PLC 内部电源能为每个输入点大约提供 7mA 工作电流，这也就限制了线路的长度。有源传感器在接入时需注意与机内电源的极性配合。模拟量信号的输入需采用专用的模拟量工作单元。

3. 输出器件的连接

PLC 的输出口上连接的器件主要是继电器、接触器、电磁阀的线圈。这些器件均采用 PLC 机外的专用电源供电，PLC 内部不过是提供一组开关触点。接入时，线圈的一端接输出点螺钉，一端经电源接输出公共端。由于输出口连接线圈种类多，所需的电源种类及电压不同，输出口与公共端常分为许多组，而且组间是隔离的。PLC 输出口的电流定额一般为2A，大电流的执行器件需配装中间继电器。

4. 通信线的连接

PLC 一般设有专用的通信口。通常为 RS-485 口，与通信口的接线常采用专用的接插件连接。PLC 的安装接线与抗干扰有密切的联系，有关内容可见项目八。

【任务实施】

通过实物演示和实际安装连线操作，学会 S7-200 系列 PLC 安装接线的应用。

项目二 S7-200PLC 编程软件的安装和使用

能力目标

① 会安装 S7-200 系列 PLC 编程软件 STEP 7V4.0。

② 会应用 S7-200 系列 PLC 编程软件输入、下载、上载、监控程序。

知识目标

① 掌握 S7-200 系列 PLC 的编程软件 STEP 7V4.0 安装方法。

② 掌握 S7-200 系列 PLC 的编程软件 STEP 7V4.0 使用方法。

任务一　STEP 7V4.0 编程软件的安装

【任务描述】

用户应用程序编制完成后要下载到 PLC 中才能调试运行，才能最终检验程序编制的正确与否。程序的下载可使用手持式编程器，这是以往用得较多的程序下载方法，是一种基于指令表的下载方式，操作较麻烦。为了提高产品与用户的亲和性，近年来，各 PLC 厂家都相继开发了基于个人计算机的图视化编程软件，例如西门子 S7-200 系列可编程序控制器使用的 STEP 7V4.0 编程软件，三菱系列 PLC 使用的 FXGPWIN 编程软件等。这些软件一般都具有编程及程序调试等多种功能，是 PLC 用户不可缺少的开发工具。本任务要求掌握 S7-200 系列 PLC 的编程软件 STEP 7V4.0 安装方法。

【任务分析】

① 掌握 S7-200 系列 PLC 的编程软件 STEP 7V4.0 安装方法。

② 掌握 S7-200 系列 PLC 的通信参数设置方法。

【知识准备】

一、软件的安装

STEP 7V4.0 是基于 Windows 的应用软件，运行于 Windows XP、Windows Vista、Windows7 操作系统的计算机，需要内存 8MB 以上，硬盘空间 50MB 以上，支持鼠标，具有 RS-232 接口或 USB 接口，都可以安装。除此之外，要对 S7-200 进行实际的编程和调试，必须在运行编程软件的计算机和 S7-200 CPU 间配备下列设备中的一种。

① 一条 PC/PPI 电缆或 PPI 多主站电缆，其价格便宜，用得最多。

② 一块插在个人计算机中的通信处理器（CP）卡和 MPI（多点接口）电缆。采用这种方式可用较高的波特率进行通信。

1. 安装步骤

第一步，关闭 PC 的所有应用程序，在光盘驱动器内插入安装光盘，双击安装光盘中的"Setup. exe"文件。如果没有禁止光盘插入自动运行，安装程序会自动运行。

第二步，按照安装程序的提示完成安装。

① 选择英语作为安装过程中使用的语言，如图 2-1 所示，单击"确定"。

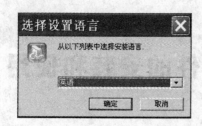

图 2-1　选择安装程序界面语言

② 在出现的对话框中单击"Next"按钮，出现"License Agreement"对话框，选择"Yes"同意许可协议。

③ 选择安装目的文件夹，如图 2-2 所示。单击"Browse"按钮，可在弹出对话框中指定其他文件夹，单击"Next"，开始安装程序。

④ 安装过程中，会出现"Set PG/PC Interface"窗口，如图 2-3 所示，选择"PC/PPI cable"通信方式，按"OK"按钮。

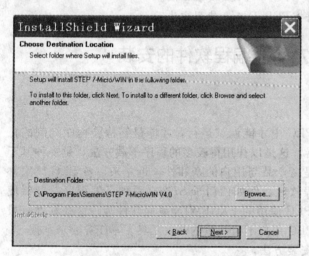

图 2-2　选择安装的文件夹

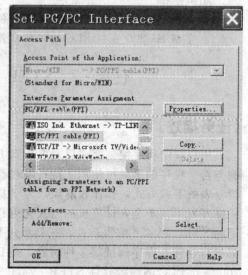

图 2-3　设置通信方式界面

⑤ 安装结束时会出现下列两种选项：

● 是，我要现在重新启动计算机（缺省选项）；

● 否，我以后再重新启动计算机。

选择缺省选项，点击"Finish"重新启动计算机，完成安装。

⑥ STEP 7-Micro/WIN 支持全中文环境。安装完成后，在菜单"Tools"（工具）的"Options"（选项），选择"General"（常规）选项卡，在该选项卡中选择"Chinese"，退出 STEP 7-Micro/WIN，再次启动后中文环境生效，如图 2-4 所示。

2. 安装 SP 升级包

STEP 7-Micro/WIN 以发布 Service Pack（服务包）的形式来进行优化和增添新的功能。可以从西门子网站上下载 STEP 7-Micro/WIN 的 SP 升级包，安装一次最新的 SP 包，就可以将软件升级到当前的最新版本，目前最新的版本是 SP8。但应注意：安装 SP 包只是实现在同一个大版本号序列中的升级，而不能升级大版本号。

运行下载的 SP8 升级包的相应可执行文件，按照安装向导进行操作，就能很方便地将软件升级。

二、通信参数设置

安装完软件并且连接好硬件之后，可以按照下面的步骤设置参数。

① 在 STEP 7-Micro/WIN 运行后单击通信图标或从菜单选项"查看"中选择"组件"中的"通信"，则会出现一个"通信"对话框，如图 2-5 所示。

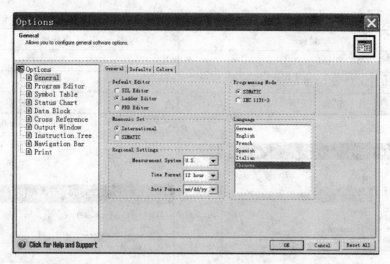

图 2-4　选择中文环境

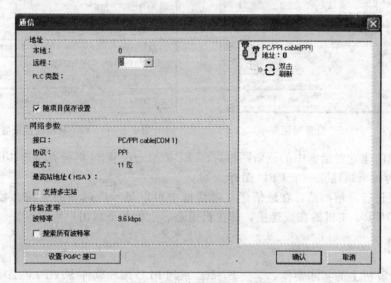

图 2-5　通信参数设置的对话框

②　在对话框中双击 PC/PI 电缆的图标或单击左下角"设置 PG/PC 接口"按钮，将出现 PG "Set PG/PC Interface" 对话框，如图 2-6 所示。注释：如不用第①步，直接单击应用程序左侧的"设置 PG/PC 接口"按钮亦可。

③　单击"Properties"按钮，将出现接口属性对话框，如图 2-7 所示。检查各参数的属性是否正确。其中通信波特率默认值为 9.6kbps，网络地址默认值为 0。

网络地址是为网络上每台设备指定的一个独特号码。该独特的网络地址的作用是确保将数据传送至正确的设备，并从正确的设备检索数据。

S7-200 支持 0~126 的网络地址。对于配备两个端口的 S7-200，每个端口可以有一个网络地址。表 2-1 列出了 S7-200 设备默认（工厂）网络地址。

④　建立在线连接。前几步如果都顺利完成，则可以建立与 SIMATIC S7-200 CPU 的在线连接，步骤如下。

● 在 STEP7-Micro/WIN 下，单击通信图标或从菜单中"查看"选项中选择"组件"中的"通信"，则会出现一个通信建立结果对话框，显示是否连接了 CPU 主机。

表 2-1　S7-200 设备默认网络地址

S7-200 设备	默认地址
STEP7-Micro/WIN	0
HMI(TD、TP 或 OP 等人机操作界面)	1
S7-200 CPU	2

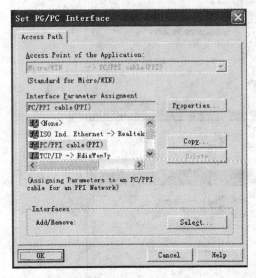

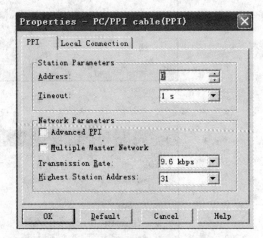

图 2-6　PG/PC 设置对话框　　　　图 2-7　PC/PPI 电缆属性设置对话框

● 双击通信建立对话框中的刷新图标，STEP 7-Micro/WIN 将检查所连接的所有S7-200 CPU 站，并为每个站建立一个 CPU 图标。

● 双击要进行通信的站，在通信建立对话框中可以显示所选站的通信参数。此时可以建立与 S7-200 CPU 主机的在线连接，如主机组态、上传和下载用户程序等。

【任务实施】

通过在计算机上的实际操作，学会 S7-200 系列 PLC 编程软件 STEP7V4.0 的安装方法，并建立连接。

任务二　在 STEP 7V4.0 编程软件编辑程序

【任务描述】

使用编程软件编制、编辑、修改、传送、运行程序是使用 PLC 进行电气控制的基础，本任务要求使用 STEP 7V4.0 编程软件编辑一段程序下载到 PLC 中，并运行程序。由此掌握 S7-200 系列 PLC 的编程软件 STEP 7V4.0 使用方法。

【任务分析】

① 使用 S7-200 系列 PLC 的编程软件 STEP 7V4.0 输入程序。

② 使用 S7-200 系列 PLC 的编程软件 STEP 7V4.0 对程序进行修改、排错。

③ 使用 S7-200 系列 PLC 的编程软件 STEP 7V4.0 下载/上载程序。

④ 使用 S7-200 系列 PLC 的编程软件 STEP 7V4.0 运行/停止程序。

【知识准备】

一、STEP 7-Micro/WIN 操作界面

启动 STEP 7-Micro/WIN 编程软件，其主界面如图 2-8 所示。它采用了标准的 Windows 界面，熟悉 Windows 的用户可以轻松掌握。下面简单介绍编程软件的各个组件的名称和功能。

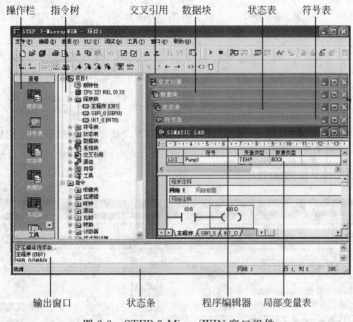

图 2-8　STEP 7-Micro/WIN 窗口组件

1. 操作栏

显示编程特性的按钮控制群组如下。

"查看"——选择该类别，显示程序块、符号表、状态图、数据块、系统块、交叉参考及通信显示按钮控制等。

"工具"——选择该类别，显示指令向导、文本显示向导、位置控制向导、EM 253 控制面板和调制解调器扩展向导的按钮控制等。

操作栏还为编程提供按钮控制的快速窗口切换功能，在操作栏中单击任何按钮，则主窗口就切换成此按钮对应的窗口。

注释：当操作栏包含的对象因为当前窗口大小无法显示时，操作栏显示滚动按钮，通过滚动按钮就能向上或向下移动至其他对象。

2. 指令树

提供所有项目对象和为当前程序编辑器（LAD、FBD 或 STL）提供的所有指令的树形视图。可以用鼠标右键单击树中"项目"部分的文件夹，插入附加程序组织单元（POU）；当用鼠标右键单击单个 POU 时，就可以打开、删除、编辑其属性表，用密码保护或重命名子程序及中断例行程序。当用鼠标右键单击树中"指令"部分的一个文件夹或单个指令时，就能够隐藏整个树。一旦打开指令文件夹，就可以拖放单个指令或双击，按照需要自动将所选指令插入程序编辑器窗口中的光标位置。可以将指令拖放在"偏好"文件夹中，排列经常使用的指令，如图 2-9 所示。

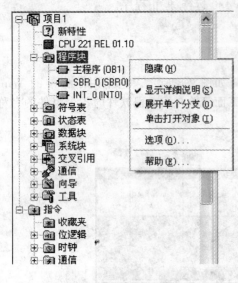

图 2-9　指令树示意图

④ 关联：指使用操作数的程序指令。

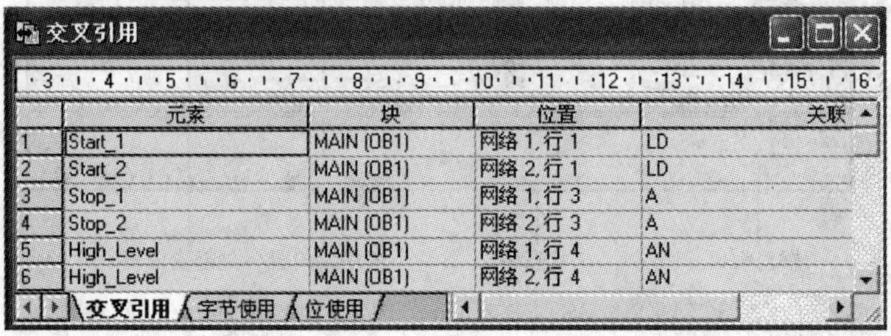

3. 交叉引用窗口

当希望了解程序中是否已经使用和在何处使用某一符号名或存储区赋值时，可使用"交叉引用"列表。"交叉引用"列表识别在程序中使用的全部操作数，并指出 POU、网络或行位置以及每次使用的操作数指令上下文。在 RUN 模式中进行程序编辑时，还可以检查目前程序正在使用的边缘号码（EU、ED），STL 交叉引用列表如图 2-10 所示。交叉引用列表中各元素的含义如下。

① 元素：指程序中使用的操作数。用户可以在符号和绝对视图之间切换，改变全部操作数显示。操作时，使用菜单命令"查看"（View）—"符号编址"（Symbolic Addressing）。

② 块：指使用操作数的 POU。

③ 位置：指使用操作数的行或网络。

	元素	块	位置	关联
1	Start_1	MAIN (OB1)	网络 1, 行 1	LD
2	Start_2	MAIN (OB1)	网络 2, 行 1	LD
3	Stop_1	MAIN (OB1)	网络 1, 行 3	A
4	Stop_2	MAIN (OB1)	网络 2, 行 3	A
5	High_Level	MAIN (OB1)	网络 1, 行 4	AN
6	High_Level	MAIN (OB1)	网络 2, 行 4	AN

图 2-10　LAD 交叉引用列表举例

4. 数据块/数据窗口

该窗口可以设置和修改变量存储区内各种类型存储区的一个或多个变量值，并可以加注释说明，允许用户显示和编辑数据块内容。数据块由数据（初始内存值：常量值）和注释组成。其中，数据可以被编译并下载至 PLC，而注释则不能。

用户可以使用下列任一种方法访问数据块。

① 单击浏览条上的"数据块"按钮。

② 选择菜单命令"查看"—数据块。

③ 打开指令树中的"数据块"文件夹，然后双击某页图标。

可以使用三种方法插入新数据块页标签，从而将数据块 V 存储区赋值分成多个功能组：一是用鼠标右键单击数据块窗口选择插入数据页；二是用鼠标右键单击指令树中的"数据块"选择插入数据页；三是通过"编辑"菜单中插入数据页。数据块中的每个用户定义数据页都可以重新命名，并且通过其属性设置保护。

如图 2-11 所示是一个数据块编辑示例。

数据块仅允许用户对 V 存储区进行数据初始值或 ASCII 字符赋值。用户可以对 V 存储区的字节（V 或 VB）、字（VW）或双字（VD）赋值。注释（前面带双正斜线 //）是可选项。

① 数据块的第一行必须包含一个显性地址赋值（绝对或符号地址），其后的行可包含显

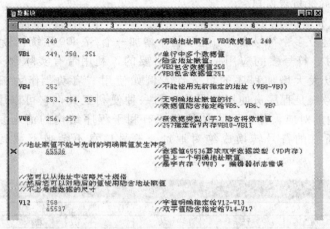

图 2-11 数据块编辑示例（包含一些规则说明）

性或隐性地址赋值。当用户在对单个地址键入多个数据值赋值或键入仅包含数据值的行时，编辑器会自动进行隐性地址赋值。编辑器根据先前的地址分配及数据值大小（字节、字或双字）指定适当的 V 存储区数量。

② 数据块编辑器是一种自由格式文本编辑器，对特定类型的信息没有规定具体的输入域。键入一行后按 Enter 键，数据块编辑器自动格式化行（对齐地址列、数据、注释大写 V 存储区地址标志等）并重新显示行。数据块编辑器接受大小写字母，并允许使用逗号、制表符或空格作为地址和数据值之间的分隔符。

③ 在完成一赋值行后按 Ctrl＋Enter 组合键，会令地址自动增加至下一个可用地址。

5. 状态表窗口

状态表窗口允许将程序输入、输出或将变量置入图表中，以便追踪其状态。在状态表窗口中可以建立多个状态图，以便从程序的不同部分监视组件。每个状态图在状态图窗口中有自己的标签。

可以使用以下任一种方法打开状态表。

① 单击浏览条的"状态表"按钮。

② 选择"查看"（View）→"组件"（Component）→"状态表"（Status Chart）菜单命令。

③ 打开指令树的"状态表"文件夹，然后双击"表"图标。

④ 如果在项目中有一个以上状态表，使用位于"状态表"窗口底部的"表"标签在图之间移动。如果已经打开一个空状态表，就可以编辑行，增加所希望监控的 PLC 数据地址。

可以使用以下任一种方法启动在状态表中载入 PLC 数据的通信：

⑤ 要连续采集状态表信息，开启状态表：使用菜单命令"调试"（Debug）→"状态表监控"（Chart Status）或使用"状态表监控"工具栏按钮。

⑥ 要获得单个数值的"快照"，可使用"单次读取"功能：使用菜单命令"调试"（Debug）→"单次读取"（Single Read）或使用"单次读取"工具栏按钮（如果已经开启状态表监控，"单次读取"功能将被禁止）。

⑦ 注释：打开状态表并不意味着自动开始查看状态。必须启动状态表监控，才能采集状态信息。如果表是空的，启动状态表监控没有任何意义，必须首先将程序数据（操作数）放在"地址"列中，并为"格式"列中的每一个数据选择数据类型，以"建立"一个表。可以采集 STOP（停止）模式下的 PLC 状态，检查程序运行的初始或最终状态。PLC 必须位于 RUN（运行）模式，才能从连续执行的程序采集数据。

6. 符号表/全局变量表窗口

允许用户分配和编辑全局符号（即可在任何 POU 中使用的符号值，不只是建立符号的 POU）。用户可以建立多个符号表，可在项目中增加一个 S7-200 系统符号预定义表。

在实际编程时，符号表的应用是非常有必要的，利用带有实际含义的符号作为编程元件的代号，可以大大增加程序的可读性。例如使用“启动”作为编程元件代号，而不使用 I0.3。符号表是程序员使用符号编址的一种便利工具，它可以用来建立自定义符号与直接地址之间的对应，并且可附加注释，有利于程序结构的清晰易读。下载至 PLC 时，编译程序将所有的符号转换成绝对地址，符号信息不会被下载到 PLC，如图 2-12 所示。

符号表
符号
地址
注释
1 高速计数器 C1
2 脉冲输入 I0.1
3 启动 I0.3
4 停止 I0.4
5 启动辅助 M0.1
6 输出执行 Q0.1

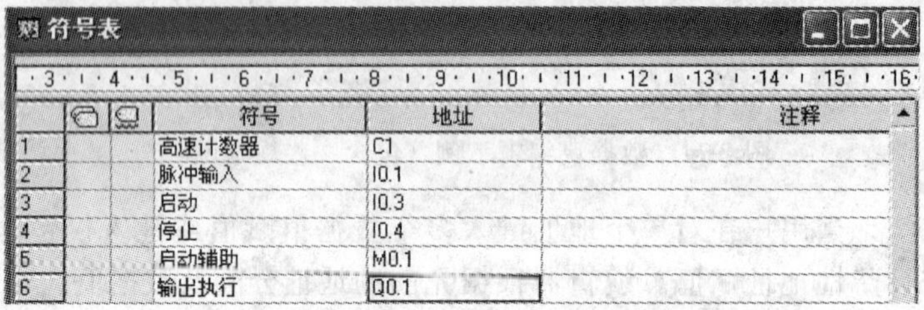

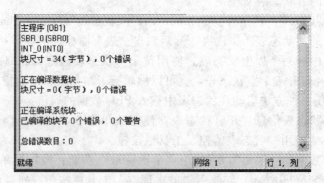

图 2-12　符号表示例

7. 输出窗口

该窗口用来显示程序编译的结果信息。如各程序块（主程序、子程序的数量以及子程序号、中断程序的数量以及中断程序号等）及各块大小、编译结果有无错误以及错误编码及其位置。当输出窗口列出程序错误时，可双击错误信息，会在程序编辑器窗口中显示适当的网络。当用户编译程序或指令库时，提供信息。当输出窗口列出程序错误时，用户可以双击错误信息，会在程序编辑器窗口中显示适当的网络。

要查看 STEP 7-Micro/WIN 程序编译程序的结果，方法如下。

使用“查看”(View)→“框架”(Frame)→“输出窗口”(Output Window)菜单命令，在窗口打开（可见）和关闭（隐藏）之间切换。

输出窗口位于浏览条、指令树和程序编辑器下方，如图 2-13 所示。

主程序 (OB1)
SBR_0 (SBR0)
INT_0 (INT0)
块尺寸 = 34（字节），0个错误
正在编译数据块...
块尺寸 = 0（字节），0个错误
正在编译系统块...
已编译的块有 0个错误，0个警告
总错误数目：0
就绪
网络 1
行 1，列

图 2-13　输出窗口的显示信息

输出窗口保留一份最近编译的 POU 和在编译过程中产生的错误列表。如果用户已打开程序编辑器窗口和输出窗口，用户可以双击输出窗口中的错误信息，自动将程序滚动至发生错误的网络。

修正程序后，执行新的编译，更新输出窗口，并清除已改正的网络的错误参考。如果将鼠标放在输出窗口中，用鼠标右键单击，则可以隐藏输出窗口或清除其内容。可以将光标移至顶部边缘，然后单击和拖拉分隔光标来重定输出窗口尺寸。如果用户要配置输出窗口显示，则选择"工具"(Tools)→"选项"(Options) 菜单命令，并选择输出窗口标签，就可以配置输出窗口了。

8. 状态条

提供在 STEP 7-Micro/WIN 中操作时的操作状态信息。如在编辑模式中工作时，它会显示简要的状态说明、当前网络号码光标位置等编辑信息。

当在编辑模式中工作时，显示编辑器信息。状态栏根据具体情形显示下列信息。

① 简要状态说明。

② 当前网络号码。

③ 光标位置（用于 STL 编辑器的行和列；用于 LAD 或 FBD 编辑器的行和列）。

④ 当前编辑模式：插入或覆盖。如图 2-14 所示。

图 2-14　编辑状态下的状态条

打开程序状态监控或状态表监控时，可使用在线状态信息。状态栏根据具体情形显示下列信息。

① 简要状态说明。

② 用于通信的本地硬件配置。

③ 波特率。

④ 本地站和远程站的通信地址。

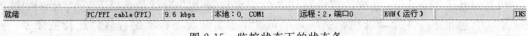

图 2-15　监控状态下的状态条

⑤ PLC 操作模式。

⑥ 存在致命或非致命错误的状况（如果有）。

⑦ 一个强制图标，如果至少有一个地址在 PLC 中被强制，如图 2-15 所示。

如果正在进行的操作需要很长时间才能完成，则显示进展信息。状态栏提供操作说明和进展指示条。

9. 程序编辑器

包含用于该项目的编辑器（LAD、FBD 或 STL）的局部变量表和程序视图。如果需要，用户可以拖动分割条，扩展程序视图，并覆盖局部变量表。当用户在主程序一节（OB1）之外建立子程序或中断例行程序时，标记出现在程序编辑器窗口的底部。可单击该标记，在子程序、中断和 OB1 之间移动。该编辑器可用梯形图、语句表或功能图表三种方式编写用户程序，在联机状态下从 PLC 上载用户程序进行读或修改程序。

10. 局部变量表

每个程序块都对应一个局部变量，在带有参数的子程序调用中，参数的传递就是通过局部变量表进行的。局部变量表包含对局部变量所作的赋值（即子程序和中断例行程序使用的变量）。在局部变量表中建立的变量使用暂时内存；地址赋值由系统处理；变量的使用仅限于建立此变量的 POU。

一般来说，用局部变量有以下两个原因。

① 希望建立不引用绝对地址或全局符号的可移动子程序。

② 希望使用临时变量（说明为 TEMP 的局部变量）进行计算，以便释放 PLC 内存。

　　如果以上说明的情形不适用，无需使用局部变量时，可以在符号表（SIMATIC）或全局变量表（IEC）中定义符号数值，将所有的符号数值定义为全局变量。

　　可以通过使用程序编辑器的局部变量表指定对个别子程序或中断例行程序唯一的变量。程序中的每个 POU 都有自己的局部变量表，配备 64Byte 的 L 内存。这些局部变量表允许用户定义具有范围限制的变量，局部变量只在建立该变量的 POU 中才有效。相反，在每个 POU 中均有效的全局符号只能在符号表/全局变量表中定义。当全局符号和局部变量使用相同的符号名时（例如 INPUT1），定义局部变量的 POU 中的局部定义优先，全局定义用于其他 POU。

　　在局部变量表中赋值时，需要指定说明类型（TEMP、IN、IN-OUT 或 OUT）和数据类型，但不指定内存地址；程序编辑器自动在 L 内存区中为所有的局部变量指定内存位置。

　　局部变量表符号地址分配会将一符号名与存储有关数据值的 L 内存地址关联。局部变量表不支持向符号名直接赋值的符号常数（这在符号或全局变量表中是许可的）。

　　将局部变量作为子程序参数传递时，在该子程序局部变量表中指定的数据类型必须与调用 POU 中数值的数据类型相匹配。

　　例如，从 OB1 调用 SBR0，将称为 INPUT1 的全局符号用作子程序的输入参数。而在 SBR0 的局部变量表中，已经将一个称为 FIRST 的局部变量定义为输入参数。当 OB1 调用 SBR0 时，INPUT1 数值被传递至 FIRST。INPUT1 和 FIRST 的数据类型必须匹配。如果 INPUT1 是实数，FIRST 也是实数，则数据类型匹配。如果 INPUT1 是实数，但 FIRST 是整数，则数据类型不匹配，只有纠正了这一错误，程序才能编译。

　　11. 主菜单条

　　同其他基于 Windows 系统的软件一样，位于窗口最上方的就是 STEP 7-Micro/WIN 的主菜单。它包括 8 个主菜单选项，这些菜单包含了通常情况下控制编程软件运行的命令，并通过使用鼠标或按键执行操作。用户可以定制"工具"菜单，在该菜单中增加自己的工具，主菜单条如图 2-16 所示。各主菜单项功能如下。

STEP 7-Micro/WIN - 项目1

文件(F)　编辑(E)　查看(V)　PLC(P)　调试(D)　工具(T)　窗口(W)　帮助(H)

图 2-16　主菜单条

　　① 文件：包含一些对文件操作的工具。如新建、打开、关闭、保存、上传和下载程序、文件打印和预览、设置和新建库等。

　　② 编辑：包含一些程序编辑的工具。如选择、复制、粘贴等，同时还提供查找、替换、光标快速定位等功能。

　　③ 查看（视图）：通过它可以设置软件开发环境的风格，如决定其他辅助窗口的打开和关闭，选择不同语言的编辑器等。

　　④ PLC：用于建立与 PLC 联机的相关操作。如改变 PLC 的工作方式、在线编辑、查看 PLC 的信息、清除程序和数据、时钟、存储器卡操作、程序比较、PLC 类型选择以及通信设置等。

　　⑤ 调试：包括监控和调试里的常用工具，主要用于联机调试。

　　⑥ 工具：工具可以调用复杂指令向导，使得复杂命令编程操作大大简化。

　　⑦ 窗口：可以打开一个或多个窗口，并能够在各个窗口之间进行切换，并且还可以设置窗口的摆放形式。

⑧ 帮助：通过帮助中的"目录和索引"可以查阅几乎所有相关的使用帮助信息，并提供上网查询方式。在软件操作过程中，任何时候都可以按 H 键来显示在线帮助，大大方便用户的使用，其更是学习使用该软件的良好教材。

12. 工具条

工具条是一种代替命令或下拉菜单的便利工具，通常是为最常用的 STEP 7-Micro/WIN 操作提供便利的鼠标访问。用户可以定制每个工具条的内容和外观，将最常用的操作以按钮的形式设定到工具条中，方便用户编程调试。工具条可以用鼠标进行拖动，以放到用户认为合适的位置，如图 2-17 和图 2-18 所示。

图 2-17　公用工具条

图 2-18　LAD 工具条

二、编程流程

1. 新建项目

双击 STEP 7-Micro/WIN 图标，或从"开始"菜单选择"SIMATIC"→"STEP 7 Micro/WIN"，启动应用程序，会打开一个新"STEP 7-Micro/WIN"项目。

可以单击工具条中的"新建"按钮或者使用"文件"菜单中的"新建"命令来新建一个工程文件，此时在主窗口中将显示新建程序文件的主程序区。图 2-19 所示为一个新建项目程序的指令树，系统默认初始设置如下。

新建的程序文件以"项目？（CPU221）"命名，项目包含 9 个相关的块（程序块、符号表、状态表、数据块、系统块、通信以及工具等）。其中程序块中有一个主程序 OB1，一个子程序 SBR_0 和一个中断程序 INT_0。用户可以根据实际需要对其进行修改。

（1）确定 CPU 主机型号　用鼠标右键单击"CPU 221 REL 01.10"图标，在弹出的命令中选择"类型"，或者用菜单命令 PLC 中的类型来选择 CPU 型号。通过选择 PLC 类型，可以帮助执行指令和参数检查，防止在建立程序时发生错误。

（2）程序更名　在项目中所有的程序都可以修改名称，通过鼠标右键单击各个程序图标，在弹出的对话中选择"重命名"，则可以修改程序名称，如图 2-20 所示。

（3）添加子程序或中断程序　用鼠标右键单击"程序块"图标，选择"插入/子程序"或"插入/中断程序"即可添加一个新的子程序或中断程序。

（4）编辑程序　双击要编辑的程序的图标，即可显示该程序的编辑窗口。

图 2-19 新建项目指令树

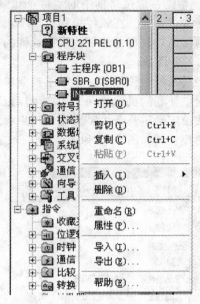

图 2-20 程序命名

2. 打开现有的项目

从 STEP 7-Micro/WIN 中，使用"文件"菜单，选择下列选项之一，完成项目的打开。

① 打开：使用打开命令，允许用户浏览至一个现有项目，并且打开该项目。

② 文件名称：如果用户最近在一项目中工作过，则该项目在"文件"菜单下列出，此时可直接选择，不必使用"打开"对话框。

③ 也可以使用 Windows Explorer 浏览至适当的目录，无需将 STEP 7-Micro/WIN 作为一个单独的步骤启动即可打开所需的项目。在 STEP 7-Micro/WIN 4.0 版或更高版本中，项目包含在带有".mwp"扩展名的文件中。

3. 编辑程序前应注意的事项

一旦打开一个项目，就可以开始写入程序。但开始之前，一般需要执行或检查下列一项或多项任务。

① 根据 PLC 类型进行范围检查：为了使 STEP 7-Micro/WIN 检查参数范围，用户可以在写入程序前选择一个 PLC 类型（如果用户已经为项目指定了一个 PLC 类型，指令树用红色标记 x：显示对 PLC 无效的任何指令）。

② 设置通信：可以现在设置通信，或等到准备好下载程序时再设置通信。

③ 定制工作区：如有必要，用户可以采用多种方法定制工作区。

三、编程操作训练

STEP 7-Micro/WIN 编程软件有很强的编辑功能，熟练掌握编辑和修改控制程序操作可以提高工作效率。

在使用 STEP 7-Micro/WIN 编程软件时，有三种编程语言可供使用，它们是梯形图编程 LAD、功能块图编程 FBD 以及语句表编程 STL。其中 LAD 编程比较直观，类似于工业电气制图，易学易懂，比较适合中国人的思维习惯，也是人们常选用的一种编程方式；STL 编程方式是用输入指令助记符的方法建立控制程序，相对来说不够直观，但其允许用户建立无法用梯形图或功能块图编辑器建立的程序。通常情况下，STL 与 LAD 可以切换使用，但需要注意的是，此时 STL 必须严格按照网络块编程的格式才可以切换到 LAD；而 FBD 编程方式目前在国外比较流行，它是将指令作为与通用逻辑门图相似的逻辑方框检视，相对于前两种方式它更加流程化、程序化，在逻辑上更加严谨，值得关注。在本书中，仍以 LAD 作为编程手段进行讨论。

1. 输入编程元件

在 STEP 7-Micro/WIN 编程软件中，编程元件的输入方法有两种。

方法 1：从指令树中双击鼠标左键或者拖放。

首先，在程序编辑窗口中将光标定位到所要编辑的位置，此时会出现一个选择方框，从指令树中双击或者选择要拖放的元件将其拖放到指定位置，完成元件的输入，如图 2-21～图 2-23 所示。

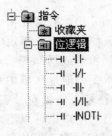

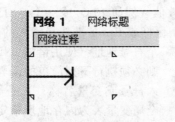

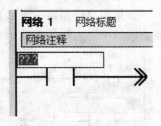

图 2-21　选择元件　　　　图 2-22　拖放到指定位置　　　　图 2-23　释放鼠标键

方法 2：使用工具条按钮。

首先在程序编辑窗口中将光标定位到所要编辑的位置，此时会出现一个选择方框。然后单击指令工具条上相应的指令，这时会出现一个下拉列表。滚动或键入开头的几个字母，浏览至所需的指令，双击所需的指令或使用 Enter 键插入该指令。也可以使用功能键（F4＝触点、F6＝线圈、F9＝指令盒）插入一个类属指令，如图 2-24 所示。

在指令工具条上，编辑元件有 7 个按钮。其中上行线、下行线、左行线和右行线按钮，用于输入连接线，可形成复杂梯形图结构。用户可以直接在程序编辑器中直接选中编辑位置，然后按住键盘上的 Ctrl 键并按左、右、上、下箭头键，必要时在网络和左侧电源杆元素之间划线，完成网络绘制。

图 2-24　类属指令列表

另外 3 个按钮分别是：输入触点、线圈和输入指令盒按钮，用于输入编程元件。按 F4、F6、F9 键时也会出现类属指令列表，编辑方法与前面相似。

2. 在 LAD 中构造简单、串联和并联网络的规则

在 LAD 编程中，必须遵循一定的规则，才能减少程序的错误。

（1）放置触点的规则　每个网络必须以一个触点开始，但网络不能以触点终止。

（2）放置线圈的规则　网络不能以线圈开始，线圈用于终止逻辑网络。一个网络可有若干个线圈，但要求线圈位于该特定网络的并行分支上。此外，不能在网络上串联两个或两个以上线圈（即不能在一个网络的一条水平线上放置多个线圈）。

（3）放置方框的规则　如果方框有 ENO，使能位扩充至方框外，这意味着用户可以在方框后放置更多的指令。在网络的同级线路中，可以串联若干个带 ENO 的方框。如果方框

没有 ENO，则不能在其后放置任何指令。

（4）网络尺寸限制　用户可以将程序编辑器窗口视作划分为单元格的网格（单元格是可放置指令、参数指定值或绘制线段的区域）。在网格中，一个单独的网络最多能垂直扩充 32 个单元格或水平扩充 32 个单元格。可以用鼠标右键在程序编辑器中单击，并选择"选项"菜单项，改变网格大小（网格初始宽度为 100）。

3. 在 LAD 中输入操作数

当用户在 LAD 中输入一条指令时，参数开始用问号表示，例如（??.?）或（????）。问号表示参数未赋值。用户可以在输入元素时为该元素的参数指定一个常数或绝对值、符号或变量地址或者以后再赋值。如果有参数未赋值，程序将不能正确编译。

如果用户要指定一个常数数值（例如 100）或一个绝对地址（例如 I0.1），只需在指令地址区域中键入所需的数值（用鼠标或 Enter 键选择键入的地址区域）。如果用户要指定一

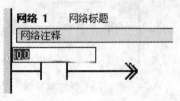

图 2-25　地址指定

个符号地址（使用诸如 INPUT1 的全局符号或局部变量），则必须执行下列简单的步骤：一是在指令的地址区域中键入符号或变量名称；二是如果是全局符号，使用符号表/全局变量表为内存地址指定符号名。当然用户也可以不必预定义符号，直接在程序中使用，在以后再定义内存地址。地址指定示例如图 2-25 所示。

如果是局部变量，在程序编辑器窗口的顶端使用局部变量表。在"符号"列输入符号名，因为编译程序会自动指定 L 内存地址，用户不必为局部变量输入地址。用户可以拖曳表格边缘，使局部变量表尺寸缩至最小。使用局部变量是一种高级编程技术。无经验的程序员应当考虑在符号表/全局变量表中将所有符号值指定为全局符号。

下面是程序编辑器显示地址方法的举例。

① I0.0　绝对地址由内存区和地址数目决定（SIMATIC 程序编辑器）。

② %I0.0　在 IEC 中绝对地址前有一个百分号（IEC 程序编辑器）。

③ #INPUT1　局部变量前有一个#符号（SIMATIC 或 IEC 程序编辑器）。

④ INPUT1　全局符号名（SIMATIC 或 IEC 程序编辑器）。

⑤ ??.? 或????　红色问号表示未定义的地址（必须在程序编译之前定义）。

当用户用鼠标右键单击指令的参数时，会弹出菜单，允许用户在符号表中快速定义地址，或根据已经在地址区域中键入的数值进行选择，如图 2-26 所示。

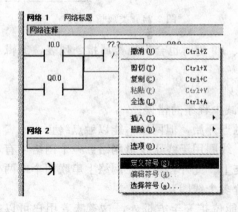

图 2-26　定义符号或选择符号

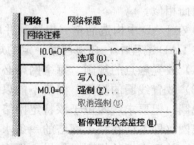

图 2-27　在"RUN"状态下的写入或强制地址

在"RUN"状态下，可以写入或强制地址。欲写入或强制地址，用鼠标右键单击操作数，并从鼠标右键菜单选择"写入"或"强制"。这时会显示一个对话框，允许用户输入希望向 PLC 写入或强制的数值，如图 2-27 所示。

S7-200 PLC 支持当 PLC 处于 STOP（停止）模式时写入和强制输出（模拟和数字）。出于安全考虑，用户必须明确要求在 STEP 7-Micro/WIN 中启用该功能。菜单选项"调试"—"在停止模式下写入-强制输出（Write-Force Outputs in STOP）"，使用户能够在 PLC 处于 STOP（停止）模式时写入或强制输出。

注释：在写入或强制输出时，如果 S7-200 PLC 与其他设备相连，这些改动可能被传送至该装置，可能引起该装置无法预料的操作。

4. 在 LAD 中输入程序注释

LAD 编辑器中共有四个注释级别，它们是：

① 项目组件注释；

② 网络标题；

③ 网络注释；

④ 项目组件属性。

如图 2-28 所示。

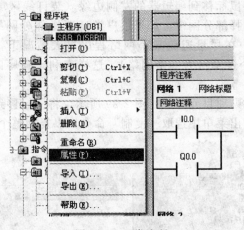

图 2-28　四类注释

（1）项目组件注释　在"网络 1"上方的灰色方框中单击，输入 POU 注释。用户可以单击"切换 POU 注释"按钮或选择和取消选择"查看（View）"→"POU 注释（POU Comments）"选项，在 POU 注释"打开"（可视）或"关闭"（隐藏）之间切换。每条 POU 注释所允许使用的最大字符数为 4098。POU 注释是供选用项目，可视时，始终位于 POU 顶端，并在第 1 个网络之前显示。

（2）网络标题　将光标放在网络标题行的任何位置，输入一个识别该逻辑网络的标题。网络标题中可允许使用的最大字符数为 127。

（3）网络注释　在"网络 1"下方的灰色方框中单击，输入网络注释。用户可以输入识别该逻辑网络的注释，并输入有关网络内容的说明。用户可以单击"切换网络注释"按钮或选择和取消选择"查看（View）"→"网络注释（Network Comments）"选项，在网络注释"打开"（可视）和"关闭"（隐藏）之间切换。网络注释中可允许使用的最大字符数为 4096。

（4）项目组件属性　用户可以用以下两种方法中的一种存取"属性"标签：一是用鼠标右键单击指令树中的 POU，并从鼠标右键菜单中选择"属性"；二是用鼠标右键单击程序编辑器窗口中的任何一个 POU 标签，并从弹出菜单选择"属性"。

"属性"对话框中有两个标签：一般和保护。

① "一般"标签可以为子程序、中断例行程序和主程序块（OB1）重新编号和重新命名，并为项目指定一个作者。不能将默认名称（STEP 7-Micro/WIN 指定的 POU 地址，例如 SBR1 代表子程序或 INT1 代表中断例行程序）用作符号名，因为这样即构成重复赋值。如果违反了符号名赋值的规则，当用户尝试编译程序时，STEP 7-Micro/WIN 会报告一则错误。

如果用户在程序中为 POU 指定符号名，符号名会在程序代码中显示，即使没有启用"符号编址"视图亦如此。符号表显示一个列出所有符号名赋值的标签（POU 符号），用户只能查看该标签，但无法从符号表编辑条目。要改变赋值，就必须编辑适当的 POU 的属性对话框。

② "保护"标签允许选择一个密码保护 POU，以便其他用户无法看到该 POU，并在下载时加密。

5. 在 LAD 中编辑程序元素

（1）剪切、复制、粘贴或删除多个网络 通过拖曳鼠标或使用 Shift 键和 Up（向上）、Down（向下）箭头键，用户可以选择多个相邻的网络，用于剪切、复制、粘贴或删除选项。使用工具条按钮或从"编辑"菜单选择一条命令，或用鼠标右键单击，调出编辑选项的弹出菜单。在编辑器中可以将鼠标移到编辑器的左侧边缘（装订线区域），然后单击以开始对多个网络进行选择，不能选择部分网络。如果用户尝试选择部分网络，系统会自动选择整个网络。因此，编程过程中在尽量避免某个网络程序过大情况下，每个网络的程序最好都是一个功能块（例如每个逻辑行为一个网络），这样有利于程序的编辑，而且编译起来不容易出错。

（2）剪切、复制、粘贴项目元件 如图 2-29 所示，将鼠标移到指令树或编辑器标签上，然后单击鼠标右键，由弹出菜单中选取"复制"命令，以复制整个项目部件。

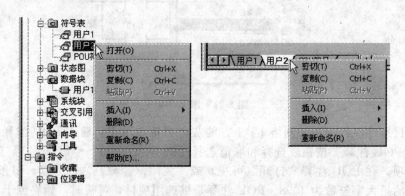

图 2-29 剪切、复制、粘贴项目元件

需要指出的是，"复制"功能只在用户选择了一个需要复制的项目后才能使用。用户作出的选择确切描述了将复制到 Windows 剪贴板缓冲区的内容。

可以在项目中选择以下目标。

① 程序文字或数据域。

② LAD、FBD、STL 等编辑器中的指令。

③ 单个网络：将鼠标放在"网络"的左侧边缘上，然后单击。

④ 多个相邻网络：在选取第一个网络后，使用 Shift＋下箭头/上箭头或 Shift＋Page Up/PageDown 来扩大或减少所包括的网络数目。

⑤ 某 POU 内的所有网络：使用"编辑"→"全选"菜单命令，或用鼠标右键单击某指令

树 POU 分支，或用鼠标右键单击某标签名。

⑥ 选定的数据块文字，或整个数据块标签页：当通过用鼠标右键单击编辑器标签名而复制整个数据块标签页时，随后的粘贴操作能够输出用制表符分隔的数据。举例来说，倘若将此数据块文字粘贴到 MS Excel，则电子表格的多个单元行将得到填充。

⑦ 选定的符号表行或列，或整个符号表标签页。

⑧ 选定的状态图行或列，或整个状态图标签页。

（3）编辑单元格、指令、地址和网络　当单击程序编辑器中的空单元格时，会出现一个方框，显示已经选择的单元格。用户可以使用鼠标右键单击弹出菜单，并在空单元格中粘贴一个选项，或在该位置插入一个新行、列、垂直线或网络。用户也可以从空单元格位置删除网络。同样，当单击指令时，会在指令周围出现一个方框，显示用户选择的指令。用户可以使用鼠标右键单击弹出菜单，并在该位置剪切、复制或粘贴指令，以及插入或删除（适当的）行、列、垂直线或网络，如图 2-30 所示。

当单击指令参数时，会在域周围出现一个方框，显示用户选择的参数。用户可以使用弹出菜单撤销键入、剪切、复制、粘贴或删除信息，或快速选择域内容（全选）。用户也可以用双击的方法全选，如图 2-31 所示。

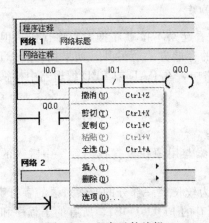

图 2-30　程序元件编辑

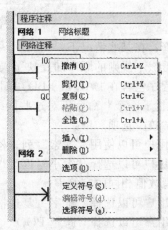

图 2-31　程序元件参数操作

当用户在网络标题行中单击时，用户可以编辑项目的标题。用户可以使用弹出菜单全选、取消键入的内容、对整个网络执行编辑、在网络上剪切、复制或粘贴，以及插入一个新网络或删除现有网络。用户还可以通过本菜单存取"选项"对话框。用户也可以使用工具条按钮、标准窗口控制键和"编辑"菜单剪切、复制或粘贴选项。需要指出的是，当删除某个元件时，最好的方法是使用快捷键（Del 键）直接删除。

6. 如何使用查找/替换和转入功能

使用查找/替换和转入功能，能够方便快捷地对程序中的元件、参数以及网络等进行查看、编辑和修改。特别是对比较复杂的程序来说尤为有用。

● "查找"功能允许用户查找指定的字符串，例如操作数、网络标题或指令助记符（"查找"不搜索网络注释，仅搜索网络标题；"查找"不搜索 LAD 和 FBD 中的网络符号信息表）。

● "替换"功能允许用户替换指定的字符串（"替换"对指令助记符不起作用）。

● "转入"功能允许用户通过指定网络数目或用户希望浏览行的方式快速移至另一个位置。用户可以在程序编辑器窗口、局部变量表、符号表、状态图、交叉引用标签和数据块中使用"查找"、"替换"和"转入"。

（1）查找功能 如图 2-32 所示，首先在"查找内容"域中键入要搜索的字符串，然后单击"查找下一个"按钮；如果要移至下一个搜索字符串，继续单击"查找下一个"按钮。

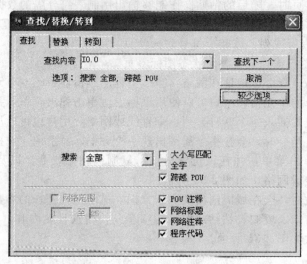

图 2-32 查找/替换和转入

注释：在某些情况下，"查找下一个"命令可能看起来不按顺序搜索程序代码，但实际上这种看似不规则的顺序却反映了操作数在代码中的存储方式。另外，如果用户在 STL 中建立的程序包含在 LAD 或 FBD 编辑器中非法的网络中，在 LAD 或 FBD 编辑器中检视程序时，"查找下一个"命令不对这些网络执行搜索操作。

在"较少选项"中：

① 用户可以使用"搜索"列表框选择搜索方向；

② 用户可以选择"大小写匹配"复选框，仅搜索与用户在"查找内容"中键入的字符串大小写数值相同的字符串；

③ 用户可以选择"全字"复选框，除去包含作为较长字一部分的搜索短语的字符串；

④ 用户可以选择"跨越 POO"复选框，搜索所有的 POU（OB1、所有的子程序和中断例行程序）或局部变量表的所有实例、符号表或状态图；

⑤ 用户可以指定对一定的行范围进行搜索，如果用户在程序编辑器中选择了网络范围，它们将成为"查找"对话框中的默认范围，用户也可以在网络中键入或键入行号，作为搜索的开始和结束；

⑥ 用户可以指定是否通过选择适当的复选框搜索网络标题、POU 注释、网络注释和程序代码。

（2）替换功能 与查找功能方法相近。首先在"查找内容"栏中键入要搜索的字符串，在"替换内容"栏中键入用户希望用作替换搜索字符串的字符串，然后查找存在的搜索字符串，单击"查找下一项"按钮，如果希望替换字符串，单击"替换"。在仔细地定义搜索字符串而且没有误改的可能时，则可以单击"全部替换"，替换所有存在的字符串，而无需逐一检查每个字符串。

（3）转入功能 在"转入网络号"栏中键入用户想要检查的网络编号，单击"转到"按钮即可跳转到该网络号开始的位置。

7. 使用符号表

使用符号表，可以将直接地址编号用具有实际意义的符号代替，有利于程序结构的清晰易读。其操作步骤如下：单击浏览条中的"符号表"按钮，或者选择"查看"（View）→"符号表"(Symbol) 菜单命令，这时符号表窗口出现在主窗口。

（1）在符号表/全局变量表中指定符号赋值　在符号表中，用户可以为每个地址指定有意义的符号，并加以注释。要为地址或常数值指定符号，必须遵循下列步骤。

① 打开符号表/全局变量表。

② 在"符号名"列键入符号名（例如 INPUT1）。允许使用的最大符号长度为 23 个字符。使用 Tab 键、Enter 键或箭头键确认，并移至下一个单元格。

注释：在为符号指定地址或常数值之前，该符号一直显示为未定义符号（绿色波浪下划线）。完成"地址"赋值后，绿色波浪下划线消失。如果用户选择了同时显示项目操作数的符号视图和绝对视图，较长的符号名在 LAD、FBD 和 STL 程序编辑器窗口中被一个波浪号（～）截断。用户可将鼠标放在被截断的名称上，在工具提示中查看全名。

③ 在"地址"列中键入地址或数值，例如 V 或 123（在 IEC 1131-3 编程模式中键入地址后会自动添加正确的 IEC "%" 前缀）。

如果用户正在使用 IEC 全局变量表，在"数据类型"列的下拉列表中选择一个数据类型（SIMATIC 用户无需提供数据类型）。

④ 键入注释（选项：最多允许 79 个字符）。

在符号表中，通过单击鼠标右键可以对符号表进行复制、粘贴、插入以及删除等编辑操作，若想在符号表底部插入新行，则要将光标放在最后一行的任意一个单元格中，按"下箭头"键即可。

另外，在"符号寻址"视图中工作时（检查"查看"菜单下方的"符号寻址"选项：标选符号表示已打开"符号寻址"视图），STEP 7-Micro/WIN 允许用户在编程视图中对每个编程元件使用定义、编辑或选择符号命令［用鼠标右键单击对某指令参数或"状态表"地址单元来说不完全（或不正确）的符号名，然后从弹出菜单选择"定义、编辑或选择符号"］，使得用户在使用程序编辑器或状态表时，定义新符号、从列表上选择现有符号或编辑符号属性。新的或修改后的赋值将被自动加入到符号表内。

注释：在 STEP 7-Micro/WIN 中，用户可以建立多个符号表（SIMATIC 编程模式）或多个全局变量表（IEC 1131-3 编程模式），但不允许将相同的符号名称多次用作全局符号赋值，在单个符号表中和几个表内均不得如此（相反，可允许根据用户的选择在多个不同局部变量表中多次使用相同的符号名称）。

（2）查看重叠和未使用的符号　如果要查看符号表中的"重叠"列或"未使用的符号"列，则用户首先要选择"工具"(Tools)→"选项"（Options) 菜单项目，然后选择"符号表"标签，并选择适当的复选框（"显示重叠符号"和"显示未使用的符号"）。

"重叠"列用来显示表示符号地址之间的绝对存储区地址部分共享或全部相同的符号行，即重叠图标。如果同一个字面值有多个已定义的符号常数，那么这些行的每行都将显示重叠图标。每次表格被修改时，"重叠"列被更新，如图 2-33 所示。

"未使用的符号"列用来在程序中未被引用的所有符号前显示未用图标。每次表格被修改时，该列被更新，如图 2-34 所示。

（3）在符号寻址和绝对地址视图之间切换　在符号表/全局变量表中建立符号和绝对地址或常数值的关联后，用户可在操作数信息的符号寻址和绝对寻址显示之间切换。可采用下列方法之一：一是选择菜单命令"查看"(View)→"符号寻址"（Symbolic Addressing)，在符号寻址"打开"或"关闭"之间切换；二是使用 Ctrl＋Y 快捷键在符号寻址打开或关闭之间切换。

"符号寻址"菜单项目前面的选择标记表示已打开符号寻址。默认条件下，当用户打开第一个项目时，符号寻址也被打开。

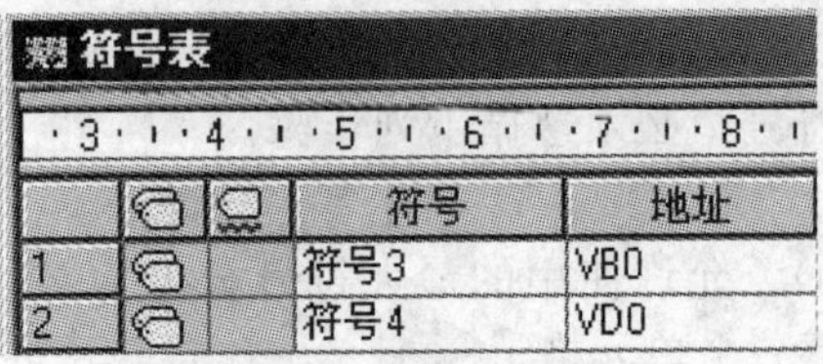

图 2-33 重叠符号检查

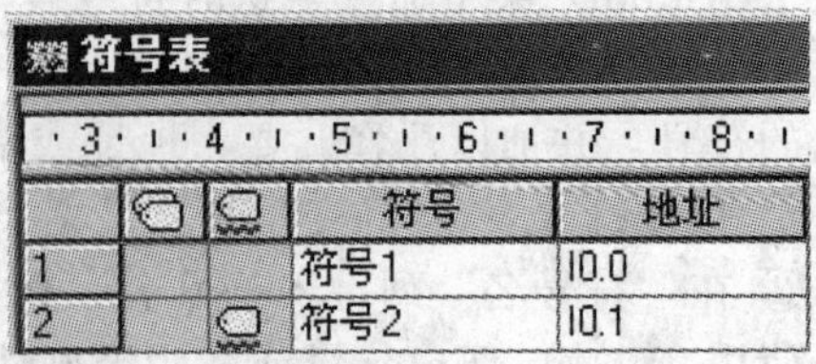

图 2-34 未定义符号检查

用户不能在查看符号常数或其关联的字面值之间切换。这是因为用户可以为同一个字面值定义多个符号常数。因此，假如用户可以"关闭"符号常数，STEP 7-Micro/WIN 会无法可靠地恢复原有的符号常数。出于此原因，禁止符号寻址（通过主菜单或 Ctrl＋Y 键）将不会影响项目中符号常数的显示。出于同样原因，如果为某操作数输入了该常数的字面值，STEP 7-Micro/WIN 将不会自动套用已定义的符号常数。

（4）同时查看符号和绝对地址　要在 LAD、FBD 或 STL 程序中同时查看符号地址和绝对地址，使用菜单命令"工具"（Tools）→"选项"（Options），并选择"程序编辑器"标签，然后选择"显示符号和地址"。

8. 编译

程序编辑完成后，可以用工具条按钮或 PLC 菜单进行编译。"编译"命令允许用户编译项目的单个元素。当用户选择"编译"时，带有焦点的窗口（程序编辑器或数据块）是编译窗口；另外两个窗口不编译。"全部编译"命令对程序编辑器、系统块和数据块进行编译，当使用"全部编译"命令时，哪一个窗口是焦点无关紧要。在编译时，"输出窗口"列出发生的所有错误。错误根据位置（网络、行和列）以及错误类型识别。用户可以双击错误线，调出程序编辑器中包含错误的代码网络。编译程序错误代码可以查看 STEP 7-Micro/WIN 的帮助与索引。

9. 下载

如果编译无误，便可以单击下载按钮，将用户程序下载到 PLC 中。当从个人计算机将程序块、数据块或系统块下载至 PLC 时，从个人计算机下载的块内容覆盖目前在 PLC 中的块内容（如果 PLC 中有）。因此，在开始下载之前，要按以下步骤核实用户希望覆盖 PLC 中的块并下载。

① 下载至 PLC 之前，用户必须核实 PLC 位于"停止"模式。检查 PLC 上的模式指示灯。如果 PLC 未设为"停止"模式，单击工具条中的"停止"按钮，或选择"PLC"→"停止"。

② 单击工具条中的"下载"按钮，或选择"文件"→"下载"，出现"下载"对话框。

③ 根据默认值，在用户初次发出下载命令时，"程序代码块"、"数据块"和"CPU 配置"（系统块）复选框被选择。如果用户不需要下载某一特定的块，清除该复选框。

④ 单击"确定"，开始下载程序。

⑤ 如果下载成功，一个确认框会显示以下信息："下载成功。"继续执行前步骤。

⑥ 如果 STEP 7-Micro/WIN 中用于用户的 PLC 类型的数值与用户实际使用的 PLC 不匹配，会显示警告信息："为项目所选的 PLC 类型与远程 PLC 类型不匹配。继续下载吗?"

⑦ 欲纠正 PLC 类型选项，选择"否"，终止下载程序。

⑧ 从菜单选择"PLC"→"类型"，调出"PLC 类型"对话框。

⑨ 用户可以从下拉列表框中选择纠正类型，或单击"读取 PLC"按钮，由 STEP 7-Micro/WIN 自动读取正确的数值。

⑩ 单击"确定"按钮，确认 PLC 类型，并清除对话框。

⑪ 单击工具条中的"下载"按钮，重新开始下载程序，或从菜单条选择"文件"→"下载"。

⑫ 一旦下载成功，在 PLC 中运行程序之前，用户必须将 PLC 从 STOP（停止）模式转换回 RUN（运行）模式。单击工具条中的"运行"按钮，或选择"PLC"→"运行"，转换回 RUN（运行）模式。

【任务实施】

通过在计算机上的实际操作，认识 S7-200 系列 PLC 的编程软件 STEP 7V4.0 软件的各种功能，学会用户程序的编制、编辑、修改、传送、运行。

任务三 STEP 7V4.0 编程软件的监控方法

【任务描述】

程序编辑完毕并下载运行后，除了可以看输入/输出状态指示 LED 灯来验证程序的正确性，STEP 7V4.0 还提供了一系列工具，可使用户直接在软件环境下调试并监视用户程序的执行。本任务就是要求掌握 STEP 7V4.0 编程软件的各种调试、监控方法。

【任务分析】

① 使用 S7-200 系列 PLC 的编程软件 STEP 7V4.0 的梯形图监控调试程序。
② 使用 S7-200 系列 PLC 的编程软件 STEP 7V4.0 的状态表监控调试程序。

【知识准备】

STEP 7-Micro/WIN 编程软件提供了一系列工具，可使用户直接在软件环境下调试并监视用户程序的执行。当用户成功地在运行 STEP 7-Micro/WIN 的编程设备和 PLC 之间建立通信并向 PLC 下载程序后，就可以使用"调试"工具栏的诊断功能了。通过单击工具栏按钮或从"调试"菜单列表选择项目，选择调试工具，打开调试工具条。调试工具条如图 2-35 所示。各个调试监控工具依次如下。

图 2-35 调试工具条

① 设置 PLC 为运行模式。
② 设置 PLC 为停止模式。
③ 切换程序状态监控。
④ 切换程序状态监控暂停。
⑤ 切换状态表监控。
⑥ 切换趋势图监控暂停。
⑦ 状态表单次读取。
⑧ 状态表全部写入。
⑨ 强制 PLC 数据。
⑩ 取消强制 PLC 数据。

⑪ 状态表取消全部强制。

⑫ 状态表读取全部强制数据。

⑬ 切换趋势图监控打开与关闭。

一、PLC RUN/STOP（运行/停止）模式

要使用 STEP 7-Micro/WIN 软件控制 RUN/STOP（运行/停止）模式，必须在 STEP 7-Micro/WIN 和 PLC 之间存在一条通信链路。此外，必须将 PLC 硬件模式开关设为 TERM（终端）或 RUN（运行）。将模式开关设为 TERM（终端）不会改变 PLC 操作模式，但却允许 STEP 7-Micro/WIN 改变 PLC 操作模式。位于 PLC 前方的状态 LED 表示当前操作模式。当程序状态监控或状态表监控操作正在进行时，在 STEP 7-Micro/WIN 窗口右下方处的状态栏上会出现一个 RUN/STOP（运行/停止）指示灯。

虽然程序在 STOP（停止）模式中不执行，PLC 操作系统仍能监控 PLC（采集 PLC RAM 和 I/O 状态），将状态数据传递给 STEP 7-Micro/WIN，并执行所有的"强制"或"取消强制"命令。当 PLC 位于 STOP 模式中时，可以执行以下操作。

① 使用状态表或程序状态监控查看操作数的当前值（这与执行"单次读取"有相同的效果，因为程序未执行）。

② 使用状态表或程序状态监控强制数据，使用状态表写入数值。

③ 写入或强制输出。

④ 执行有限次数扫描，并通过状态表和/或项目状态查看效果。

当 PLC 位于 RUN 模式时，不能使用"首次扫描"或"多次扫描"功能，但可以在状态表中写入和强制数据或使用 LAD 或 FBD 程序编辑器强制数据，方法与在 STOP 模式中强制数据相同。还可以执行以下操作（不得从 STOP 模式使用）。

① 使用状态表采集不断变化的 PLC 数据的连续更新信息（如果使用单次更新，状态表监控必须关闭，才能使用"单次读取"命令）。

② 使用程序状态监控采集不断变化的 PLC 数据的连续更新信息。

③ 使用"RUN 模式中的程序编辑"功能编辑程序，并将改动下载至 PLC。

二、选择扫描次数监控用户程序

通过选择单次或多次扫描来监视用户程序，可以指定 PLC 对程序执行有限次数扫描（从 1 次扫描到 65535 次扫描）。通过选择主机扫描次数，当过程变量改变时，可以在程序改变过程变量时对其进行监控。第 1 次扫描时，SM0.1 数值为 1（打开）。

1. 初次扫描

将 PLC 置于 STOP 模式，使用"调试"（Debug）菜单中的"初次扫描"（First Scans）命令。如果用户希望获得一次"快照"（对状态表中的所有数值更新一次），就使用"单次读取"。默认值为状态表连续轮询 PLC，获取状态更新信息。当用户单击"状态表"时，状态表会切换为关闭，"单次读取"按钮得到使用。

2. 多次扫描

方法：将 PLC 置于 STOP 模式。

使用"调试"（Debug）菜单中的"多次扫描"（Multiple Scans）命令来指定执行的扫描次数，然后单击确认"OK"按钮进行监视。

3. 关于状态监控通信与扫描周期

PLC 在连续循环中读取输入、执行程序逻辑、写入输出和执行系统操作和通信。该扫描周期速度极快，每秒执行多次。虽然 STEP 7-Micro/WIN 会快速发出状态请求，但还是应当认识到不是 PLC 中出现的每一个事件都能检测到。

由于 PLC 和编程设备之间存在通信延时，人们看到的所显示的操作数数值总是在状态

显示中改变之前即在 PLC 中改变。虽然更新显示无需很长时间，但可能出现这种状况，即用户向操作数发出一条强制指令，其数值实际已经在 PLC 中改变，但没有在程序状态监控中改变。

如果使用"扫描结束"状态模式查看程序状态［当"调试"（Debug）→"使用执行状态"（Use Execution Status）菜单项目被取消选中时］，用户将在几个扫描周期中采集数据。

如果使用"执行状态"模式查看程序状态［当"调试"（Debug）→"使用执行状态"（Use Execution Status）菜单项目被选中时］，所有显示的程序状态值一定来自同一个扫描周期。

需要指出的是，某一时刻只允许有一个状态监控窗口运行。

三、用状态表监控与调试程序

"状态监控"这一术语是指显示程序在 PLC 中执行时的有关 PLC 数据的当前值和能流状态的信息。可使用状态表来监视用户程序，并可以用强制表操作修改用户程序中的变量。

1. 使用状态图表

在引导条窗口中单击"状态图"（Status Chart）或用"视图"（View）菜单中的"状态图"命令，当程序运行时，可使用状态图来读、写、监视和强制其中的变量，如图 2-36 所示。

	地址	格式	当前数值	新数值
1	起始_1	位	2#1	
2	起始_2	位	2#0	
3	停止_1	位	2#1	
4	停止_2	位	2#0	
5	高位	位	2#0	
6	低位	位	2#0	
7	重设	位	2#0	
8		带符号		
9	泵_1	位	2#1	
10	泵_2	位	2#0	
11	混合器_阀	位	2#0	
12	蒸汽_阀	位	2#0	
13	排放_阀	位	2#1	
14	排放_泵	位	2#1	
15		带符号		
16	高_位_已达到	位	2#1	
17	混合_定时器	带符号	+7426	
18	循环_计数器	带符号	+0	

图 2-36　状态图表的监视

当用状态图表时，可将光标移到某一个单元格，用鼠标右键单击单元格，在弹出的下拉菜单中单击一项，可实现相应的编辑操作。用户可以根据需要，建立多个状态图表。

状态图表的工具图标在编程软件的工具条区内。单击可操作这些工具图标，如顺序排序、逆序排序、全部写、单字读、读所有强制、强制和解除强制等。

2. 强制指定值

用户可以用状态图表来强制用指定值对变量赋值，所有强制改变的值都存到主机固定的 EEPROM 存储器中。

（1）强制范围

① 强制指定一个或所有的 Q 位。

② 强制改变最多 16 个（V、M、AI 或 AQ）地址和所有的 I/O 位（所有的 I 和 Q 位地址）。

③ 强制改变模拟量映像存储器 AQ，变量类型为偶字节开始的字类型。

④ 用强制功能取代了一般形式的读和写。同时，采用输出强制时，以某一个指定值输

出，当主机改变 STOP 方式后输出将变为强制值，而不是设定值。

（2）强制一个值　要强制状态表地址为某一数值，用户必须首先规定所需的数值，方法是读取该数值（如果用户希望强制当前值）或键入该数值（如果用户希望将地址强制为一个新数值）。用户一旦使用了强制功能，则在每次扫描时该数值均被重新应用于地址，直至用户取消强制地址。

若强制一个新值，可在状态图表的"新数值"（New Value）栏输入新值，然后单击工具条中的"强制"按钮。

若强制一个已经存在的值，可以在"当前值"（Current Value）栏单击并点亮这个值，然后单击"强制"按钮。

① 图标表示该地址被显性强制。该地址数值在地址被取消强制之前无法改变。

② 图标表示该地址被隐性强制。如果地址是一个被显性强制的较大地址的一部分，该地址则被认为是隐性强制。例如，如果 VW0 被强制，则 VB0 被隐性强制（VB0 是 VW0 的第一个字节）。无法单独取消隐性强制数据自身的强制。必须取消强制较大的地址，然后才能改变该地址数值。如果强制 VD0（该地址包含 VB0～VB3），则被计数为可以强制的 16 个存储区数据之一。如果将 VB0～VB3 作为分开的实体强制，则计数为用户可以强制的 16 个存储区数据中的 4 个。所有被强制的数据均存储在 CPU 的永久性 EEPROM 存储区中。

③ 图标表示该地址的一部分被强制。例如，如果 VW0 被显性强制，则 VW1 的一部分被强制（VW1 的第 1 个字节是 VW0 的第 2 个字节）。被部分强制的数值无法自身取消强制。必须取消强制数据内被强制的地址，该地址数值才能改变。如果当用户发出"读取所有强制"命令时，以上三个图标均未在地址旁的"当前数值"列中显示，则说明该地址未被强制。

（3）读所有强制操作　当使用"读取全部强制"功能时，状态表的"当前值"列会为已经显性、隐性或部分隐性强制的所有地址显示一个图标。

（4）解除一个强制操作　对于程序状态和状态表监控，选择一个地址，并使用"取消强制"按钮从该特定地址取消强制功能。用户还可以选择一个参数，然后用鼠标右键单击该参数，查看"强制"和"取消强制"功能的弹出菜单。

（5）解除所有强制操作　对于程序状态和状态表监控，选择要解除的所有强制操作，并使用"取消全部强制"按钮解除所有强制操作。

四、运行模式下的编辑

在运行模式下编辑，可以在对控制过程影响较小的情况下，对用户程序做少量的修改。修改后的程序下载时，将立即影响系统的控制运行，所以使用时应特别注意。可进行这种操作的 PLC 有 CPU224、CPU226 和 CPU226XM 等。操作步骤如下。

① 选择"调试"（Debug）菜单中的"在运行状态编辑程序"（Program Edit in RUN）命令，因为 RUN 模式下只能编辑主机中的程序，如果主机中的程序与编程软件窗口中的程序不同，系统会提示用户存盘。

② 屏幕弹出警告信息。单击"Continue"按钮，所连接主机中的程序将被装到编程主窗口，此时便可以在运行模式下进行编辑。

③ 在运行模式下进行下载。在程序编译成功后，可用"文件"（File）菜单中"下载"命令，或单击工具条中的"下载"按钮，将程序块下载到 PLC 主机。

④ 退出运行模式编辑。使用"调试"（Debug）菜单中的"在运行状态编辑程序"（Program Edit in RUN）命令，然后根据需要选择"选项"（Checkmark）中的内容。

五、程序监视

利用三种程序编辑器（梯形图、语句表和功能表）都可在 PLC 运行时监视程序的执行对各元件的执行结果，并可监视操作数的数值（本书只介绍梯形图和语句表的情况）。

1. 梯形图监视

利用梯形图编辑器可以监视程序状态，如图 2-37 所示。图中被点亮的元件表示被接通状态。

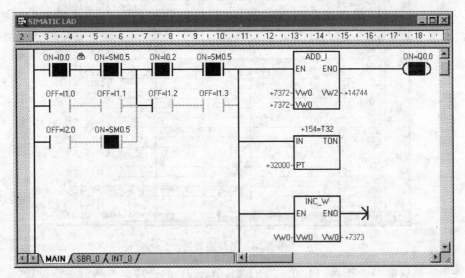

图 2-37　梯形图监视

梯形图中显示所有操作数的值，所有这些操作数状态都是 PLC 在扫描周期完成时的结果。在使用梯形图监控时，STEP7-Micro/WIN 编程软件不是在每个扫描周期都采集状态值在屏幕上的梯形图中显示，而是要间隔多个扫描周期采集一次状态值，然后刷新梯形图中各值的状态显示。在通常情况下，梯形图的状态显示不反映程序执行时的每个编程元素的实际状态。但这并不影响使用梯形图来监控程序状态，而且在大多数情况下，使用梯形图也是编程人员的首选。

实现方法是：用"工具"（Tools）菜单中的"选项"（Options）命令，打开选项对话框，选择"LAD 状态"（LAD status）选项卡，然后选择一种梯形图的样式。梯形图可选择的样式有三种：指令内部显示地址和外部显示值，以及只显示状态值。打开梯形图窗口，在工具条中单击"程序状态监控按钮"，即可进行梯形图监视。

2. 语句表监视

用户可利用语句表编辑器监视在线程序状态。语句表程序状态按钮连续不断地更新屏幕上的数值，操作数按顺序显示在屏幕上，这个顺序与它们出现在指令中的顺序一致，当指令执行时，这些数值将被捕捉，它可以反映指令的实际运行状态。

实现方法是：单击工具栏上的程序状态按钮"程序状态监控"，出现如图 2-38 所示的显示界面。其中，语句表的程序代码出现在左侧的 STL 状态窗口里，包含操作数的状态区显示在右侧。间接寻址的操作数将同时显示存储单元的值和它的指针。

可以用工具栏中的"程序状态监控"按钮暂停，则当前的状态数据将保留在屏幕上，直到再次单击这个按钮。图中状态数值的颜色表示指令执行状态：黑色表示指令正确执行；红色表示指令执行有错误；灰色表示指令由于栈顶值为 0 或由跳转指令使之跳过而没有执行；空白表示指令未执行。

可利用初次扫描得到第一个扫描周期的信息。

设置语句表状态窗口的样式：用"工具"（Tools）菜单中的"选项"（Options）命令，

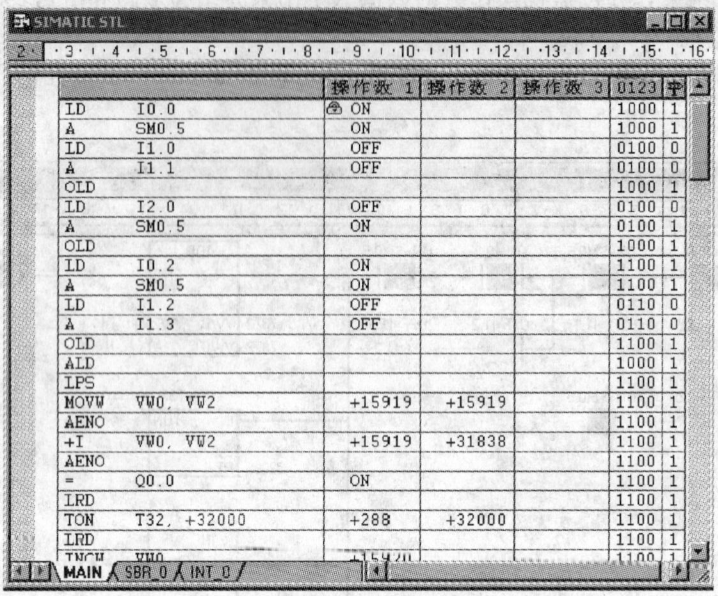

		操作数 1	操作数 2	操作数 3	0123	中
LD	I0.0	ON			1000	1
A	SM0.5	ON			1000	1
LD	I1.0	OFF			0100	0
A	I1.1	OFF			0100	0
OLD					1000	1
LD	I2.0	OFF			0100	0
A	SM0.5	ON			0100	1
OLD					1000	1
LD	I0.2	ON			1100	1
A	SM0.5	ON			1100	1
LD	I1.2	OFF			0110	0
A	I1.3	OFF			0110	0
OLD					1100	1
ALD					1000	1
LPS					1100	1
MOVW	VW0, VW2	+15919	+15919		1100	1
AENO					1100	1
+I	VW0, VW2	+15919	+31838		1100	1
AENO					1100	1
=	Q0.0	ON			1100	1
LRD					1100	1
TON	T32, +32000	+288	+32000		1100	1
LRD					1100	1
INCW	VW0	+15920			1100	1

图 2-38 语句表监视

打开“选项”对话框，选择“STL 状态”（STL status）的选项卡，然后进行设置。

【任务实施】

通过在计算机上的实际操作，认识 S7-200 系列 PLC 的编程软件 STEP 7V4.0 软件的各种功能，学会用户程序的运行和监控调试方法。

项目三　S7-200 PLC 的程序设计与调试

能力目标

① 会设计简单的 PLC 控制程序。
② 会用 STEP 7V4.0 软件进行调试。
③ 会进行硬件接线和系统调试。

知识目标

① 掌握 S7-200 PLC 的指令和功能。
② 掌握程序设计的方法和步骤。
③ 掌握程序调试的方法。

任务一　位逻辑指令的应用

【任务描述】

　　指令是用户程序中最小的独立单位，由若干条指令顺序排列在一起就构成了用户程序。位逻辑指令是 PLC 常用的基本指令，本任务通过启停控制、二分频电路、优先控制和电机控制等程序的编写和调试，使读者掌握位逻辑指令的应用。

【任务分析】

① 了解位逻辑指令组成和功能。
② 掌握 I/O 分配和硬件接线图的画法。
③ 了解应用程序的编写方法。
④ 掌握硬件接线的方法。
⑤ 掌握程序上传和下载以及程序调试的方法。

【知识准备】

　　梯形图指令有触点和线圈两大类，触点又分为动合和动断两种形式；语句表指令有与、或以及输出等逻辑关系。位操作指令能够实现基本的位逻辑运算和控制。

　　梯形图指令由触点或线圈符号和直接位地址两部分组成，含有直接位地址的指令又称位操作指令。基本位操作指令操作数寻址范围为：I, Q, M, SM, T, C, V, S, L 等。

　　一、LD、LDN 和＝(Out) 指令

① LD(Load) 装载指令：对应梯形图从左侧母线开始，连接动合（常开）触点。
② LDN(Load Not)：装载指令，对应梯形图从左侧母线开始，连接动断（常闭）触点。
③ ＝(Out)：输出指令。也是线圈驱动指令，必须放在梯形图的最右端。

梯形图应用示例如图 3-1 所示。

LD、LDN 指令操作数为：I、Q、M、T、C、SM、S、V。

＝指令的操作数为：M、Q、T、C、SM、S。

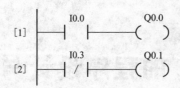

I0.0
Q0.0
[1]
[1]常开触点I0.0动作闭合，线圈Q0.0通电
[2]常闭触点I0.3动作断开，线圈Q0.1断电
I0.3
Q0.1
[2]

图 3-1　LD、LDN 和＝指令梯形图应用示例

二、A 和 AN 指令

① A(And)：逻辑“与”操作指令，用于动合（常开）触点的串联。

② AN(And Not)：逻辑“与”操作指令，用于动断（常闭）触点的串联。

梯形图及指令表形式的应用示例如图 3-2 所示。

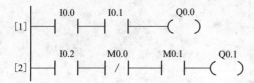

I0.0
I0.1
Q0.0
[1]
[1]常开触点I0.0和I0.1都动作闭合后，线圈Q0.0通电
[2]常闭触点M0，0不动作，并且常开触点I0.0和M0.1动作闭合后，线圈Q0.1通电
I0.2
M0.0
M0.1
Q0.1
[2]

图 3-2　A 和 AN 指令梯形图应用示例

A 和 AN 指令的操作数为：I、Q、M、SM、T、C、S、V。

三、O 和 ON 指令

① O(Or)：逻辑“或”操作指令，用于动合（常开）触点的并联。

② ON(Or Not)：逻辑“或”操作指令，用于动断（常闭）触点的并联。

梯形图应用示例如图 3-3 所示。

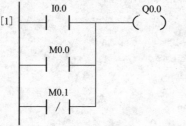

I0.0
Q0.0
[1]
[1]常开触点I0.0或M0.0动作闭合或者常闭触点M0.1不动作，线圈Q0.0通电
M0.0
M0.1

图 3-3　O 和 ON 指令梯形图应用示例

O 和 ON 指令的操作数为：I、Q、M、SM、T、C、S、V。

四、置位（S）**和复位**（R）**指令**

普通线圈获得能量流时线圈通电（存储器位置 1），能量流不能到达时，线圈断电（存储器位置 O），梯形图利用线圈通、断电描述存储器位的置位、复位操作。置位/复位指令是将线圈设计成置位线圈和复位线圈两大部分，将存储器的置位、复位功能分离开来。置位线圈受到脉冲前沿触发时，线圈通电锁存（存储器位置 1），复位线圈受到脉冲前沿触发时，线圈断电锁存（存储器位置 0），下次置位、复位操作信号到来前，线圈状态保持不变（自锁功能）。为了增强指令的功能，置位、复位指令将置位和复位的位数扩展为 N 位。指令格式如表 3-1 所示。

表 3-1　置位/复位指令格式

LAD	STL	功　能
S_BIT —(S) N　　S_BIT —(R) N	S　S_BIT，N R　S_BIT，N	从起始位(S_BIT)开始的 N 个元件置 1 从起始位(S_BIT)开始的 N 个元件清 0

1. 置位指令 S

S(Set)：置位指令，将从 bit 开始的 N 个元件置 1 并保持。其中，N 的取值为 1~255。

2. 复位指令 R

R(Reset)：复位指令，将从 bit 开始的 N 个元件置 0 并保持。其中，N 的取值为 1~255。

S 和 R 指令的操作数为：I、Q、M、SM、T、C、S、V 和 L。

【**例 3-1**】 置位/复位指令的应用实例，程序运行结果见时序分析。

图 3-4 的程序说明：如 I0.0[1] 常开触点接通，则线圈 Q0.0 通电（置 1）并保持该状态；当 I0.1[2] 闭合时，线圈 Q0.0 断电（置 0）并保持该状态。

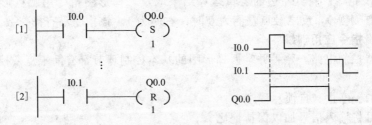

图 3-4　置位/复位指令应用程序段

编程时，置位、复位线圈之间间隔的网络个数可以任意。置位、复位线圈通常成对使用，也可以单独使用或与指令盒配合使用。

五、边沿触发指令（EU、ED）

边沿触发是指用边沿触发信号产生一个机器周期的扫描脉冲，通常用作脉冲整形。边沿触发指令分为上升沿触发指令 EU 和下降沿触发指令 ED 两类。边沿触发指令格式如表 3-2 所示。

表 3-2　边沿触发指令格式

LAD	STL	功能、注释
─┤ P ├─	EU(Edge Up)	正跳变，无操作元件
─┤ N ├─	ED(Edge Down)	负跳变，无操作元件

① EU(Edge Up)：输入脉冲的上升沿使触点闭合（0N）一个扫描周期。该指令无操作数。

② ED(Edge Down)：输入脉冲的下降沿使触点闭合（ON）一个扫描周期。该指令无操作数。

边沿触发指令应用示例如图 3-5 所示。

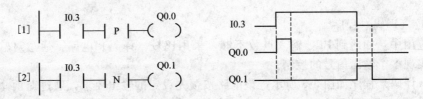

图 3-5　边沿触发指令的应用示例及时序图

I0.3 的上升沿，触点（EU）产生一个扫描周期的时钟脉冲，驱动输出线圈 Q0.0 通电一个扫描周期。

I0.3 的下降沿，触点（ED）产生一个扫描周期的时钟脉冲，驱动输出线圈 Q0.1 通电一个扫描周期，时序分析见图 3-5。

六、逻辑结果取反指令（NOT）

取非和空操作指令格式如表 3-3 所示。

表 3-3　取非和空操作指令格式

LAD	STL	功能
─┤ NOT ├─	NOT	取非

NOT：取反指令。将其左边的逻辑运算结果取反。梯形图指令用触点形式表示，触点左侧为 1 时，右侧为 0，反之触点左侧为 0 时，右侧为 1。该指令没有操作数。

七、位逻辑指令应用训练

如同继电器控制电路，熟悉并掌握梯形图的基本控制环节，有助于复杂控制系统程序的编制与设计。

1. 启动-保持 停止（自锁）程序

自锁程序可将输入信号加以保持记忆。

如图 3-6 所示，当 I0.0[1] 接通一下，辅助继电器 M0.0 线圈通电并自锁，Q0.0[2] 有输出；给 I0.1[1] 一个输入信号，其常闭触点断开，M0.0 线圈断电并解除自锁，Q0.0[2] 无输出，这是常用的自锁控制程序。

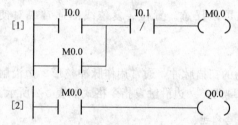

图 3-6　启动-保持-停止（自锁）梯形图程序

2. 优先（互锁）程序

优先（互锁）程序（图 3-7）在控制环节中用于实现信号的互锁。

如图 3-7(a) 所示，输入信号 I0.0[1] 和 I0.1[2] 中，先有效者取得优先权，后有效者不起作用，实现这种功能的程序称为优先（互锁）程序。若 I0.0[1] 先接通，M0.0[1] 线圈通电并自锁保持，使 Q0.0[3] 有输出，同时 M0.0[2] 常闭触点断开，互锁了 M0.1[2] 线圈回路，即使 I0.1[2] 再接通，也不能使 M0.1[2] 动作，故 Q0.1[4] 无输出；若 I0.1[2] 先接通，则情况正好相反。

图 3-7(b) 是优先程序在电动机正转-反转-停机控制环节中应用的实例。I0.0[1] 是正转启动信号，I0.1[2] 是反转启动信号，I0.2[1]、[2] 为停止信号；Q0.0[1] 用于控制电动机正转，Q0.1[2] 用于控制电动机反转。由于在正、反转控制回路中分别采用了输入信号和输出信号的双重互锁，所以可由正转直接切换成反转，也可由反转直接切换成正转；而且能保证电动机正、反转接触器不会同时得电，其主电路也就不会造成短接故障。

3. 比较（译码）程序

实际应用中，如遇到 PLC 输入点数不够，采用比较（译码）电路，通过对输入信号的处理，可实现多个输出信号的控制。

比较（译码）程序如图 3-8 所示，该电路按预先设定的输出要求，通过对两个输入信号的比较（译码），实现两个输入信号对四个输出信号的控制。若 I0.0、I0.1 均不接通（I0.0＝0、I0.1＝0），Q0.0 有输出；若 I0.0 不接通、I0.1 接通（I0.0＝0、I0.1＝1），Q0.1 有输出；若 I0.0 接通、I0.1 不接通（I0.0＝1、I0.1＝0），Q0.2 有输出；若 I0.0、I0.1 同时接通（I0.0＝1、I0.1＝1），则 Q0.3 有输出。

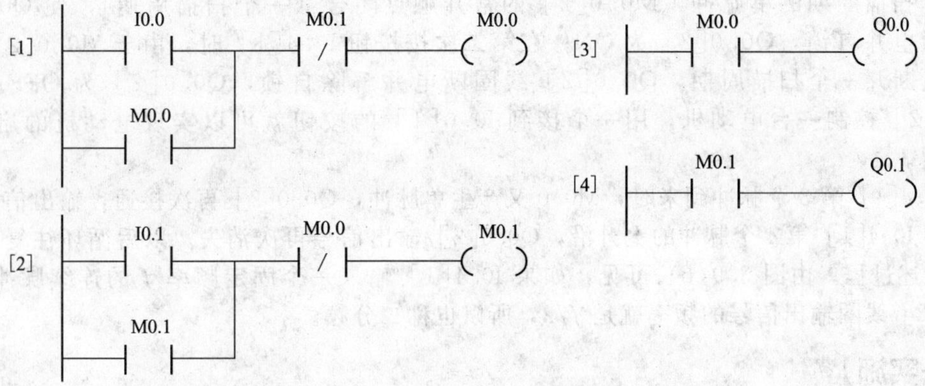

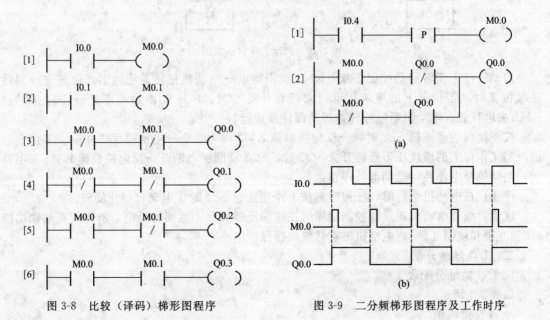

(a) 优先程序

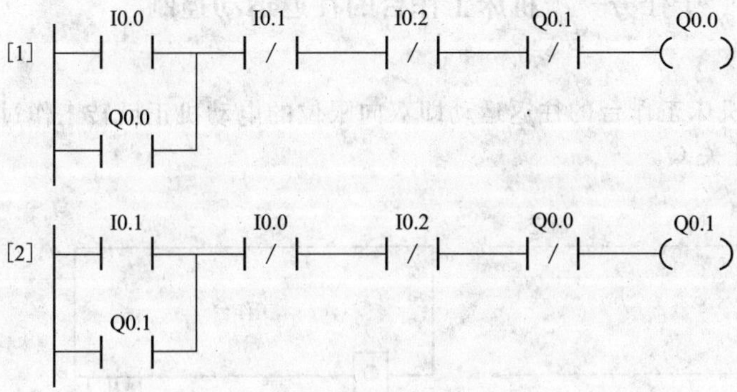

(b) 优先程序应用实例

图 3-7　优先（互锁）梯形图程序

图 3-8　比较（译码）梯形图程序

图 3-9　二分频梯形图程序及工作时序

4. 二分频程序

用一个按钮可以实现对输出线圈的启动/停止控制。

图 3-9(a) 示出的是一个二分频程序。在第一次按按钮 I0.4[1] 时，M0.0[1] 产

生一个扫描周期的单脉冲，M0.0[2] 的常开触点闭合（一个扫描周期），使 Q0.0[2] 线圈通电并自锁，Q0.0[2] 为 ON；在第二次按按钮 I0.4[1] 时，由于 M0.0[2] 的常闭触点断开一个扫描周期，Q0.0[2] 线圈断电并解除自锁，Q0.0[2] 为 OFF。如果 Q0.0[2] 控制一台电动机，用一个接到 I0.0[1] 的按钮就可以实现电动机的启动/停止控制。

I0.4[1] 第 3 个脉冲到来时，M0.0 又产生单脉冲，Q0.0[2] 再次接通，输出信号又建立；在 I0.4[1] 第 4 个脉冲的上升沿，Q0.0[2] 输出信号再次消失。以后循环往复，不断重复上述过程。由图 3.9(b) 可见，如果 I0.4[1] 输入一个固定频率 f 的连续脉冲信号，Q0.0[2] 线圈输出信号的频率就是 $f/2$，所以也称二分频。

【任务实施】

子任务一　机床工作台的往返运动控制

一、控制要求

如图 3-10 所示，机床工作台的往返运动即双向限位的电动机正反转工作过程。先接通三相电源开关 Q。

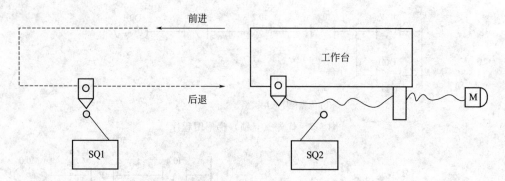

图 3-10　机床工作台示意图

启动：按下正转启动按钮 SB2→KM1 线圈得电→电动机正转并拖动工作台前进→到达终端位置时，工作台上的撞块压下换向行程开关 SQ1，SQ1 动断触点断开→正向接触器 KM1 失电释放，电动机断电停转，运动部件停止运行。

按下反向启动按钮 SB2 时，→反向接触器 KM2 得电吸合→电动机反转并拖动工作台后退→当工作台上的撞块压下行程开关 SQ2 时，SQ2 动断触点断开→反向接触器 KM2 失电释放，电动机断电停转，运动部件停止运行。

停止：在电动机运行时，任何时刻按下停止按钮 SB1 时，电动机停止旋转。

注意：编写电动机正反转控制程序时正转和反转线圈不能同时得电，所以要有互锁功能（按钮互锁和线圈互锁）；电动机带有热继电器保护。

二、I/O 地址分配

1. I/O 地址分配表

如表 3-4 所示。

2. 硬件接线图

如图 3-11 所示。

三、梯形图程序

在 STEP 7V4.0 中编写梯形图程序如图 3-12 所示。

表 3-4　I/O 分配表

输　入			输　出		
变量	地址	注释	变量	地址	注释
SB1	I0.0	停止按钮	KM1	Q0.0	正转线圈
SB2	I0.1	正转启动按钮	KM2	Q0.1	反转线圈
SB3	I0.2	反转启动按钮			
FR	I0.3	热继电器保护触点			
SQ1	I0.4	正向限位			
SQ2	I0.5	反向限位			

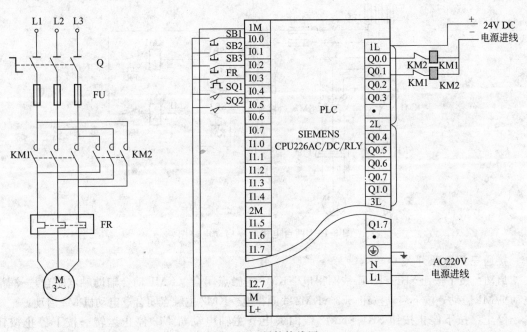

图 3-11　硬件接线图

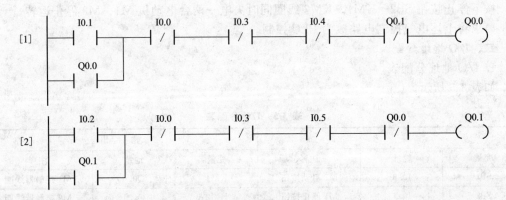

图 3-12　梯形图程序

四、程序调试

① 按照硬件接线图连接硬件，下载并运行用户程序。

② 进入 STEP 7V4.0 的梯形图监控或状态表监控。

③ 分别使 SB1、SB2、SB3、FR、SQ1、SQ2 动作，观察程序内部元件和实际电路的动作情况是否与控制要求一致。

子任务二　电动机顺序启/停控制

一、控制要求

如图 3-13 所示，M1 为润滑电动机，M2 为主轴电动机。M1 和 M2 各由热继电器 FR1、FR2 进行保护，接触器 KM1 控制润滑电动机 M1 的启动、停止；KM2 控制主轴电动机 M2 的启动、停止，KM1、KM2 经熔断器 FU 和开关 Q 与电源连接。

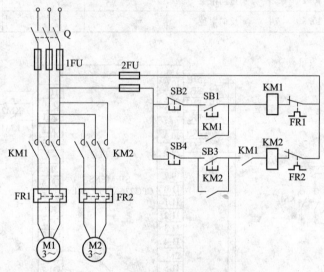

图 3-13　两台电机顺序启动电路图

接通三相电源开关 Q。

启动：按下按钮 SB1→KM1 线圈得电→KM1 主触点闭合（KM1 动合辅助触点闭合）→润滑电动机 M1 启动→按下启动按钮 SB3→KM2 线圈得电→KM2 主触点闭合→电动机 M2 启动。

停止：按下停止按钮 SB4→KM2 线圈失电→主轴电动机 M2 停止运转→按下停止按钮 SB2→M1 停止运转。

按下停止按钮 SB2→KM1、KM2 线圈同时失电→两台电动机 M1、M2 停止运转。

要求将上述电气控制电路改为 PLC 控制。

二、I/O 地址分配

1. I/O 地址分配表

如表 3-5 所示。

表 3-5　I/O 分配表

输　入			输　　出		
变量	地址	注释	变量	地址	注释
SB1	I0.0	M1 启动按钮	KM1	Q0.0	M1 接触器线圈
SB2	I0.1	M1 停止按钮	KM2	Q0.1	M2 接触器线圈
SB3	I0.2	M2 启动按钮			
SB4	I0.3	M2 停止按钮			
FR1	I0.4	热继电器			
FR2	I0.5	热继电器			

2. 硬件接线图

如图 3-14 所示。

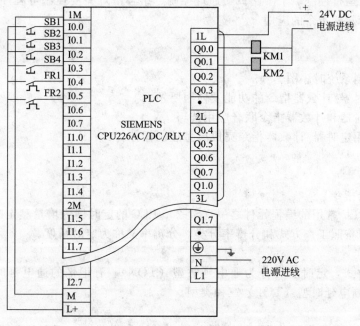

图 3-14 硬件接线图

三、梯形图程序

在 STEP 7V4.0 中编写梯形图程序如图 3-15 所示。

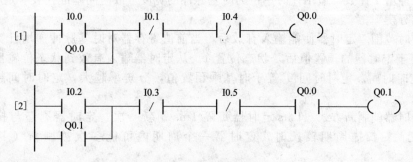

图 3-15 梯形图程序

四、程序调试

① 按照硬件接线图连接硬件，下载并运行用户程序。

② 进入 STEP 7V4.0 的梯形图监控或状态表监控。

③ 分别使 SB1、SB2、SB3、FR1、FR2 动作，观察程序内部元件和实际电路的动作情况是否满足控制要求。

任务二 定时器、计数器指令应用

【任务描述】

在自动化控制工程中，经常需要延迟事件以便机器部件完成它们的运动，解决这个问题的最好办法是使用定时器。任何时候，编程人员需要计数动作或者累积次数时，都会用到计数器。定时器/计数器指令是 PLC 最基本的功能指令，在控制系统中应用非常普遍。本任务通过电动机间歇运行控制、十字路口交通灯控制、组合吊灯亮度控制等程序的编写和调试，掌握定时器、计数器指令的应用。

【任务分析】

① 读懂控制系统时序图。
② 理解定时器/计数器指令的功能及使用要领。
③ 领会定时器和计数器指令联合应用技巧。
④ 能够应用定时器/计数器指令完成典型控制任务。

【知识准备】

一、定时器指令

定时器是 PLC 常用的编程元件之一，S7-200 PLC 的定时器为增量型定时器，用于实现时间控制，可以按照工作方式和分辨率分类，分辨率又称为定时精度。

1. 工作方式

按照工作方式，定时器可分为通电延时型（TON）、有记忆的通电延时型（又叫保持型，TONR）、断电延时型（TOF）三种类型。

2. 分辨率

按照分辨率，定时器可分为 1ms、10ms、100ms 三种类型，不同的分辨率，定时精度、定时范围和定时器的刷新方式不同。

（1）定时精度　定时器的工作原理是定时器使能输入有效后，当前值寄存器对 PLC 内部的时基脉冲增 1 计数，最小计时单位为时基脉冲的宽度。故时间基准代表着定时器的定时精度，又称分辨率。

（2）定时范围　定时器使能输入有效后，当前值寄存器对时基脉冲递增计数，当计数值大于或等于定时器的预置值后，状态位置 1。从定时器输入有效到状态位输出有效经过的时间为定时时间。定时时间 T 等于时基乘预置值，分辨率越大，定时时间越长，但精度越差。

（3）定时器的刷新方式　1ms 定时器每隔 1ms 刷新一次，定时器刷新与扫描周期和程序处理无关。扫描周期较长时，定时器一个周期内可能多次被刷新（多次改变当前值）。

10ms 定时器在每个扫描周期开始时刷新。每个扫描周期内，当前值不变（如果定时器的输出与复位操作时间间隔很短，调节定时器指令盒与输出触点在网络段中位置是必要的）。

100ms 定时器是定时器指令执行时被刷新，下一条执行的指令即可使用刷新后的结果，非常符合正常思维，使用方便可靠。但应当注意，如果该定时器的指令不是每个周期都执行（例如条件跳转时），定时器就不能及时刷新，可能会导致出错。

CPU22X 系列 PLC 的 256 个定时器分属 TON（TOF）和 TONR 工作方式以及三种分辨率，TOF 与 TON 共享同一组定时器，不能重复使用。定时器的分辨率和编号如表 3-6。

使用定时器时应参照表 3-6 的分辨率和工作方式，合理选择定时器编号，同时要考虑刷新方式对程序执行的影响。

定时器指令格式如表 3-7 所示。

表 3-6　定时器分辨率和编号

工作方式	用毫秒(ms)表示的分辨率	用秒(s)表示的最大当前值	定时器编号
TONR	1	32.767	T0,T64
	10	327.67	T1~T4,T65~T68
	100	3276.7	T5~T31,T69~T95
TON/TOF	1	32.767	T32,T96
	10	327,67	T33~T36,T97~T100
	100	3276.7	T37~T63,T101~T255

表 3-7　定时器指令格式

LAD	STL	功能、注释
???? IN　TON ????—PT　???ms	TON	通电延时型
???? IN　TONR ????—PT　???ms	TONR	有记忆通电延时型
???? IN　TOF ????—PT　???ms	TOF	断电延时型

　　IN 是使能输入端，编程范围 T0~T255。PT 是预置值输入端，最大预置值 32767，PT 数据类型为 INT，操作数寻址范围如表 3-8 所示。

表 3-8　操作数寻址范围

数据类型	寻址范围
BYTE	IB,QB,MB,SMB,VB,SB,LB,AC,常数,＊VD,＊AC,＊LD
INT/WORD	IW,QW,MW,SW,SMW,T,C,VW,AIW,LW,AC,常数,＊VD,＊AC,＊LD
DINT	ID,QD,MD,SMD,VD,SD,LD,HC,AC,常数,＊VD,＊AC,＊LD
REAL	ID,QD,MD,SMD,VD,SD,LD,AC,常数,＊VD,＊AC,＊LD

　　注：输出（OUT）操作数寻址范围不含常数项，＊表示间接寻址。

　　3. 通电延时型定时器 TON（On-Delay Timer）

　　通电延时型定时器（TON）用于单一时间间隔的定时。输入端（IN）接通时开始定时，定时器开始计时，当前值从 0 开始递增，当前值大于等于设定值（PT）时（PT=1~32767），定时器位变为 ON，定时器对应的输出状态位置 1（输出触点有效，常开触点闭合，长闭触点断开）。达到设定值后，当前值仍继续计数，直到最大值 32767 为止。输入电路断开时，定时器复位，输出状态位置 0，当前值被清零。

　　通电延时型定时器应用示例程序如图 3-16 所示，程序运行结果见时序分析。

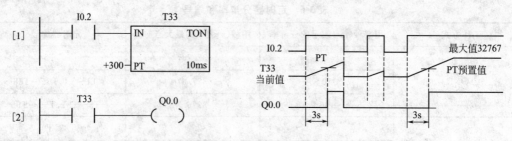

图 3-16　通电延时型定时器应用示例程序及工作时序

4. 断电延时型定时器 TOF（Off-Delay Timer）

断电延时型定时器（TOF）用于断电后的单一间隔时间计时。使能端（IN）输入有效时，定时器输出状态位立即置 1，当前值为 0。当使能端（IN）断开时，开始计时，当前值从 0 递增，当前值达到设定值（PT）时，定时器状态位复位置 0，并停止计时，当前值保持。TOF 定时器可用复位指令 R 复位，复位后定时器状态位为 OFF，当前值为 0。

断电延时型定时器应用示例程序如图 3-17 所示，程序运行结果见时序分析。

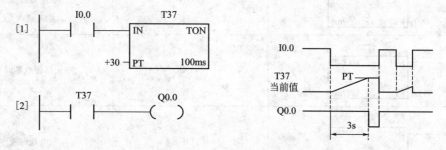

图 3-17　断电延时型定时器应用示例程序及工作时序

5. 有记忆通电延时型定时器 TONR（Retentive On-Delay Timer）

有记忆通电延时型定时器 TONR 用于对许多间隔的累计定时。当使能端（IN）输入有效时（接通），定时器开始计时，当前值从 0 开始递增，当前值大于或等于设定值（PT）时，输出状态位置 1。使能端输入（IN）断开时，当前值保持（记忆），使能端（IN）再次接通有效时，当前值在原保持值基础上继续递增计时。TONR 定时器用复位指令 R 进行复位，复位后定时器当前值清零，定时器状态位为 OFF。

有记忆通电延时型定时器应用示例程序如图 3-18 所示，程序运行结果见时序分析。

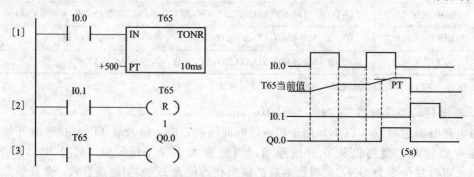

图 3-18　有记忆通电延时型定时器应用示例程序及工作时序

6. 定时器指令应用训练（占空比 1：1 脉冲信号，累加延时等）

利用 PLC 中的定时器可以设计出各种各样的时间控制程序，其中有长延时、时钟脉冲、接通延时和断开延时等控制程序。

（1）定时器串级使用　定时器定时时间的长短由常数设定值决定。S7-200 系列 PLC 中，编号为 T37~T63 以及 T101~T255 的定时器常数设定值的取值范围为 1~32767，即最长的定时时间为 $t=32767\times0.1=3276.7s$，不到 1h。如果需要设计定时时间为 1h 或更长的定时器，则可采用定时器串级使用的方法实现长时间延时。

图 3-19 所示是定时时间为 1h 的时间控制程序。由图 3-19（b）所示的时序图可以看到，输入触点 I0.0[1] 闭合后，经过 1h（3600s）的延时，输出信号 Q0.0[3] 线圈才接通，从而实现了长时间定时。为实现这种功能，采用两个定时器 T40[1] 和 T41[2] 串级使用。当 T40[1] 开始定时后，经 1800s 延时，T40[2] 常开触点闭合，使 T41[2] 再开始定时，又经 1800s 的延时，T41[3] 的常开触点闭合，输出继电器 Q0.0[3] 线圈接通。这样，从输入触点 I0.0[1] 接通到 Q0.0[3] 线圈产生输出信号，其延时时间为 1800＋1800＝3600s＝1h。定时器串级使用就是先启动一个定时器定时，时间一到，用第一个定时器的常开触点控制第二个定时器定时，如此下去，使用最后一个定时器的常开触点去控制所要控制的对象。

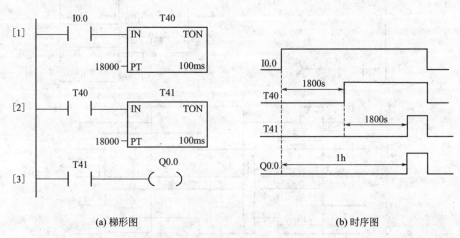

(a) 梯形图　　　　　　　　　　　　　(b) 时序图

图 3-19　时间控制程序及工作时序

（2）连续脉冲的程序　在 PLC 程序设计中，也经常需要一系列连续的脉冲信号作为计数器的计数脉冲或其他作用。图 3-20 所示梯形图就是能产生连续脉冲的基本程序。

图 3-20 中，利用定时器，T40 产生一个周期可调节的连续脉冲。当 I0.0 常开触点闭合后，第一次扫描到 T40 常闭触点时，它是闭合的，于是，T40 线圈得电，经过 1s 的延时，T40 常闭触点断开。T40 常闭触点断开后的下一个扫描周期中，当扫描到 T40 常闭触点时，因它已断开，使 T40 线圈失电，T40 常闭触点又随之恢复闭合，这样，在下一个扫描周期扫描到 T40 常闭触点时，又使 T40 线圈得电，重复以上动作，T40 的常开触点连续闭合、断开，就产生了脉宽为一个扫描周期、脉冲周期为 1s 的连续脉冲，改变 T40 常数设定值，就可改变脉冲周期。

这个脉冲的脉宽为一个扫描周期，时间较短，后面再加上前述第一节的二分频程序（将

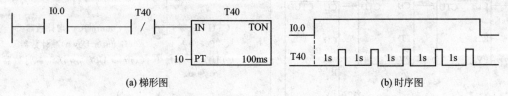

(a) 梯形图　　　　　　　　　　　　　(b) 时序图

图 3-20　连续脉冲程序及工作时序

I0.4 改为 T40），就可以对 T40 脉冲二分频（Q0.0），得到脉冲周期为 2s，占空比 1∶1 的连续脉冲。

（3）接通延时和断开延时控制程序 图 3-21 所示是接通延时和断开延时程序的梯形图和动作时序图。程序运行过程是：当输入开关 I0.0[1] 接通时，M0.0[1] 线圈通电并自锁，T40[1] 线圈通电，开始定时，由于接通时间不到 10s 输入开关 I0.0[1] 即松开，所以 Q0.3[2] 线圈不会通电工作。如果 I0.0[1] 接通时间超过 10s，T40[1] 触点闭合，Q0.3[2] 线圈通电工作，当开关 I0.0[1] 断开时，I0.0[1] 的常闭触点恢复闭合，T41[1] 线圈通电，开始定时，超过 10s 后，T41[1] 常闭触点断开，Q0.3[2] 线圈断电停止工作，从而实现输入开关 I0.0[1] 接通 10s（定时器常数设定值决定）后 Q0.3[2] 线圈通电工作，输入信号开关 I0.0[1] 断开 10s 后 Q0.3[2] 线圈才不工作的延时功能。

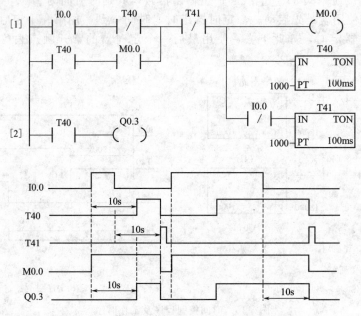

图 3-21 接通延时的断开延时程序及工作时序

二、计数器指令

计数器主要用于累计输入脉冲的次数。S7-200 系列 PLC 有增计数（CTU）、增/减计数（CTUD）、减计数（CTD）等三类计数指令，三种计数器共有 256 个。计数器的使用方法和基本结构与定时器基本相同，主要由预置值寄存器、当前值寄存器、状态位等组成。

计数器的梯形图指令符号为指令盒形式，指令格式如表 3-9 所示。

表 3-9 计数器指令格式

LAD	STL	功　能
![LAD] CU CTU / R / PV，CD CTD / LD / PV，CU CTUD / CD / R / PV	CTU CTD CTUD	(Counter Up)增计数器 (Counter Down)减计数器 (Counter Up/Down)增/减计数器

梯形图指令符号中，CU 为增 1 计数脉冲输入端；CD 为减 1 计数脉冲输入端；R 为复位脉冲输入端；LD 为减计数器的复位脉冲输入端。编程范围 C0～C255；PV 预置值最大范围 32767，数据类型为 INT，操作数寻址范围参见表 3-8。

1. 增计数器（CTU）

当复位输入（R）无效，计数脉冲输入端（CU）输入脉冲上升沿时，计数器的当前值增 1 计数。当前值大于或等于设定值（PV）时，计数器状态位置 1。当前值累加的最大值为 32767。复位输入（R）有效时，计数器状态位复位（置 0），当前计数值清零。

增计数器指令应用示例程序如图 3-22 所示。程序运行结果见时序分析。

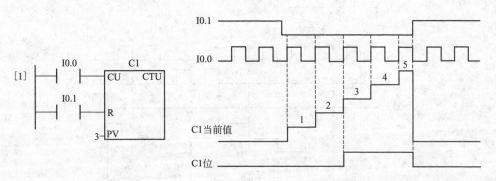

图 3-22 增计数器的应用示例程序及工作时序

2. 减计数器（CTD）

复位输入端（LD）有效时，计数器把预置值（PV）装入当前值存储器，计数器状态位复位（置 0）。减计数脉冲输入端 CD，每一个输入脉冲上升沿，当前值从设定值开始减 1 计数，当前值等于 0 时，计数器状态位置位（置 1），停止计数。

减计数器指令应用示例程序如图 3-23 所示，程序运行结果见时序分析。

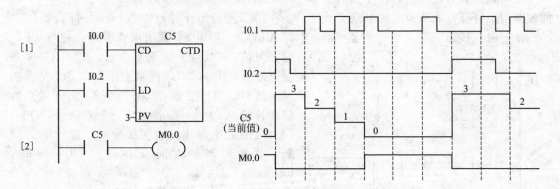

图 3-23 减计数器的应用示例程序及工作时序

3. 增/减计数器（CTUD）

增/减计数器有两个脉冲输入端，其中 CU 端用于递增计数，CD 端用于递减计数，执行增/减计数指令时，CU/CD 端的计数脉冲上升沿增 1/减 1 计数。当前值大于或等于计数器设定值（PV）时，计数器状态位置位。复位输入（R）有效或执行复位指令时，计数器状态位复位，当前值清零。达到计数器最大值 32767 后，下一个 CU 输入上升沿将使计数值变为最小值（-32678）。同样，达到最小值（-32678）后，下一个 CD 输入上升沿将使计数值变为最大值（32767）。

增/减计数器指令应用示例程序如图 3-24 所示，程序运行结果见时序分析。

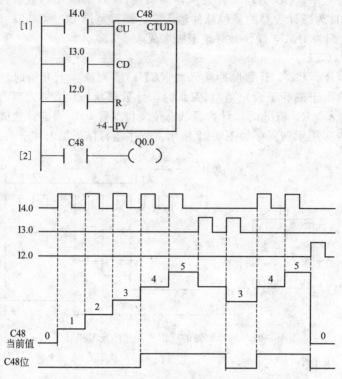

图 3-24 增/减计数应用程序段及时序

三、定时器和计数器指令应用训练（累加计数，成倍计数、长时间延时等）

1. 定时、计数长时间延时程序

定时、计数长时间延时程序如图 3-25 所示。启动按钮动作输入 I0.0[1]，Q0.0[1] 线圈控制指示灯亮，表明长延时电路开始工作。T40[2] 开始计时，60s 后计时时间到，T40[3] 常开触点接通一次，给计数器 C0 一个输入信号；T40[2] 常闭触点断开，使 T40[2] 线圈复位；T40[2] 线圈复位后，T40[3] 常开触点断开，T40[2] 常闭触点闭合，T40 又重新开始计时。当计数器 C0 对 T40[3] 常开触点的脉冲计满 60 次后，C0[4] 常开触点接通，Q0.1[4] 线圈通电输出，表明长延时电路计时时间到，其总延时的时间 $T = 60 \times 60 = 3600$s，即 1h。

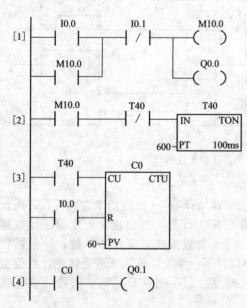

图 3-25 定时、计数长时间延时程序

2. 三台电动机循环启/停控制

（1）控制要求　三台电动机 M1、M2、M3 控制的时序图如图 3-26（a）所示。要求 M1、M2 和 M3 依次相隔 5s 启动，各运转 10s 停止，并循环。

（2）PLC 选型及 I/O 信号分配　在本例中，选用 24 点 S7-200 型 PLC 一台，通过按钮 SB1、SB2 分别向系统输入运行（I0.0）和停止（I0.1）信号；输出信号 Q0.0～Q0.3 通过接触器 KM1～KM3 分别控制三台电动机 M1、M2

和 M3。其 I/O 信号分配如图3-26（b）所示。

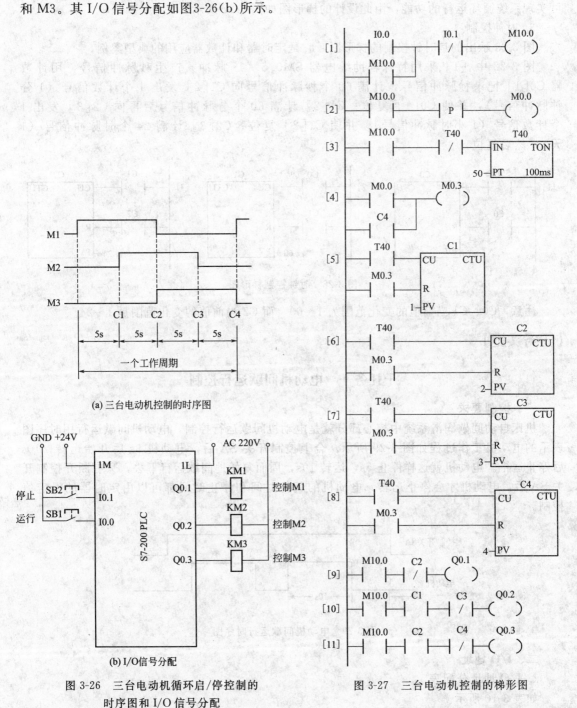

(a) 三台电动机控制的时序图

(b) I/O信号分配

图 3-26　三台电动机循环启/停控制的
时序图和 I/O 信号分配

图 3-27　三台电动机控制的梯形图

　　（3）程序设计　分析三台电动机 M1、M2、M3 控制的时序图不难发现，三台电动机的启/停控制都与 5s 的时间间隔有关，即 M1 启动，第 1 个 5s 后 M2 启动；第 2 个 5s 后 M3 启动，而 M1 停止；第 3 个 5s 后 M2 停止；第 4 个 5s 后 M3 停止。为了反映这三台电动机控制的逻辑关系，可用自复式振荡电路建立一个 5s 的控制信号，并用计数器 C1、C2、C3、C4 分别记录这 4 个控制信号，再用这 4 个控制信号实现对三台电动机的启/停控制。当第 4 个 5s 信号计数完成时，一个工作周期结束，通过 C4[4] 常开触点对计数器 C1～C4 的复位，可实现系统循环运行的功能，由此设计的梯形图如图 3-27 所示。

3. 时钟控制

图 3-28 示出的是时钟控制的梯形图，它是定时器和计数器应用的典型案例。

图 3-28 中 [1] 采用特殊辅助继电器 SM0.5（1s 脉冲）产生秒脉冲信号，用计数器 C0[1] 记录秒脉冲信号，计满 60 个秒脉冲信号向 C1[2] 发出 1 个计数信号（1 分钟脉冲信号），并使 C0[1] 复位；C1[2] 计满 60 个分脉冲信号后再向 C2[3] 发出 1 个计数信号（1 小时脉冲信号），并使 C1[2] 复位；C2[3] 计满 24 个时脉冲信号（1 天），然后复位。

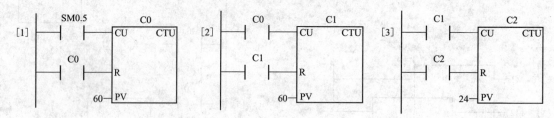

图 3-28　时钟控制梯形图

注意，C0、C1 当前值的变化范围为 1～60，而 C2 当前值的变化范围是 1～24。

【任务实施】

子任务一　电动机间歇运行控制

一、控制要求

机床自动间歇润滑系统中核心部分就是电动机间歇运行控制，电动机间歇运行用时序图表示的电动机工作过程如图 3-29 所示。合上控制开关 SA 后，电动机 5s 后开始运转，10s 后停止运行。电动机就这样停止 5s，运转 10s，周而复始地间歇运行下去，只有断开控制开关 SA 后，电动机才会停止运转。电动机的运行时间和停止时间都可以由定时器的设定值控制。

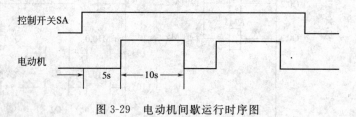

图 3-29　电动机间歇运行时序图

二、I/O 地址

1. I/O 地址分配表

如表 3-10 所示。

表 3-10　I/O 地址分配表

输　入			输　出		
变量	地址	注释	变量	地址	注释
SA	I0.0	控制开关	KM	Q0.0	接触器线圈
FR	I0.1	热继电器			

2. 硬件接线图

如图 3-30 所示。

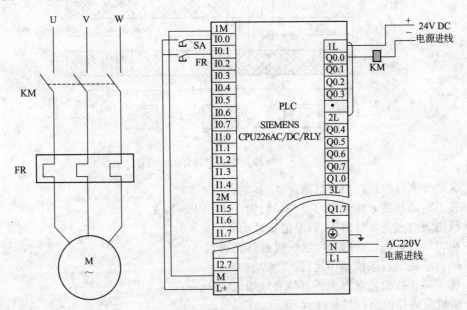

图 3-30　硬件接线图

三、梯形图程序

在 STEP 7V4.0 中编写梯形图程序如图 3-31 所示。

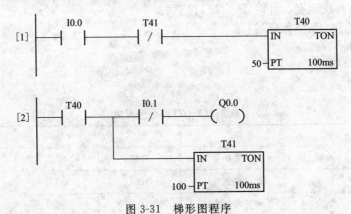

图 3-31　梯形图程序

四、程序调试

① 按照硬件接线图连接硬件，下载并运行用户程序。

② 进入 STEP 7V4.0 的梯形图监控或状态表监控。

③ 分别使 SA、FR1 动作，观察程序内部元件和实际电路的动作情况是否与控制要求一致。

子任务二　十字路口交通灯控制

一、控制要求

十字路口交通指挥灯时序如图 3-32 所示，按下启动按钮，十字路口交通指挥灯按图示规律自动循环；按下停止按钮，所有灯光熄灭。

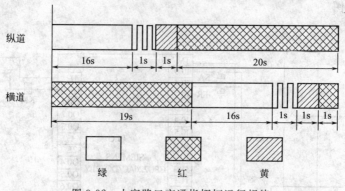

图 3-32 十字路口交通指挥灯运行规律

1. 纵道交通灯的运行控制过程

① 按下启动按钮，纵道绿灯点亮，计时 16s，闪烁 1s 后熄灭。

② 纵道黄灯点亮，计时 1s 后纵道黄灯熄灭。

③ 纵道红灯点亮，计时 20s 后纵道红灯熄灭。

④ 返回步骤①，系统循环运行。

⑤ 按下停止按钮，双方向所有信号灯熄灭。

2. 横道交通灯的运行控制过程

① 按下启动按钮，横道红灯点亮，计时 19s 后横道红灯熄灭。

② 横道绿灯点亮，计时 16s，闪烁 1s 后熄灭。

③ 横道黄灯点亮，计时 1s 后横道黄灯熄灭。

④ 横道红灯再次点亮，计时 1s 后红灯熄灭。

⑤ 返回步骤①，系统循环运行。

二、I/O 地址

1. I/O 地址分配表

如表 3-11 所示。

表 3-11 I/O 地址分配表

输　　入			输　　出		
变量	地址	注释	变量	地址	注释
SB1	I0.0	启动按钮 SB1	HL1	Q0.0	纵道绿灯
SB2	I0.1	停止按钮 SB2	HL2	Q0.1	纵道黄灯
			HL3	Q0.2	纵道红灯
			HL4	Q0.3	横道红灯
			HL5	Q0.4	横道绿灯
			HL6	Q0.5	横道黄灯
			HL1	Q0.6	纵道绿灯

2. 硬件接线图

如图 3-33 所示。

三、梯形图程序

在 STEP 7V4.0 中编写梯形图程序如图 3-34 所示。

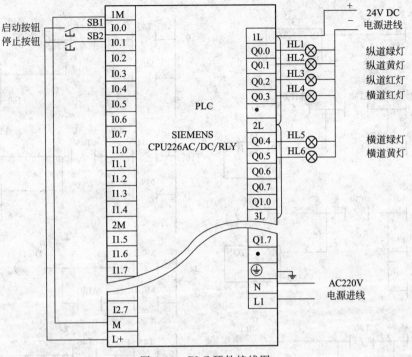

图 3-33 PLC 硬件接线图

四、程序调试

① 按照硬件接线图连接硬件，下载并运行用户程序。

② 进入 STEP 7V4.0 的梯形图监控或状态表监控。

③ 分别使 SB1、SB2 动作，观察程序内部元件和实际电路的动作情况是否与控制要求一致。

子任务三　组合吊灯亮度控制

一、控制要求

用一个按钮控制组合吊灯三挡亮度，控制功能如图 3-35 所示。

从组合吊灯三挡亮度控制时序图可以看出，系统完成如下功能：控制按钮按一下，一组灯亮，按两下，两组灯亮，按三下，三组灯都亮，按四下，全灭。

二、I/O 地址

1. I/O 地址分配表

如表 3-12 所示。

表 3-12　I/O 地址分配表

输 入			输 出		
变量	地址	注释	变量	地址	注释
SB	I0.0	控制按钮	HL1	Q0.0	灯
			HL2	Q0.1	灯
			HL3	Q0.2	灯

2. 硬件接线图

如图 3-36 所示。

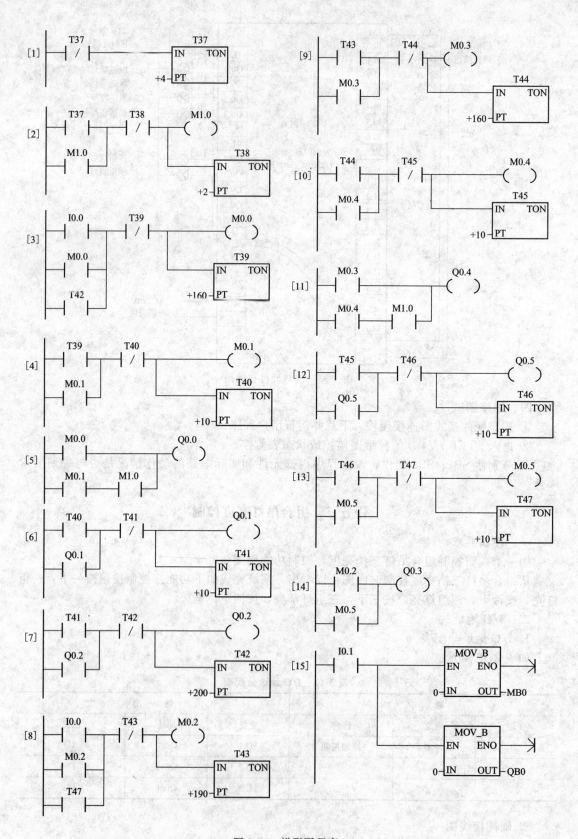

图 3-34　梯形图程序

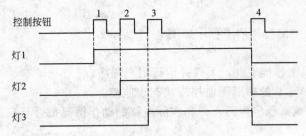

图 3-35　组合吊灯亮度控制时序图

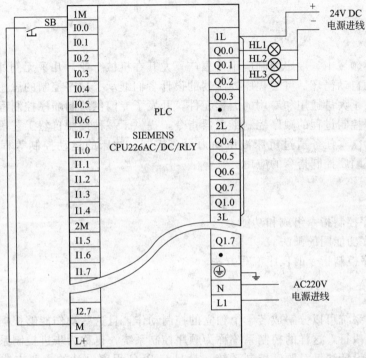

图 3-36　硬件接线图

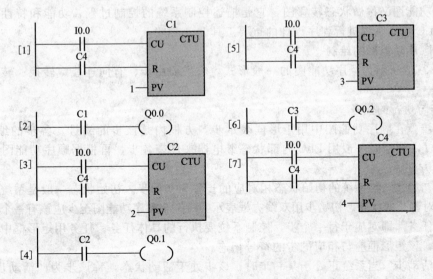

图 3-37　梯形图程序

三、梯形图程序

在 STEP 7V4.0 中编写梯形图程序如图 3-37 所示。

四、程序调试

① 按照硬件接线图连接硬件，下载并运行用户程序。

② 进入 STEP 7V4.0 的梯形图监控或状态表监控。

③ 使 SB 动作，观察程序内部元件和实际电路的动作情况是否与控制要求一致。

任务三　顺序控制指令的应用

【任务描述】

在工业控制领域中，顺序控制应用得很广，尤其在机械行业，几乎无例外地利用顺序控制来实现加工的自动循环。可编程序控制器的设计者们继承了顺序控制的思想，为顺序控制程序的编制提供了大量通用和专用的编程元件，开发了专门供编制顺序控制程序用的顺序功能图，针对顺序控制过程的顺序控制继电器指令，提供了一种按照自然工艺段编写状态控制程序的编程技术。本任务通过机床液压动力滑台控制、冲床的运动控制等程序的编写和调试，使读者掌握顺序控制指令的应用。

【任务分析】

① 了解顺序控制指令组成和功能。

② 掌握顺序功能图的画法。

③ 掌握顺序控制指令的程序编写方法。

【知识准备】

有许多控制系统可以分解成若干个独立的控制动作，且这些动作能够根据生产过程按照一定的先后次序执行，这样的控制系统称为顺序控制系统，也称为步进控制系统。

顺序功能图设计法针对顺序控制系统，是目前 PLC 程序设计的主要方法之一。本任务重点学习顺序功能图的绘制和应用。

顺序功能图又称做状态转移图，它是描述控制系统的控制过程、功能和特性的一种图形，是 PLC 控制系统进行程序设计的重要工具。

一、顺序功能图的绘制

如图 3-38 所示为顺序功能图的一般形式，它主要由步、有向连线、转换、转换条件和任务组成。

1. 步与执行的任务

（1）步　在顺序功能图中用矩形框表示步，方框内是该步的编号。各步的编号为 $i-1$、i、$i+1$，编程时一般用 PLC 内部状态继电器来代表各步，再根据顺序功能图设计梯形图时较为方便。

（2）初始步　与系统的初始状态相对应的步称为初始步。初始状态一般是系统等待启动命令的相对静止的状态。初始步用双线方框表示，每一个顺序功能图至少应该有一个初始步。

（3）任务　即对应于每一个步，控制系统要执行的具体任务。任务用矩形框中的文字或符号表示，该矩形框应与相应的步的符号相连。

（4）活动步　当系统正处于某一步时，该步处于活动状态，称该步为"活动步"。步处于活动状态时，相应的任务被执行；当步处于非活动步，相应的任务不能执行。当被执行的

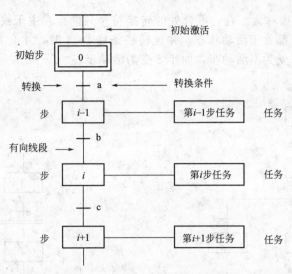

图 3-38 顺序功能图的一般形式

任务为保持型（如置位 S 指令），则该步转为不活动步时，保持型任务继续维持。

2. 有向连线、转换与转换条件

（1）有向连线 在顺序功能图中，将代表各步的方框按它们成为活动步的先后次序顺序排列，并用有向连线将它们连接起来。活动状态的进展方向习惯上是从上到下或从左至右，在这两个方向上的有向连线上的箭头可以省略。如果不是上述的方向，应在有向连线上用箭头注明进展方向。

（2）转换 转换是用有向连线上与有向连线垂直的短划线来表示，转换将相邻两步分隔开。

（3）转换条件 转换条件是与转换相关的逻辑条件，转换条件可以用文字语言、布尔代数表达式或图形符号标注在表示转换的短线的旁边。转换条件 I0.0 和 $\overline{I0.0}$ 分别表示在输入信号 I 为 "1" 状态和 "0" 状态时转换实现。

3. 顺序功能图的基本结构

（1）单序列 单序列由一串相继激活的步组成，每一个步的后面只有一个步可转移，如图 3-39 所示。

（2）选择序列 当有两个以上的步可转移时，这些步称为选择序列，如图 3-40 所示。

① 选择序列的开始称为分支，分支处的转换符号只能标在各分支上。例如：步 4 是活动的，并且转换条件 c＝1，则发生由步 4→步 5 的进展；如果步 4 是活动的，并且 f＝1，则发生步 5→步 7 的进展。在某一时刻一般只允许选择一个序列。

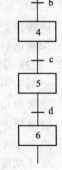

图 3-39 单序列

② 选择序列的结束称为汇合，汇合处的转换符号只能标在各分支上。例如：步 6 是活动步，并且转换条件 e＝1，则发生由步 6→步 8 的进展；如果步 7 是活动步，并且 g＝1，则发生由步 7→步 8 的进展。

（3）并行序列 当转换条件的实现导致几个步同时激活时，这些步称为并行序列。并行序列表示系统的几个同时工作的独立部分的工作情况，如图 3-41 所示。

① 并行序列的开始称为分支，分支处的转换符号只能标在主干线上。例如：当步 3 是活动步，并且转换条件 e＝1，则 4、6 这两步同时变为活动步，同时步 3 变为不活动步。为了强调转换的同步实现，水平连线用双线表示。步 4、6 被同时激活后，每个序列中活动步的进展将是独立的。在表示同步的水平双线之上，只允许有一个转换符号。

② 并行序列的结束称为汇合，汇合处的转换符号只能标在主干线上。当直接连在双线上的所有前级步 5、7 都处于活动状态，并且转换条件 f＝1 时，才会发生步 5、7 到步 8 的进展，即步 5、7 同时变为不活动步，而步 8 变为活动步。

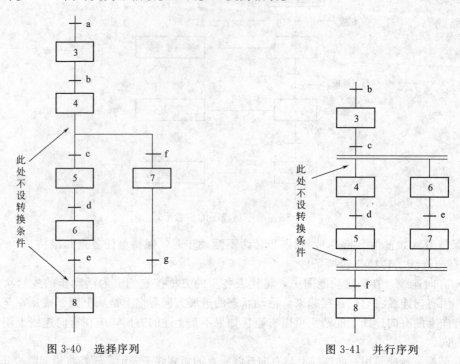

图 3-40　选择序列　　　　　　　　图 3-41　并行序列

4. 转换实现的基本规则

（1）转换实现的条件　在顺序功能图中，步的活动状态的进展是由转换的实现来完成的。转换实现必须同时满足两个条件。

① 该转换所有的前级步都是活动步。

② 相应的转换条件得到满足。

（2）转换实现应完成的操作　转换的实现应完成以下两个操作。

① 使所有由有向连线与相应转换符号相连的后续步都变为活动步。

② 使所有由有向连线与相应转换符号相连的前级步都变为不活动步。

5. 绘制顺序功能图应注意的问题

① 两个步绝对不能直接相连，必须用一个转换将它们隔开。

② 顺序功能图中初始步是必不可少的，它一般对应于系统等待启动的初始状态，这一步可能没有什么动作执行。如果没有该步，无法表示初始状态。

二、顺序功能图到梯形图的转换

1. 顺序功能图指令

由顺序功能图转换到梯形图的方式很多，如使用通用指令的编程方式、以转换为中心的编程方式和步进梯形指令（Step Ladder Instruction）简称为 STL 指令。

S7-200 提供了专门的 STL 指令——顺序控制继电器指令 SCR。对应顺序功能图中的每一个步，SCR 指令都有一组相应的指令——步开始、步转移和步结束加以描述。具体说明如下。

① 步开始指令 LSCR（Load Sequence Control Relay）

步开始指令的功能是标记某一个步的开始，其操作数是代表当前步的状态继电器 S（如 S0.3），当该状态继电器（S）为 1 时，该步变为活动步。

② 步转移指令 SCRT（Sequence Control Relay Transition）

步转移指令的功能是将当前的活动步切换到下一步。当输入有效时进行活动步的转换，即停止当前的活动步，启动下一个活动步。

③ 步结束指令 SCRE（Sequence Control Relay End）

步结束指令的功能是标记一个 SCR 步的结束，每个 SCR 步必须使用步结束指令来表示该步的结束。如图 3-42 所示，为步与梯形图的转换关系。

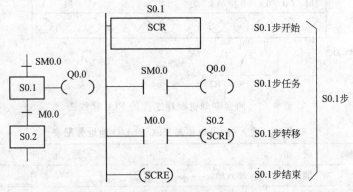

图 3-42　步与梯形图的转换

从图中可以发现，用梯形图描述顺序功能图每一个步时，梯形图中都包含以下四部分指令。

① 步开始 SCR。

② 该步执行的任务，如果没有可以省略。

③ 步转移 SCRT。

④ 步结束 SCRE。

2. 状态继电器

状态继电器是顺序功能图编程的重要元件，用来表示各个步的当前状态。S7-200 提供了 256 个状态继电器为 S0.0～S31.7。其使用规则如下。

① SCR 指令的操作数只能是状态继电器（S）。状态继电器可以用于主程序、子程序或中断程序中，但不能重复使用。

② 如果状态继电器（S）没有被 SCR 指令调用，它也可作为内部辅助继电器使用。

三、单序列顺序控制系统

（一）控制系统的要求及设计分析

1. 控制系统的要求

两台三相异步电动机 M1、M2 采用全压启动，它们的工作过程如下：按下启动按钮 SB2，电动机 M1 启动并运转，间隔 10s 后电动机 M2 启动并运转；按停止按钮 SB1，电动机 M2 停止，间隔 10s 后电动机 M1 停止。

2. 设计思路

在采用顺序功能图设计过程中，要求电动机启动后在没有按停止按钮前始终工作，而顺序功能图中只有"活动步"对应的任务被执行。因此可以采用置位/复位指令（S/R）命令控制电动机的启动/停止，也可采用将被执行任务在所有相关步中设置的方法。

（二）程序设计

1. PLC 的接线图及 I/O 地址分配表

输入/输出设备与 PLC 的连接图如图 3-43 所示。I/O 地址分配如表 3-13 所示。

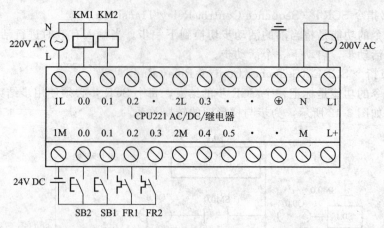

图 3-43　两台电动机顺序工作的 PLC 接线图

表 3-13　输入/输出电器与 PLC 的 I/O 地址分配表

输 入 设 备			输 出 设 备		
符号	功能	输入地址	符号	功能	输出地址
SB2	启动按钮	I0.0	KM1	M1 接触器	Q0.0
SB1	停止按钮	I0.1	KM2	M2 接触器	Q0.1
FR1	电动机 M1 热继电器	I0.2			
FR2	电动机 M2 热继电器	I0.3			

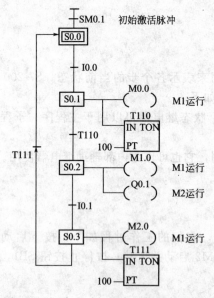

图 3-44　两台电动机顺序工作顺序功能图

2. 顺序功能图

系统控制过程的顺序功能图，如图 3-44 所示。其中初始激活条件为 SM0.1，这样在 PLC 每次接通电源进入运行状态后，顺序功能图初始步被直接激活。

3. 梯形图和时序图

使用 SCR 指令，将顺序功能图转换为梯形图，如图 3-45 所示。

控制过程时序图如图 3-46 所示。时序图中用于表达步状态的辅助继电器（如 S0.1 步的 M0.0）的输出波形与连接的状态元件波形完全相同，这里不再画出。

4. 工作过程

（1）两台电动机工作过程

① S0.0 步。

开始：PLC 置运行状态→SM0.1 产生初始脉冲→S0.0 得电被激活，变为活动步。

转移：按下 SB2→I0.0 得电→常开接点 I0.0 闭合，满足转移条件。

② S0.1 步。

开始：S0.1 得电激活，变为活动步，同时 S0.0 断电，变为不活动步。

任务：T110 得电开始延时，M0.0 得电→常开接点 M0.0 闭合→Q0.0 得电→KM1 得电吸合，电动机 M1 启动并运转。

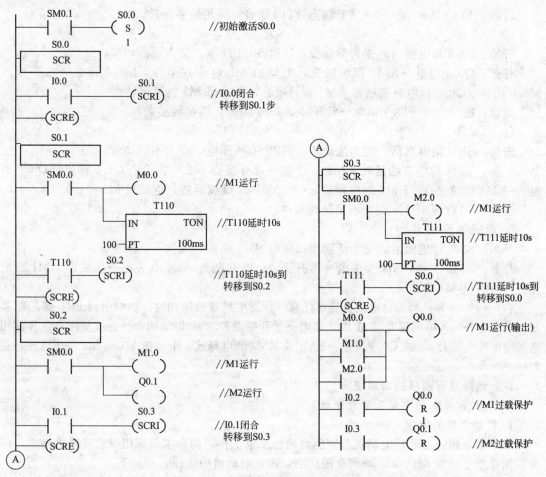

图 3-45　两台电动机顺序工作梯形图

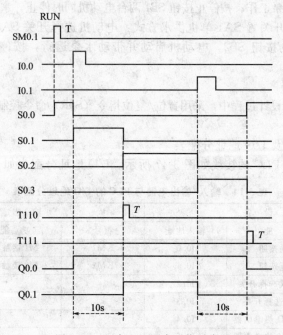

图 3-46　两台电机顺序工作时序图

转移：T110 延时 10s 到→常开接点 T110 闭合，满足转移条件。

③ S0.2 步。

开始：S0.2 得电激活，变为活动步，同时 S0.1 断电，变为不活动步。

任务：Q0.1 得电→KM2 得电吸合，电动机 M2 启动并运转，M1.0 得电→常开接点 M1.0 闭合→Q0.0 得电→接触器 KM1 保持吸合，电动机 M1 继续运转。

转移：按下 SB1→I0.1 得电→常开接点 I0.1 闭合，满足转换条件。

④ S0.3 步。

开始：S0.3 得电激活，变为活动步，同时 S0.4 断电，变为不活动步。

任务：T111 得电开始延时，M2.0 得电→常开接点 M2.0 闭合→Q0.0 得电（Q0.1 失电）→KM1 维持吸合（KM2 断电释放）→电动机 M1 继续运转（电动机 M2 停止）。

转移：T111 延时 10s 到，满足转换条件。

⑤ 返回到 S0.0 步。

开始：S0.0 得电激活，变为活动步，同时 S0.3 断电，变为不活动步。

任务：T111 失电，M2.0 失电→常开接点 M2.0 断开→Q0.0 失电→接触器 KM1 断电释放，电动机 M1 停止。

（2）保护环节　当两台电动机其中任意一台发生过载或断相时：热继电器 FR1 或 FR2 常开接点闭合→输入继电器 I0.2 或 I0.3 得电→常开接点 I0.2 或 I0.3 闭合→通过复位命令 R 使相应的输出继电器 Q0.0 或 Q0.1 失电→KM1 或 KM2 断电释放，电动机 M1 或 M2 停止运转，实现保护。

四、选择序列顺序控制系统

（一）控制系统的要求及设计分析

1. 控制系统的要求

某给水系统，由两台电动机分别驱动两台水泵工作，两台水泵采用双机或单机供水。两台三相异步电动机 M1、M2 采用全压启动，两台电动机的工作过程如下。

① 给水方式选择开关 SA1 置双机供水方式：按启动按钮 SB2，电动机 M1、M2 间隔 10s 启动并运行，驱动两台水泵工作；按停止按钮 SB1 两台电动机同时停止，水泵停止工作。

② 给水方式选择开关置 SA1 单机供水方式：电动机选择开关 SA2 选择电动机 M1 或电动机 M2 工作，按启动按钮 SB2，电动机启动并带动水泵运行，按停止按钮 SB1 电动机停止，水泵停止工作。

2. 设计思路

在采用顺序功能图设计过程中，采用置位/复位指令（S/R）命令控制电动机的启动/停止。

（二）程序设计

1. PLC 的接线图及 I/O 地址分配表

输入/输出设备与 PLC 的接线如图 3-47 所示。I/O 地址分配表如表 3-14 所示。

表 3-14　输入/输出电器与 PLC 的 I/O 地址分配表

输 入 设 备			输 出 设 备		
符号	功　能	输入地址	符号	功　能	输出地址
SB2	启动按钮	I0.0	KM1	M1 接触器	Q0.0
SB1	停止按钮	I0.1	KM2	M2 接触器	Q0.1
SA1	给水方式选择开关	I0.2			
SA2	电动机选择开关	I0.3			
FR1	电动机 M1 热继电器	I0.4			
FR2	电动机 M2 热继电器	I0.5			

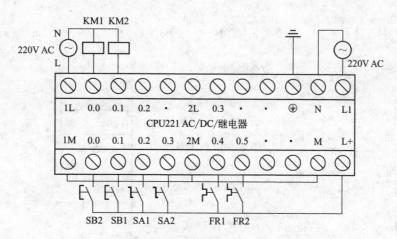

图 3-47　给水控制系统的接线图

2. 顺序功能图

顺序功能图如图 3-48 所示。在 S0.3 的后侧转换处，设置常闭接点 SM0.0 作为转换条件，这可以保证由顺序功能图转换的梯形图程序的完整性。

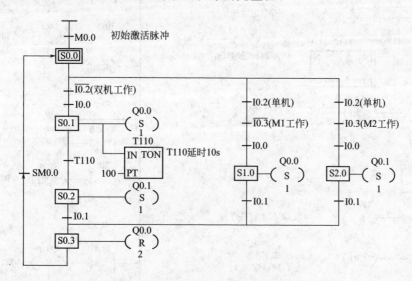

图 3-48　给水控制系统顺序功能图

3. 梯形图和时序图

① 使用 SCR 指令，将顺序功能图转换为梯形图，如图 3-49 所示。图中初始激活电路采用启动按钮 SB2 的常开接点 I0.0 与顺序功能图中使用的所有状态元件常闭接点串联去激活初始状态元件 S0.0。这样可以保证初始激活只能发生在所有状态元件为 0 时，避免由于初始状态元件 S0.0 反复激活，造成的控制系统故障。

② 以双机工作和单机 M1 工作为例，得到控制过程时序图如图 3-50 所示。

4. 工作过程

（1）双机工作

① S0.0 步。

开始：PLC 置运行状态→当 S0.0、S0.1、S0.2、S0.3、S1.0、S2.0 全部为低电平，按下 SB2 时→M0.0 得电→常开接点 M0.0 闭合→S0.0 得电被激活，变为活动步。

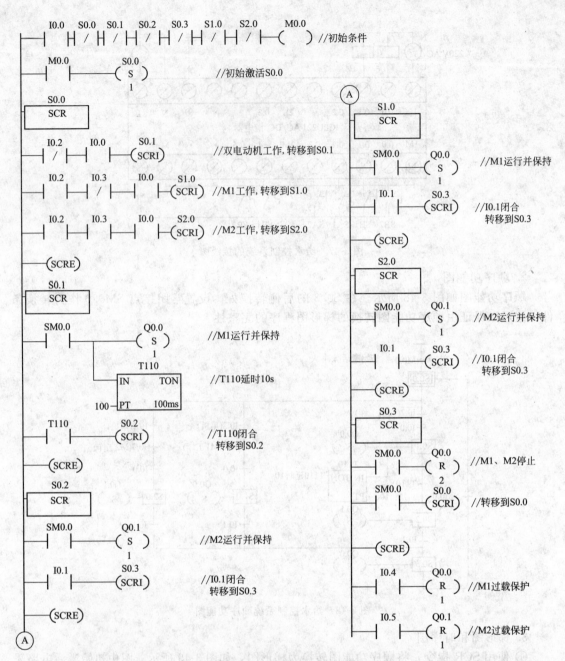

图 3-49 给水控制系统梯形图

转移：将 SA1 置两台水泵同时工作方式→常闭接点 I0.2 闭合→按下 SB2→I0.0 得电→常开接点 I0.0 闭合，满足转移条件。

② S0.1 步。

开始：S0.1 得电激活，变为活动步，同时 S0.0 断电，变为不活动步。

任务：T110 得电，开始延时，Q0.0 得电并保持→KM1 得电吸合，电动机 M1 启动并运转。

转移：T110 延时 10s 到→常开接点 T110 闭合，满足转移条件。

③ S0.2 步。

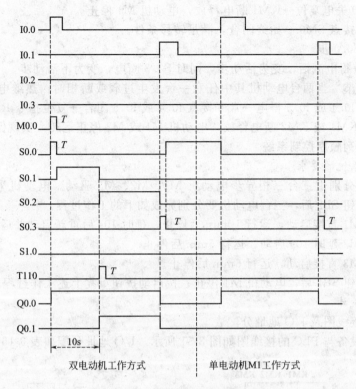

图 3-50 给水控制系统时序图

开始：S0.2 得电激活，变为活动步，同时 S0.1 断电，变为不活动步。

任务：Q0.1 得电并保持→KM2 得电吸合，电动机 M2 启动并运转，电动机 M1 继续运转。

转移：按下 SB1→I0.1 得电→常开接点 I0.1 闭合，满足转移条件。

④ S0.3 步。

开始：S0.3 得电激活，变为活动步，同时 S0.2 断电，变为不活动步。

任务：Q0.1、Q0.0 失电复位→KM1、KM2 断电释放，电动机 M1、M2 停止。

转移：常开接点 SM0.0 始终闭合，满足转移条件。

⑤ 返回到 S0.0 步。

开始：S0.0 得电激活，变为活动步，同时 S0.3 断电，变为不活动步。

（2）单机工作　若要选择单台水泵供水方式，则需将给水方式选择开关 SA1 置单机工作方式（常开接点 I0.2 闭合）；假定选择电动机 M1 供水，则将电动机选择开关 SA2 置电动机 M1（常闭接点 I0.3 闭合）。

① S0.0 步。

开始：此时，S0.0 得电激活，为活动步。

转移：按下 SB2→I0.0 得电→常开接点 I0.0 闭合，满足转移条件。

② S1.0 步。

开始：S1.0 得电激活，变为活动步，同时 S0.0 断电，变为不活动步。

任务：Q0.0 得电→KM1 得电吸合，电动机 M1 启动并运转。

转移：按下 SB1→I0.1 得电→常开接点 I0.1 闭合，满足转移条件。

③ S0.3 步。

开始：S0.3 得电激活，变为活动步，同时 S1.0 断电，变为不活动步。

任务：Q0.0 失电复位→KM1 断电释放，电动机 M1 停止。

转移：常开接点 SM0.0 始终闭合，满足转移条件。

④ 返回到 S0.0 步。

开始：S0.0 得电激活，变为活动步，同时 S0.3 断电，变为不活动步。

（3）保护环节　当两台电动机其中任意一台发生过载或断相时：热继电器 FR1 或 FR2 常开接点闭合→I0.4 或 I0.5 得电→常开接点 I0.4 或 I0.5 闭合→复位指令 R 使相应的 Q0.0 或 Q0.1 失电→KM1 或 KM2 断电释放，电动机 M1 或 M2 停止运转，实现保护。

五、并行序列顺序控制系统

（一）控制系统的要求

某机械设备分别由三台三相异步电动机 M1、M2、M3 驱动。电动机采用全压启动方式。当按启动按钮 SB2 后，三台电动机要分别完成如下的工作过程。

① 电动机 M1 直接启动，运行 10min 后停止，延时 10s 后重新启动并运行。

② 电动机 M2 延时 10s 启动，运行 5min 后停止。

③ 电动机 M3 直接启动，运行 6min 后停止。

当按停止按钮 SB1 后，电动机 M1 停止，按启动按钮重复上述工作过程。

（二）程序设计

1．PLC 的接线图及 I/O 地址分配表

输入/输出设备与 PLC 的接线图如图 3-51 所示。I/O 地址分配如表 3-15。

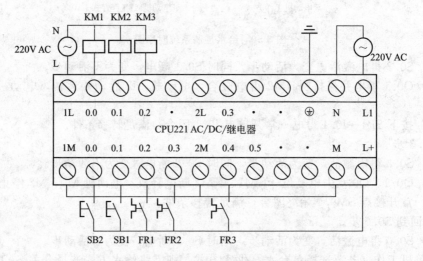

图 3-51　三台电机运行控制的接线图

表 3-15　输入/输出电器与 PLC 的 I/O 地址分配表

输 入 设 备			输 出 设 备		
符号	功　能	输入地址	符号	功　能	输出地址
SB2	启动按钮	I0.0	KM1	M1 接触器	Q0.0
SB1	停止按钮	I0.1	KM2	M2 接触器	Q0.1
FR1	电动机 M1 热继电器	I0.2	KM3	M3 接触器	Q0.2
FR2	电动机 M2 热继电器	I0.3			
FR3	电动机 M3 热继电器	I0.4			

2. 顺序功能图

系统控制过程的顺序功能图如图 3-52 所示。图中空步 S1.3、S2.2、S0.4 是保证顺序功能图结构正确，不执行具体任务。

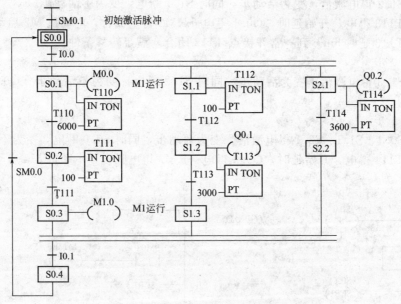

图 3-52　三台电动机运行控制系统顺序功能图

3. 梯形图和时序图

① 使用 SCR 指令，将顺序功能图转换为梯形图，如图 3-53 所示。

② 控制过程时序图如图 3-54 所示。

4. 工作过程

(1) S0.0 步

开始：PLC 置运行状态→SM0.1 产生初始脉冲→S0.0 得电被激活，变为活动步。

转移：按下 SB2→I0.0 得电→常开接点 I0.0 闭合，满足转移条件。

(2) S0.1 步

开始：S0.1、S1.1、S2.1 得电激活，变为活动步，同时 S0.0 断电，变为不活动步。

任务：T110 得电，开始延时，M0.0 得电→常开接点 M0.0 闭合→Q0.0 得电→KM1 得电吸合，电动机 M1 启动并运转。

转移：T110 延时 10min 到→常开接点 T110 闭合，满足转移条件。

(3) S0.2 步

开始：S0.2 得电激活，变为活动步，同时 S0.1 断电，变为不活动步（Q0.0 断电→电动机 M1 停止）。

任务：T111 得电，开始延时。

转移：T111 延时 10s 到→常开接点 T111 闭合，满足转移条件。

(4) S0.3 步

开始：S0.3 得电激活，变为活动步，同时 S0.2 断电，变为不活动步。

任务：M1.0 得电→常开接点 M1.0 闭合→Q0.0 得电→KM1 得电吸合，电动机 M1 启动并运转。

(5) S1.1 步

开始：S0.1、S1.1、S2.1 得电激活，变为活动步，同时 S0.0 断电，变为不活动步。

任务：T112 得电，开始延时。

转移：T112 延时 10s 到→常开接点 T120 闭合，满足转移条件。

（6）S1.2 步

开始：S1.2 得电激活，变为活动步，同时 S1.1 断电，变为不活动步。

任务：T113 得电，开始延时，Q0.1 得电→KM2 得电吸合，电动机 M2 启动并运转。

转移：T113 延时 5min 到→常开接点 T113 闭合，满足转移条件。

（7）S1.3 步

开始：S1.3 得电激活，变为活动步；同时 S1.2 断电，变为不活动步（Q0.1 断电→电动机 M2 停止）。

（8）S2.1 步

开始：S0.1、S1.1、S2.1 得电激活，变为活动步，同时 S0.0 断电，变为不活动步。

任务：T114 得电，开始延时，Q0.2 得电→KM3 得电吸合，电动机 M3 启动并运转。

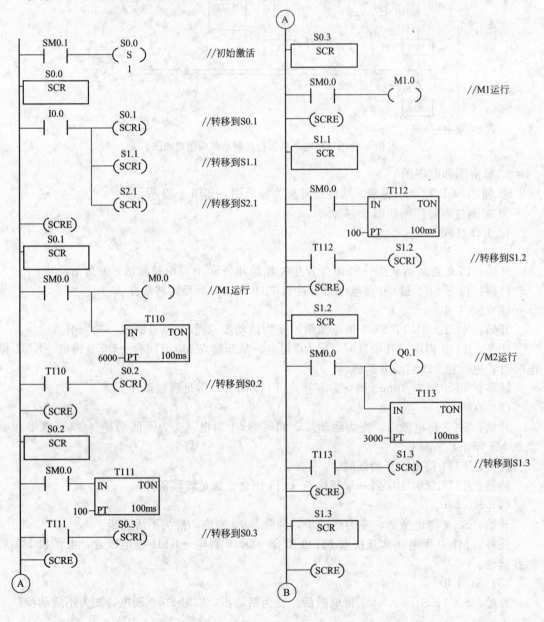

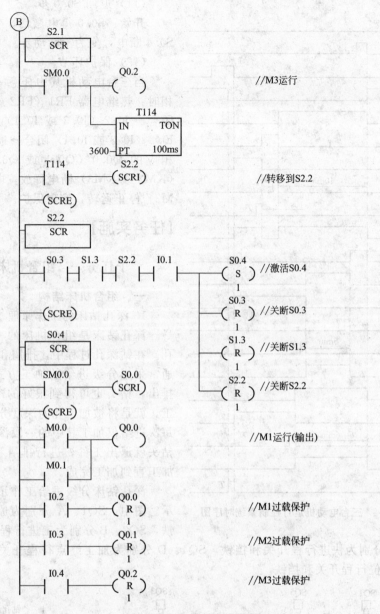

图 3-53　三台电动机运行控制系统梯形图

转移：T114 延时 6min 到→常开接点 T114 闭合，满足转移条件。

（9）S2.2 步

开始：S2.2 得电激活，变为活动步，同时 S2.1 断电，变为不活动步（Q0.2 断电→电动机 M3 停止）。

转移：按下 SB1→I0.1 得电→常开接点 I0.1 闭合，由于 S0.3、S1.3、S2.2 为激活状态，满足转移条件。

（10）S0.4 步

开始：S0.4 得电激活，变为活动步，同时 S0.3、S1.3、S2.2 断电，变为不活动步（Q0.0 断电→电动机 M1 停止）。

转移：常开接点 SM0.0 始终闭合，满足转移条件。

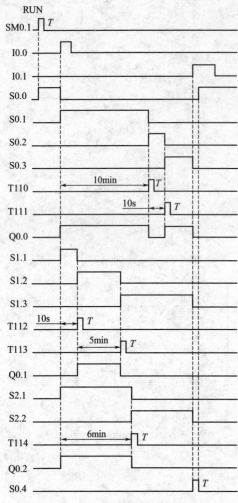

图 3-54　三台电动机运行控制系统时序图

（11）返回 S0.0 步

开始：S0.0 得电激活，变为活动步，同时 S0.4 断电，变为不活动步。

（12）保护环节

当三台电动机其中任意一台发生过载或断相时：热继电器 FR1（FR2 或 FR3）常开接点闭合→I0.2（I0.3 或 I0.4）得电→常开接点 I0.2（I0.3 或 I0.4）闭合→通过复位指令 R 使相应的 Q0.0（Q0.1 或 Q0.2）失电→KM1（KM2 或 KM3）断电释放，电动机 M1（M2 或 M3）停止运转，实现保护。

【任务实施】

子任务一　组合机床控制系统

一、组合机床结构

1. 深孔钻床的工作原理

深孔钻床是组合机床的一种，用来加工深孔。在钻深孔过程中，排屑和冷却是主要难题，通常采用分级进给的加工方式，可以使屑顺利排出，钻头也可得到很好的冷却。所谓分级加工，就是将被加工孔的深度分成数段进行加工，每次进给仅加工其中的一段深度，每段加工后，钻头就退出工件，进行排屑和冷却，这样分次加工直到加工完成。

深孔钻床分级进给工作示意图如图 3-55 所示。图中，SQ1、A 分别为原点行程开关和挡铁，SQ2、B 分别为工进行程开关和活动挡铁，SQ3、C 分别为快进行程开关和挡铁，SQ4、D 分别为加工终点行程开关和挡铁，SQ5、E分别为复位行程开关和挡铁。

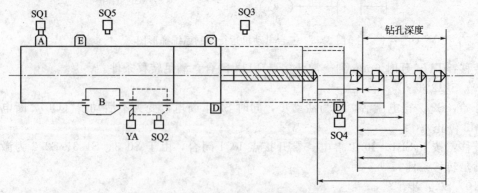

图 3-55　深孔钻床分级进给工作示意图

2. 深孔钻床工作流程

深孔钻床加工过程为：开始时，动力头快进，活动挡铁 B 压下工进行程开关 SQ2 后，动力头转为工进加工（加工期间活动挡铁 B 一直压下 SQ2，而活动挡铁 B 相对刀具向后移动，以控制下次开始工进的位置），加工一定深度（由时间控制），动力头快速退出，直至快进挡铁 C 压下快进行程开关 SQ3 时，动力头又转为快进，当 B 挡铁压下工进行程开关 SQ2 后，开始工进加工第二段，当加工到第二段深度（由时间控制），刀具快速退出；经过多次分级循环加工，在最后一次加工中，虽然该段加工时间没到，但已经加工到终点，挡铁 D 压下终端行程开关 SQ4，发出退出信号，动力头快退，与此同时，电磁铁 YA 通电，衔铁上升，挡住活动挡铁 B，使它回到原位（第一次工进的位置），当挡铁 E 压下活动挡铁 B 复位行程开关 SQ5 时，电磁铁 YA 断电，衔铁复位，动力头退回原位，压下原点行程开关 SQ1，整个加工过程结束。

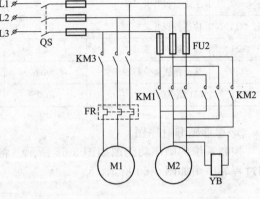

二、控制系统要求

图 3-56 所示为的电气控制主电路图。深孔钻床对电气控制要求如下。

1. 主轴工进电动机 M1

采用全压启动，要求单方向旋转，无调速要求。

图 3-56　深孔钻床的电气控制主电路图

2. 快速进给电动机 M2

要求能够正反向旋转，采用全压启动和直接换向；电动机具有制动能力，能够实现准确停车。

3. 其他说明

上述两台电动机都没有调速要求，因此可选用笼型异步电动机。其中快速电动机 M2 选用电磁制动控制，该电动机的制动是在制动电磁机构断电时，依靠弹簧力进行制动。

三、程序设计

1. PLC 的接线图及 I/O 地址分配表

输入/输出设备与 PLC 的接线如图 3-57 所示。为了防止接触器 KM1 和 KM2 同时吸合造成相间短路，考虑到电磁机构的延迟，因此在 PLC 外部输出电路中设置电气互锁。I/O 地址分配如表 3-16。

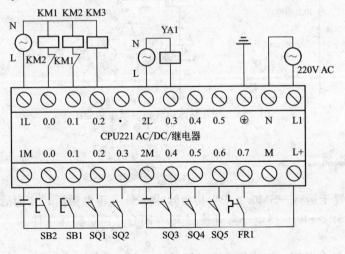

图 3-57　深孔钻床电气控制接线图

表 3-16　输入/输出电器与 PLC 的 I/O 地址分配表

输 入 设 备			输 出 设 备		
符号	功　能	PLC 输入继电器	符号	功　能	PLC 输出继电器
SB2	启动按钮	I0.0	KM1	M2 正向接触器	Q0.0
SB1	急停按钮	I0.1	KM2	M2 方向接触器	Q0.1
SQ1	原位行程开关	I0.2	KM3	M1 接触器	Q0.2
SQ2	工进行程开关	I0.3	YA1	活动电磁铁	Q0.3
SQ3	快进行程开关	I0.4			
SQ4	加工终点行程开关	I0.5			
SQ5	活动挡铁复位行程开关	I0.6			
FR1	M1 热继电器	I0.7			

2. 梯形图和时序图

控制系统的顺序功能图如图 3-58 所示。将顺序功能图转换为梯形图如图 3-59 所示。控制过程时序图如图 3-60 所示。

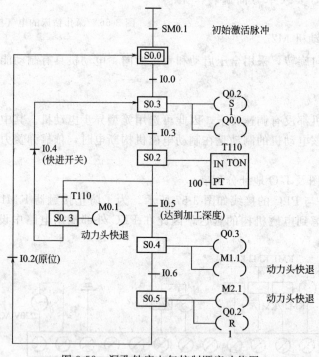

图 3-58　深孔钻床电气控制顺序功能图

3. 工作过程

（1）深孔分段加工

① S0.0 步。

开始：PLC 置于运行→SM0.1 产生初始脉冲→S0.0 得电激活，变为活动步。

转移：按下 SB2→I0.0 得电→常开接点 I0.0 闭合，满足转移条件。

② S0.1 步。

开始：S0.1 得电激活，变为活动步，同时 S0.0 断电，变为不活动步。

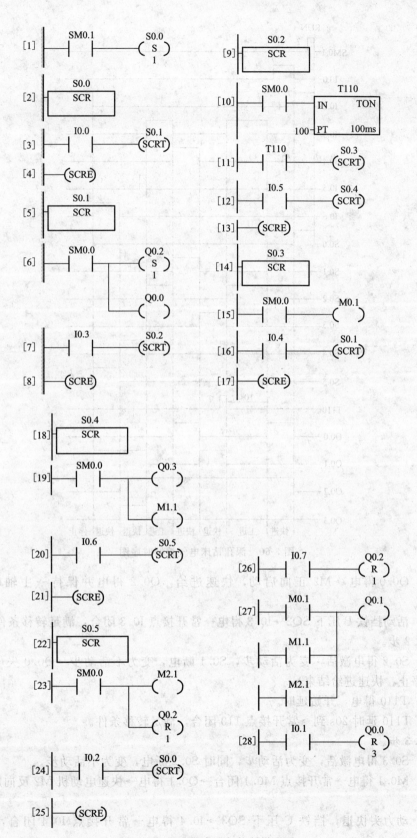

图 3-59　深孔钻床电气控制梯形图

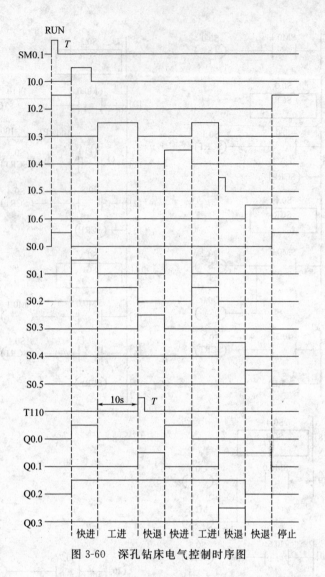

图 3-60　深孔钻床电气控制时序图

任务：Q0.0 得电→M2 正向启动，快速进给，Q0.2 得电并保持→主轴电动机 M1 启动。

转移：活动挡铁 B 压下 SQ2→I0.3 得电→常开接点 I0.3 闭合，满足转移条件。

③ S0.2 步。

开始：S0.2 得电激活，变为活动步，S0.1 断电，变为不活动步（Q0.0 失电→快速电动机 M2 停止，快速进给结束）。

任务：T110 得电，开始延时。

转移：T110 延时 20s 到→常开接点 110 闭合，满足转移条件。

④ S0.3 步。

开始：S0.3 得电激活，变为活动步，同时 S0.2 断电，变为不活动步。

任务：M0.1 得电→常开接点 M0.1 闭合→Q0.1 得电→快速电动机 M2 反向启动，快速后退。

转移：动力头快退，挡铁 C 压下 SQ3→I0.4 得电→常开接点 I0.4 闭合，满足转移条件。

⑤ 返回 S0.1 步。

开始：S0.1 得电激活，变为活动步，同时 S0.3 断电，变为不活动步（Q0.1 失电→快速电动机 M2 停止，快速后退结束）。

如此，往复分段加工。

（2）加工完成后的返回　经过多次分级循环，在最后一段的加工中（S0.2 为活动步），T110 延时时间没到，挡铁 D 压到终点行程开关 SQ4，工作过程如下进行：头挡铁 D 压下终点行程开关 SQ4→I0.5 得电，满足转移条件。

① S0.4 步。

开始：S0.4 得电激活，变为活动步，同时 S0.2 断电，变为不活动步。

任务：Q0.3 得电→YA1 得电→衔铁上升挡住活动挡铁 B，使活动挡铁 B 沿着导杆滑回原位（第一次工进位置）。

M1.1 得电→常开接点 M1.1 闭合→Q0.1 得电→M2 反向启动，快速后退。

转移：动力头快退，挡铁 E 压下 SQ5→I0.6 得电→常开接点 I0.6 闭合，满足转移条件。

② S0.5 步。

开始：S0.5 得电激活，变为活动步，同时 S0.4 断电，变为不活动步（Q0.3 断电→YA1 断电释放→衔铁复位）。

任务：Q0.2 断电→KM3 断电释放→主轴电动机 M1 停止，M2.1 得电→常开接点 M2.1 闭合→Q0.1 得电→M2 继续快速后退。

转移：动力头挡铁 A 压下起点行程开关 SQ1→I0.2 得电→常开接点 I0.2 闭合，满足转移条件。

③ 返回 S0.0 步。

开始：S0.0 得电激活，变为活动步，同时 S0.6 断电，变为不活动步（Q0.1 失电→快速电动机 M2 停止，动力头停止在初始位）。

工件加工结束。

（3）保护环节

① 当发生过载或断相时：FR1 常开接点闭合→I0.7 得电→常开接点 I0.7 闭合→Q0.2 失电→电动机 M1 停止。

② 急停：按下急停按钮 SB1→I0.1 得电→常开接点 I0.1 闭合→Q0.0、Q0.1、Q0.2 失电→KM1（或 KM2）、KM3 断电释放→电动机 M1、M2 停止运转。

旋开急停按钮 SB1→I0.1 失电→常开接点 I0.1 断开→Q0.0、Q0.1、Q0.2 允许被相应的状态元件激活，继续工作。

四、程序调试

① 按照硬件接线图连接硬件，下载并运行用户程序。

② 进入 STEP 7V4.0 的梯形图监控或状态表监控。

③ 分别使 SB1、SB2、SQ1～SQ5、FR1 动作，对照工作过程，观察程序内部元件和实际电路的动作情况是否与控制要求一致。

子任务二　PLC 在自动传送系统中的应用

一、工作流程

自动传送系统的示意图如图 3-61 所示，它由机械手和送料车两部分构成。机械手的工作是将工件从 A 点移送到停留在 B 点的送料车上；送料车的工作是将放在小车上的工件从 B 点送到 C 点。

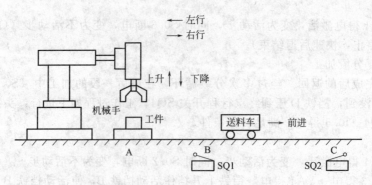

图 3-61　自动传送系统示意图

二、控制系统要求

机械手的起点在左上方，动作过程按下降、夹紧、上升、右移、下降、松开、上升、左移的顺序依次进行；机械手的上升、下降、右移、左移以及机械手对工件的夹紧、松开都是由两位电磁阀驱动气缸完成。送料车的起点在 B 处，它的工作是将放在小车上的工件从 B 点送到 C 点，经过卸料所需设定时间 10s 后，小车自动返回。

三、程序设计

1. 设计思路

通过对控制要求的分析可以看到，自动传送系统的控制包括手动操作和自动控制两部分。

（1）自动控制　自动送料系统的工作严格按照顺序进行，因此该控制过程可以采用顺序功能图设计法进行设计。

① 机械手的控制　根据机械手的工作过程，工件的下放应在送料车停在 B 点后进行，当机械手将工件放好后，机械手和送料车开始各自的工作，直到小车返回 B 点，机械手再次将工件放在小车上，如此自动往复工作。当机械手停止工作时，送料车也应返回到起始处停止工作。

② 送料车的控制　根据送料车的工作过程，可采用经验设计法进行设计。送料车从 B 点向 C 点的运动可在机械手松开工件上升后进行，以保证工件可靠放下。

（2）手动控制　根据机械手的动作要求和小车的控制要求，该部分可采用经验设计法。

2. PLC 的接线图及 I/O 地址分配表

输入/输出设备与 PLC 的接线如图 3-62 所示。I/O 地址分配如表 3-17。

表 3-17　输入/输出电器与 PLC 的 I/O 地址分配表

输 入 设 备			输 出 设 备		
符号	功　能	输入地址	符号	功　能	输出地址
SA1	手动/自动开关	I0.0	YV10	机械手上升电磁阀	Q0.0
SB1	机械手松开按钮	I0.1	YV11	机械手下降电磁阀	Q0.1
SB2	机械手夹紧按钮	I0.2	YV12	机械手左行电磁阀	Q0.2
SB3	机械手上升按钮	I0.3	YV13	机械手右行电磁阀	Q0.3
SB4	机械手下降按钮	I0.4	YV14	机械手夹紧电磁阀	Q0.4

续表

输　入　设　备			输　出　设　备		
符号	功　能	输入地址	符号	功　能	输出地址
SB5	机械手左行按钮	I0.5	HL1	机械手起点指示灯	Q0.5
SB6	机械手右行按钮	I0.6	HL2	小车起点指示灯	Q0.6
SQ1	机械手上升限位开关	I0.7	KM1	小车前进接触器	Q0.7
SQ2	机械手下降限位开关	I1.0	KM2	小车后退接触器	Q1.0
SQ3	机械手左行限位开关	I1.1			
SQ4	机械手右行限位开关	I1.2			
SB7	小车点动前进按钮	I1.3			
SB8	小车点动后退按钮	I1.4			
SQ5	小车前进限位开关	I1.5			
SQ6	小车后退限位开关	I1.6			

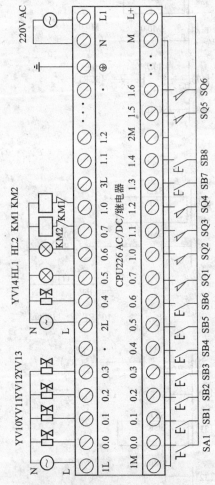

图 3-62　自动传送系统 PLC 接线图

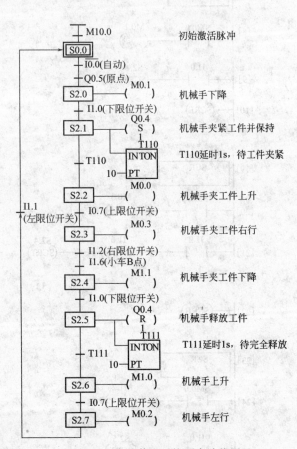

图 3-63　自动传送系统顺序功能图

3. 梯形图和时序图

控制系统的顺序功能图如图 3-63 所示。将顺序功能图转换为梯形图如图 3-64 所示。

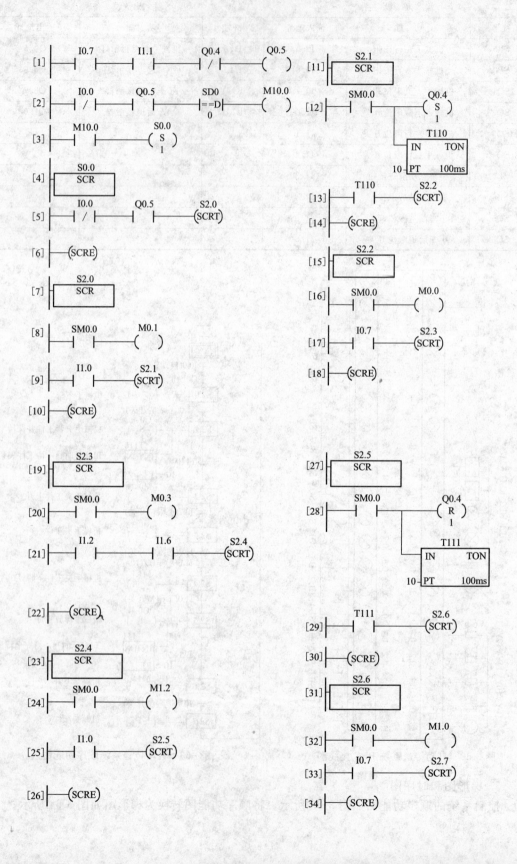

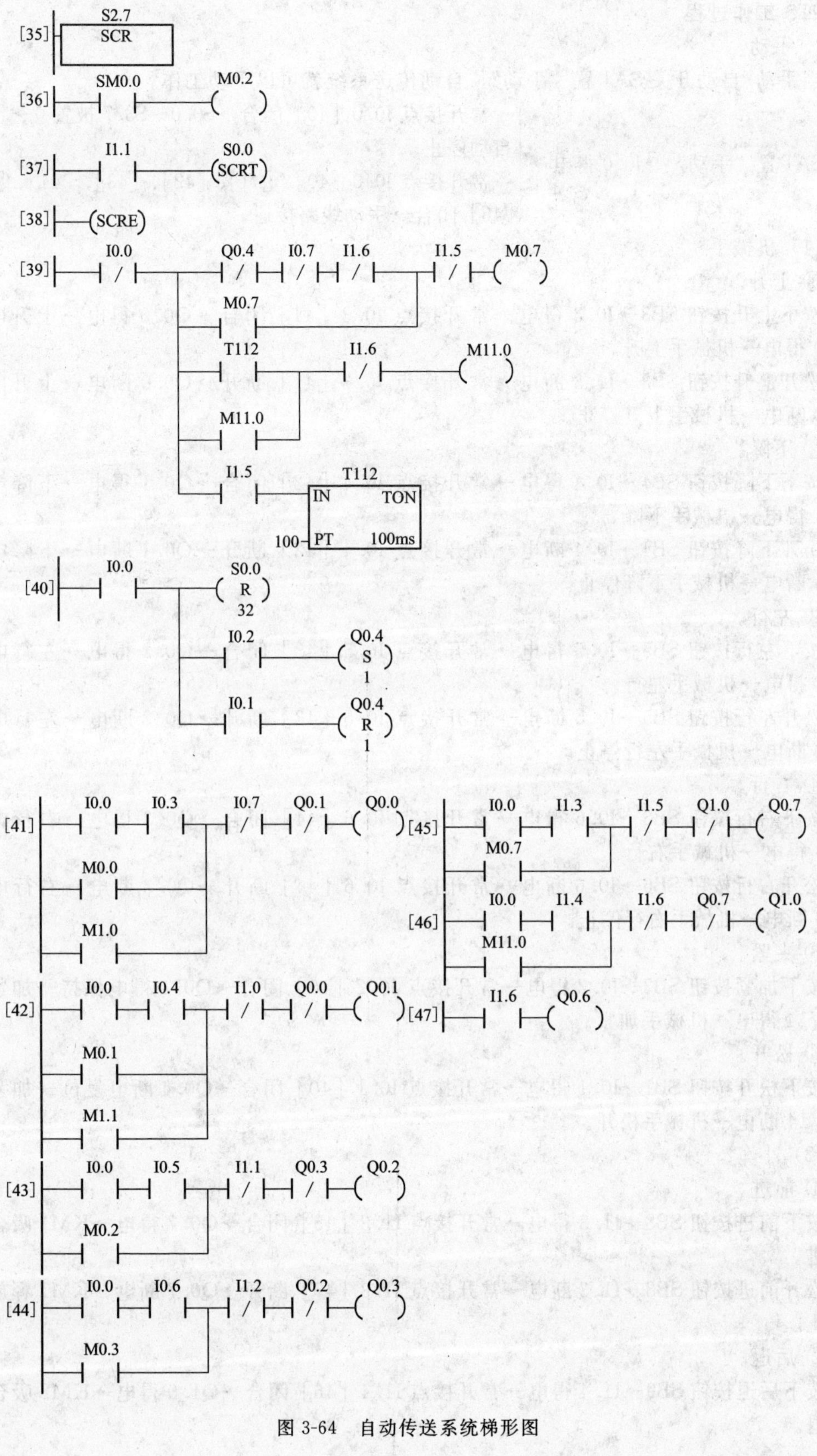

[35]　S2.7　SCR

[36]　SM0.0───M0.2（　）

[37]　I1.1───S0.0（SCRT）

[38]　（SCRE）

[39]　I0.0/──Q0.4/─I0.7─I1.6──I1.5/─M0.7（　）
　　　　　　M0.7
　　　　　　T112──I1.6/──M11.0（　）
　　　　　　M11.0
　　　　　　I1.5──T112　IN　TON
　　　　　　　　　100─PT　100ms

[40]　I0.0───S0.0（R）32
　　　　　　I0.2───Q0.4（S）1
　　　　　　I0.1───Q0.4（R）1

[41]　I0.0─I0.3──I0.7/─Q0.1─Q0.0（　）
　　　　M0.0
　　　　M1.0

[42]　I0.0─I0.4──I1.0/─Q0.0/─Q0.1（　）
　　　　M0.1
　　　　M1.1

[43]　I0.0─I0.5──I1.1/─Q0.3─Q0.2（　）
　　　　M0.2

[44]　I0.0─I0.6──I1.2/─Q0.2─Q0.3（　）
　　　　M0.3

[45]　I0.0─I1.3──I1.5/─Q1.0/─Q0.7（　）
　　　　M0.7

[46]　I0.0─I1.4──I1.6/─Q0.7─Q1.0（　）
　　　　M11.0

[47]　I1.6───Q0.6（　）

图 3-64　自动传送系统梯形图

四、工作过程

1. 手动

当手动/自动开关 SA1 置"手动"，自动传送系统就可以手动工作。

SA1 置"手动"→I0.0 得电→ ⎰ 常开接点 I0.0 [40] 闭合→S0.0～S3.7 被置 0→自动停止；

常开接点 I0.0 [40]、[41]、[42]、[43]、[44]、[45]、[46] 闭合→手动线路接通。

(1) 机械手

① 上升。

按下上升按钮 SB3→I0.3 得电→常开接点 I0.3 [41] 闭合→Q0.0 得电→上升电磁阀 YV10 得电→机械手上升。

松开上升按钮 SB3→I0.3 断电→常开接点 I0.3 [41] 断开→Q0.0 断电→上升电磁阀 YV10 断电→机械手上升停止。

② 下降。

按下下降按钮 SB4→I0.4 得电→常开接点 I0.4 [42] 闭合→Q0.1 得电→下降电磁阀 YV11 得电→机械手下降。

松开下降按钮 SB4→I0.4 断电→常开接点 I0.4 [42] 断开→Q0.1 断电→下降电磁阀 YV11 断电→机械手下降停止。

③ 左行。

按下左行按钮 SB5→I0.5 得电→常开接点 I0.5 [43] 闭合→Q0.2 得电→左行电磁阀 YV12 得电→机械手左行。

松开左行按钮 SB5→I0.5 断电→常开接点 I0.5 [43] 断开→Q0.2 断电→左行电磁阀 YV12 断电→机械手左行停止。

④ 右行。

按下右行按钮 SB6→I0.6 得电→常开接点 I0.6 [44] 闭合→Q0.3 得电→右行电磁阀 YV13 得电→机械手右行。

松开右行按钮 SB6→I0.6 断电→常开接点 I0.6 [44] 断开→Q0.3 断电→右行电磁阀 YV13 断电→机械手右行停止。

⑤ 夹紧。

按下加紧按钮 SB2→I0.2 得电→常开接点 I0.2 [40] 闭合→Q0.4 得电保持→加紧电磁阀 YV14 得电→机械手加紧。

⑥ 松开。

按下松开按钮 SB1→I0.1 得电→常开接点 I0.1 [40] 闭合→Q0.4 断电复位→加紧电磁阀 YV14 断电→机械手松开。

(2) 小车

① 前进。

按下前进按钮 SB8→I1.3 得电→常开接点 I1.3 [45] 闭合→Q0.7 得电→KM1 吸合→小车前进。

松开前进按钮 SB8→I1.3 断电→常开接点 I1.3 [45] 断开→Q0.7 断电→KM1 释放→小车停止。

② 后退。

按下后退按钮 SB9→I1.4 得电→常开接点 I1.4 [46] 闭合→Q1.0 得电→KM2 吸合→小车后退。

松开前进按钮 SB9→I1.4 断电→常开接点 I1.4 [46] 断开→Q1.0 断电→KM2 释放→小车停止。

2. 自动

当机械手在起点，将手动/自动开关 SA1 置"自动"→ I0.0 断电，自动传送系统开始工作。

（1）准备

上升限位开关 SQ1 压合→I0.7 得电→常开接点 I0.7 闭合 ⎫
左行限位开关 SQ11 压合→I1.1 得电→常开接点 I1.1 闭合 ⎬→Q0.5 得电→HL1 亮。
Q0.4 断电→常闭接点 Q0.4 闭合 ⎭

（2）机械手

① S0.0 步。

开始：S0.0～S3.7 为 0，常开接点 Q0.5 闭合（机械手在起点），常闭接点 I0.0 [2] 闭合→M10.0 得电→常开接点 M10.0 [3] 闭合→S0.0 激活，变为活动步。

转移：常闭接点 I0.0 闭合，常开接点 Q0.5 闭合（机械手在起点），满足转移条件。

② S2.0 步。

开始：S2.0 激活，变为活动步，同时 S0.0 断电，变为不活动步。

任务：M0.1 得电→常开接点 M0.1 [42] 闭合→Q0.1 得电→下降电磁阀 YV11 得电→机械手下降。

转移：机械手压下下降限位开关 SQ2→I1.0 得电→常开接点 I1.0 闭合，满足转移条件。

③ S2.1 步。

开始：S2.1 激活，变为活动步，同时 S2.0 断电，变为不活动步（M0.1 [42] 断电→下降电磁阀 YV11 断电→机械手下降停止）。

任务：T110 得电延时，Q0.4 得电保持→加紧电磁阀 YV14 得电→机械手加紧工件。

转移：T110 延时 1s 到→常开接点 T110 闭合，满足转移条件。

④ S2.2 步。

开始：S2.2 激活，变为活动步，同时 S2.1 断电，变为不活动步。

任务：M0.0 得电→常开接点 M0.0 [41] 闭合→Q0.0 得电→上升电磁阀 YV10 得电→机械手上升。

转移：机械手压下上升限位开关 SQ1→I0.7 得电→常开接点 I0.7 闭合，满足转移条件。

⑤ S2.3 步。

开始：S2.3 激活，变为活动步，同时 S2.2 断电，变为不活动步（M0.0 [41] 断电→上升电磁阀 YV10 断电→机械手上升停止）。

任务：M0.3 得电→常开接点 M0.3 [44] 闭合→Q0.3 得电→右行电磁阀 YV13 得电→机械手右行。

转移：机械手压下右行限位开关 SQ4→I1.2 得电→常开接点 I1.2 闭合；小车停在 B 处，压下后退限位开关 SQ6→I1.6 得电→常开接点 I1.6 闭合→满足转移条件。

⑥ S2.4 步。

开始：S2.4 激活，变为活动步，同时 S2.3 断电，变为不活动步（M0.3 [44] 断电→上升电磁阀 YV13 断电→机械手右行停止）。

任务：M1.1 得电→常开接点 M1.1 [42] 闭合→Q0.1 得电→下降电磁阀 YV11 得电→机械手下降。

转移：机械手压下下降限位开关 SQ2→I1.0 得电→常开接点 I1.0 闭合，满足转移条件。

⑦ S2.5 步。

开始：S2.5 激活，变为活动步，同时 S2.4 断电，变为不活动步（M1.1［42］断电→下降电磁阀 YV11 断电→机械手下降停止）。

任务：T111 得电延时，Q0.4 断电复位→夹具电磁阀 YV14 断电→机械手松开工件。

转移：T111 延时 1s 到→常开接点 T111 闭合，满足转移条件。

⑧ S2.6 步。

开始：S2.6 激活，变为活动步，同时 S2.6 断电，变为不活动步。

任务：M1.0 得电→常开接点 M1.0［41］闭合→Q0.0 得电→上升电磁阀 YV10 得电→机械手上升。

转移：机械手压下上升限位开关 SQ1→I0.7 得电→常开接点 I0.7 闭合，满足转移条件。

⑨ S2.7 步。

开始：S2.7 激活，变为活动步，同时 S2.6 断电，变为不活动步（M1.0［41］断电→上升电磁阀 YV10 断电→机械手上升停止）。

任务：M0.2 得电→常开接点 M0.2［43］闭合→Q0.2 得电→左行电磁阀 YV12 得电→机械手左行。

转移：机械手压下左行限位开关 SQ3→I1.1 得电→常开接点 I1.1 闭合，满足转移条件。

⑩ 返回 S0.0 步。

开始：S0.0 激活，变为活动步，同时 S2.7 断电，变为不活动步（M0.2［43］断电→左行电磁阀 YV12 断电→机械手左行停止）。

机械手返回起点，开始下一个循环。

（3）小车　小车停在 B 处（压下后退限位开关 SQ6）。

机械手压下上升限位开关 SQ1→I0.7 得电→常开接点 I0.7［39］闭合→M0.7 得电→常开接点 M0.7［45］闭合→Q0.7 得电→KM1 吸合→小车前进。

小车压下前进限位开关 SQ5→I1.5 得电

　　常闭接点 I1.5［39］断开→M0.7 失电→常开接点 M0.7［45］断开→Q0.7 断电→KM1 释放→小车停止，开始卸料。

　　常开接点 I1.5［39］闭合→T112 得电开始延时→T112 延时 10s 到（卸料结束）→M11.0 得电→常开接点 M11.0［46］闭合→Q1.0 得电→KM2 吸合→小车后退→小车压下退限位开关 SQ6→I1.6 得电→常闭接点 I1.6［39］断开→M11.0 失电→常开接点 M11.0［46］断开→Q1.0 断电→KM2 释放→小车停止在 B 位。

如此，完成一次循环，小车等待机械手的下一个命令。

五、程序调试

① 按照硬件接线图连接硬件，下载并运行用户程序。

② 进入 STEP 7 V4.0 的梯形图监控或状态表监控。

③ 分别使 SA1、SB1～SB6、SQ1～SQ6、FR1 动作，对照工作过程，观察程序内部元件和实际电路的动作情况是否与控制要求一致。

任务四　其他指令的应用

【任务描述】

数据传送指令、数据移位指令、数据比较指令是 PLC 经常使用的功能指令，在控制系统中应用非常普遍。本任务通过文字广告牌控制，运料小车运行自动控制等程序的编写和调试，使读者掌握顺序控制指令的应用。

【任务分析】

① 了解数据传送指令、数据移位指令、数据比较指令的功能。
② 掌握移位寄存器指令解决典型控制任务的方法。

【知识准备】

一、数据传送指令

数据传送指令用于各个编程元件之间数据的传送和复制。根据每次传送数据的数量多少可分为：以字节、字、双字和实数的单个数据传送指令和以字节、字、双字为单位的块传送指令。

1. 单个数据传送

单个数据传送指令每次传送 1 个数据，传送数据的类型分为：字节传送、字传送、双字传送和实数传送。指令格式参如表 3-18。

表 3-18　传送指令格式

LAD			STL	功　能
MOV_B EN　ENO ????—IN　OUT—????????	MOV_W EN　ENO —IN　OUT—???? ????	MOV_DW EN　ENO —IN　OUT—????	MOV IN,OUT	IN=OUT

功能：使能输入端 EN 有效时，把一个输入 IN 单字节无符号数、单字长或双字长符号数送到 OUT 指定的存储器单元输出。

数据类型分别为 B、W、DW。

2. 数据块传送

数据块传送指令一次可完成 N（N≤255）个数据的成组传送，其传送指令格式如表 3-19。指令类型有字节、字或双字等三种。

表 3-19　传送指令格式

LAD			功　能
BLKMOV_B EN　ENO ????—IN　OUT—???? ???? ????—N	BLKMOV_W EN　ENO —IN　OUT—???? ???? ????—N	BLKMOV_D EN　ENO —IN　OUT—???? ????—N	字节、字和双字块传送

① 字节的数据块传送指令 BMB，使能输入 EN 有效时，把从输入 IN 字节开始的 N 个字节数据传送到以输出字节 OUT 开始的 N 个字节中。

② 字的数据块传送指令 BMW，使能输入 EN 有效时，把从输入 IN 字开始的 N 个字的数据传送到以输出字 0UT 开始的 N 个字的存储区中。

③ 双字的数据块传送指令 BMD，使能输入 EN 有效时，把从输入 IN 双字开始的 N 个双字的数据传送到以输出双字 0UT 开始的 N 个双字的存储区中。

④ 传送指令的数据类型和断开条件：IN、OUT 操作数的数据类型分别为 B、W、DW；N（BYTE）的数据范围 0～255；N、IN、OUT 操作数地址寻址范围如表 3-8。

使能输出 ENO＝0 断开的出错条件是：SM4.3（运行时间），0006（间接寻址错误），

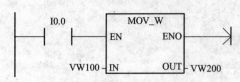

图 3-65　数据传送指令示例

0091（操作数超界）。

将变量存储器 VW100 中内容送到 VW200 中，其程序如图 3-65 所示。

二、数据移位指令

移位指令分为左、右移位和循环左、右移位及寄存器移位指令三大类。前两类移位指令按移位数据的长度又分为字节型、字型、双字型三种，移位指令最大移位位数 N≤数据类型（B、W、DW）对应的位数，移位位数（次数）N 为字节型数据。

1. 左、右移位指令

左、右移位数据存储单元与 SM1.1（溢出）端相连，移出位被放到特殊标志存储器 SM1.1 位。移位数据存储单元的另一端补 0。左、右移位指令格式如表 3-20。

表 3-20　左、右移位指令格式及功能

LAD			功能
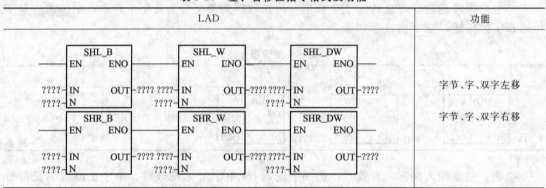			字节、字、双字左移
			字节、字、双字右移

（1）左移位指令（SHL）　使能输入有效时，将输入的字节、字或双字 IN 由低位向高位左移 N 位后（右端最低位 LSB 补 0），将结果输出到 OUT 所指定的存储单元中，最后一次移出位保存在 SM1.1。

（2）右移位指令（SHR）　使能输入有效时，将输入的字节、字或双字 IN 由高位向低位右移 N 位后（左端最高位 MSB 补 0），将结果输出到 OUT 所指定的存储单元中，最后一次移出位保存在 SM1.1。

2. 循环左、右移位

循环移位将移位数据存储单元的首尾相连，同时又与溢出标志 SM1.1 连接，SM1.1 用来存放被移出的位。指令格式如表 3-21。

表 3-21　循环移位指令格式及功能

LAD			功　能
RDL_B / RDL_W / RDL_DW			字节、字、双字循环左移位
RDR_B / RDR_W / RDR_DW			字节、字、双字循环右移位

（1）循环左移位指令（ROL）　使能输入有效时，字节、字或双字 IN 数据循环左移 N 位后，将结果输出到 OUT 所指定的存储单元中，并将最后一次移出位送 SM1.1。

（2）循环右移位指令（ROR）　使能输入有效时，字节、字或双字 IN 数据循环右移 N 位后，将结果输出到 OUT 所指定的存储单元中，并将最后一次移出位送 SM1.1。

3. 左右移位及循环移位指令对标志位、EN0 的影响及操作数的寻址范围

移位指令影响的特殊存储器位：SM1.0（零），SM1.1（溢出）。如果移位操作使数据变为 0，则 SM1.0 置位。

使能输出 ENO＝0 断开的出错条件是：SM4.3（运行时间），0006（间接寻址错误）。

N、IN、OUT 操作数的数据类型为 B、W、DW，寻址范围参照数据类型查表 3-8。

将 VD0 右移 2 位送 AC0，程序如图 3-66 所示。

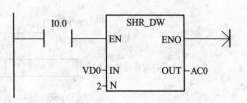

图 3-66　右移指令示例

4. 寄存器移位指令

寄存器移位指令是一个移位长度可指定的移位指令。寄存器移位指令格式示例见表 3-22。

表 3-22　寄存器移位指令示例

LAD	STL	功　能
![SHRB] SHRB 指令块 EN ENO I1.1 DATA M1.0 S_BIT +10 N	SHRB I1.1,M1.0,+10	寄存器移位

梯形图中，DATA 为数值输入，指令执行时将该位的值移入移位寄存器。S_BIT 为寄存器的最低位。N 为移位寄存器的长度（1～64），N 为正值时左移（由低位到高位），DATA 值从 S_BIT 位移入，移出位进入 SM1.1；N 为负值时右移（由高位到低位），S_BIT 移出到 SM1.1，另一端补充 DATA 移入位的值。

每次使能有效时，整个移位寄存器移动 1 位。最高位的计算方法：［N 的绝对值－1＋（S_BIT 的位号）］/8，余数即是最高位的位号，商与 S_BIT 的字节号之和即是最高位的字节号。

移位指令影响的特殊存储器位：SM1.1（溢出）。

使能输出 ENO＝0 断开的出错条件是：SM4.3（运行时间），0006（间接寻址错误），0091（操作数超界），0092（计数区错误）。

移位寄存器指令应用示例如图 3-67 所示。

三、数据比较指令

比较指令用于两个操作数按一定条件的比较。操作数可以是整数，也可以是实数（浮点数）。在梯形图中用带参数和运算符的触点表示比较指令，比较条件满足时，触点闭合，否则断开。梯形图程序中，比较触点可以装入，也可以串、并联。

比较指令有整数和实数两种数据类型的比较。整数类型的比较指令包括无符号数的字节比较，有符号数的整数比较、双字比较。整数比较的数据范围为 16#8000～16#7FFF，双

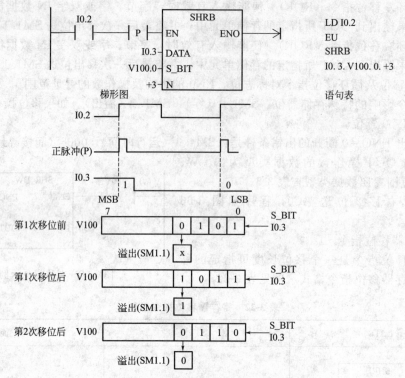

图 3-67　移位寄存器的应用示例

字比较的数据范围为 16♯80000000～16♯7FFFFFFF。实数（32 位浮点数）比较的数据范围：负实数范围为 −3.402 823E+38～−1.175 495E−38，正实数范围为 +1.175 495E−38 ～+3.402 823E+38。比较指令格式如表 3-23 所示。

表 3-23　比较指令格式举例

LAD	STL	功能
IN1 —| ==B |— IN2	LDB= IN1,IN2 AB= IN1,IN2 OB= IN1,IN2	操作数 IN1 和 IN2（整数）比较

表中给出了梯形图字节相等比较的符号，比较指令其他比较关系和操作数类型说明如下。

比较运算符：=、<=、>=、<、>、<>。

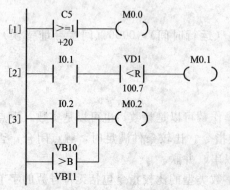

操作数类型：字节比较 B（BYTE）（无符号整数）。
整数比较 I（INT）/W（WORD）（有符号整数）。
双字比较 DW（DOUBLE INT/WORD）（有符号整数）。
实数比较 R（REAL）（有符号双字浮点数）。
不同的操作数类型和比较运算关系，可分别构成各种字节、字、双字和实数比较运算指令。在比较指令应用时，被比较的两个操作数的数据类型要相同

IN1、IN2 的操作数寻址范围如表 3-8。

图 3-68　比较指令的应用示例　　比较指令应用示例程序如图 3-68 所示。

在图 3-68 中，[1] 整数比较装入，[2] 串联实数比较，[3] 并联字节比较。

四、数据处理指令应用实例（比较指令、移位寄存器指令应用实例）

1. 四道工序控制

某工件加工过程分为四道工序完成，共需 30s，其时序要求如图 3-69 所示。运行控制开关闭合时，启动和运行；控制开关断开时停机。而且每次启动均从第一道工序开始。

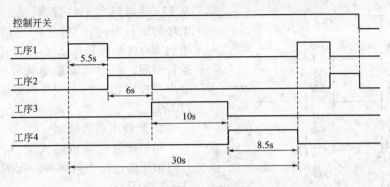

图 3-69　四道工序控制时序图

（1）PLC 选型及 I/O 接线图　如图 3-70 所示。

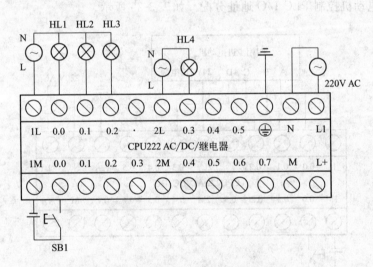

图 3-70　四道工序控制 PLC 接线图

（2）四道工序控制 PLC I/O 地址分配表　如表 3-24 所示。

表 3-24　四道工序控制 I/O 地址分配表

序　号	直接地址	功能描述
1	I0.0	启/停控制开关
2	Q0.0	第一道工序
3	Q0.1	第二道工序
4	Q0.2	第三道工序
5	Q0.3	第四道工序

（3）控制系统程序设计　启/停控制开关接通I0.0后，定时器T40［1］开始运行，定时器T40［3］当前值从0递增到55（时间长度5.5s）是第一道工序的运行时间；T40［4］当前值从55递增到115（时间长度6s）是第二道工序的运行时间；T40［5］当前值从115递增到225（时间长度10s）是第三道工序的运行时间；T40［6］当前值从225递增到300（时间长度8.5s）是第四道工序的运行时间。利用比较指令就可将这些时间段取出并控制相应的工序。梯形图程序如图3-71所示。

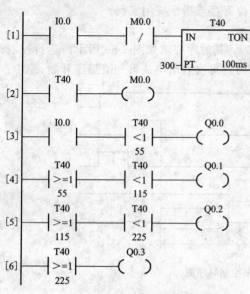

图3-71　四道工序控制梯形图程序

（2）步进电动机控制 PLC I/O 地址分配

2. 步进电动机控制

四相步进电动机输入端 A、B、C 和 D，作四拍正向运行，其脉冲分配为 A→B→C→D→A 循环。

（1）步进电动机控制 PLC 选型及 I/O 接线图　如图3-72所示。如表3-25所示。

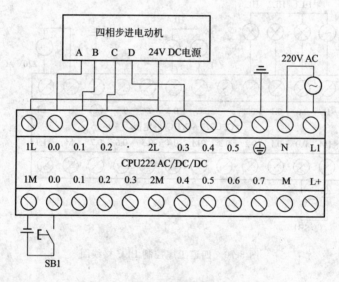

图 3-72　步进电动机控制 PLC 接线图

表 3-25　I/O 地址分配表

序　号	直接地址	功能描述
1	I0.0	启/停控制开关
2	Q0.0	A 相脉冲
3	Q0.1	B 相脉冲
4	Q0.2	C 相脉冲
5	Q0.3	D 相脉冲

（3）控制系统程序设计　程序运行开始时，置位 Q0.0 [1]，使 DCBA＝0001；用定时器 T40 [3] 控制 M0.0 [3] 产生所需频率的脉冲（5Hz）；然后用寄存器移位指令 SHRB，在 M0.0 [4] 脉冲上升沿时对 Q0.3、Q0.2、Q0.1、Q0.0 这四位循环左移即可实现控制要求。如图 3-73 所示。

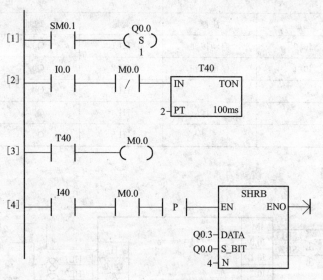

图 3-73　梯形图程序

【任务实施】

子任务一　文字广告牌控制

一、控制要求

要求控制"北京欢迎您"的广告灯箱，其运行时序图如图 3-74 所示，要求每 1s 变化一次。

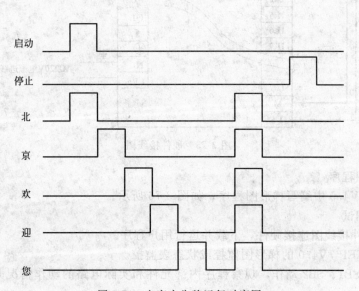

图 3-74　文字广告牌运行时序图

二、I/O 地址分配

1. I/O 地址分配表

如表 3-26。

表 3-26　I/O 地址分配表

输　入			输　出		
变量	地址	注释	变量	地址	注释
SB1	I0.0	启动按钮	HL1	Q0.0	广告灯"北"
SB2	I0.1	停止按钮	HL2	Q0.1	广告灯"京"
			HL3	Q0.2	广告灯"欢"
			HL4	Q0.3	广告灯"迎"
			HL5	Q0.4	广告灯"您"

2. 硬件接线图

如图 3-75 所示。

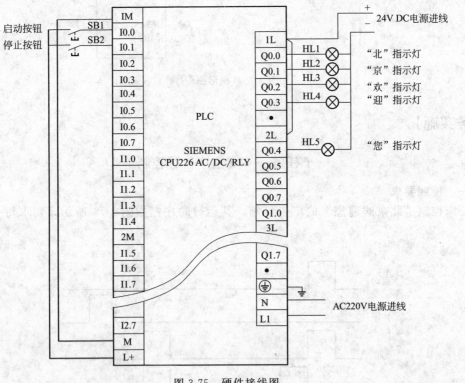

图 3-75　硬件接线图

三、梯形图程序

在 STEP 7V4.0 中编写梯形图程序，如图 3-76 所示。

四、程序调试

① 按照硬件接线图连接硬件，下载并运行用户程序。

② 进入 STEP 7V4.0 的梯形图监控或状态表监控。

③ 分别使 SB1、SB2 动作，观察程序内部元件和实际电路的动作情况是否与控制要求一致。

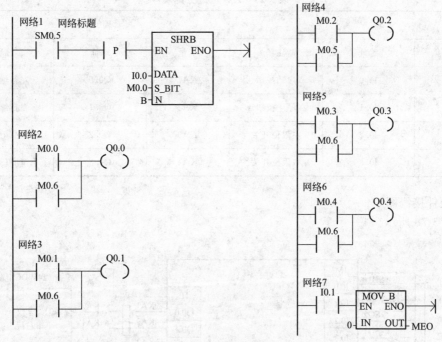

图 3-76 梯形图程序

子任务二 运料小车运行自动控制

一、控制要求

图 3-77 所示是运料小车运行控制的示意图。其运行过程如下。

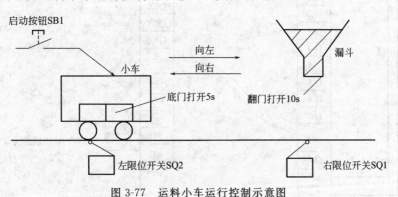

图 3-77 运料小车运行控制示意图

① 小车停止时，处于最左端，左限位开关 SQ2 被压下。

② 按下启动按钮 SB1，小车开始向右运行。

③ 小车运行到最右端，压下右限位开关 SQ1 后，漏斗翻门打开，开始装货。

④ 装货的同时开始计时，10s 后，漏斗翻门关闭，小车开始左行返回。

⑤ 小车回到最左端，再次压下左限位开关后，小车停止，开始打开小车底门卸货。

⑥ 小车卸货的同时开始计时，5s 后，小车底门关闭，小车运行过程结束。

二、I/O 地址分配

1. I/O 地址分配表

如表 3-27 所示。

表 3-27 I/O 地址分配表

输　　入			输　　出		
变量	地址	注释	变量	地址	注释
SB1	I0.0	启动按钮	KA1	Q0.0	左行继电器
SB2	I0.1	停止按钮	KA2	Q0.1	右行继电器
SQ2	I0.2	左限位开关	KA3	Q0.2	漏斗翻门继电器
SQ1	I0.3	右限位开关	KA4	Q0.3	小车底门继电器

2. 硬件接线图

如图 3-78 所示。

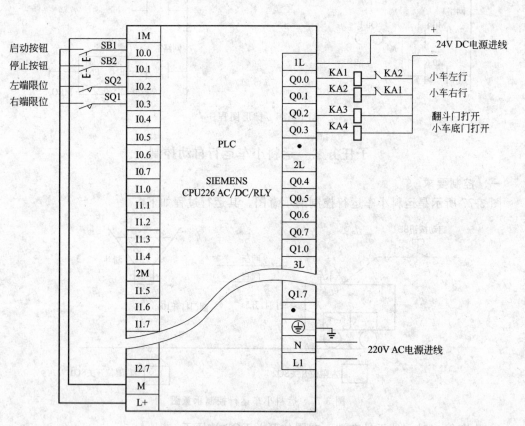

图 3-78 硬件接线图

三、梯形图程序

在 STEP 7V4.0 中编写梯形图程序，如图 3-79 所示。

四、程序调试

① 按照硬件接线图连接硬件，下载并运行用户程序。

② 进入 STEP 7V4.0 的梯形图监控或状态表监控。

③ 分别使 SB1、SB2、SQ1、SQ2 动作，观察程序内部元件和实际电路的动作情况是否与控制要求一致。

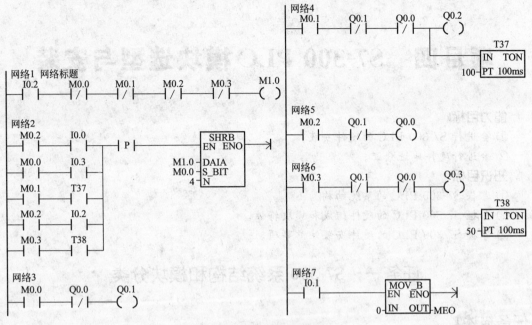

图 3-79　梯形图程序

项目四　S7-300 PLC 模块选型与安装

能力目标
① 会进行 S7-300 PLC 的硬件安装。
② 会进行硬件地址分配。
知识目标
① 掌握 S7-300 PLC 的系统结构。
② 掌握 S7-300 PLC 的硬件组成和模块特性。
③ 掌握 S7-300 PLC 的硬件安装注意事项。

任务一　S7-300 系统结构和模块分类

【任务描述】

S7-300 PLC 主要由中央处理单元、输入接口、输出接口、通信接口等部分组成，CPU 是 PLC 的核心，I/O 部件是连接现场设备与 CPU 之间的接口电路，通信接口用于与编程器和其他控制设备连接。通过本任务的学习，掌握 S7-300 PLC 的系统组成和硬件模块特性。

【任务分析】

① S7-300 的系统结构。
② 硬件模块的特性和分类。

【知识内容】

一、S7-300 PLC 系统结构

S7-300 是德国西门子公司生产的中小型 PLC 产品，是一种性价比高、电磁兼容性强、抗振动冲击性能好的产品。S7-300 PLC 为生产制造工程中的系统解决方案提供一个通用的自动化平台，在工业控制领域中得到了广泛的应用。

1. S7-300 PLC 特点

S7-300 PLC 采用模块化结构，设计更加灵活，针对不同的性能要求，可配不同档次的 CPU 模块、功能模块和 I/O 模块，各种单独的模块之间可进行广泛组合以用于扩展，可选择不同类型的扩展模块，并且最多可以扩展 32 个模块，广泛用于集中式或分布式结构的优化解决方案。

S7-300 PLC 的指令及功能强大，可用于复杂功能，程序循环周期短、处理速度高。

S7-300 PLC 的所有模块挂接在导轨上，无插槽限制，模块内集成背板总线用于模块之间的连接。

每个 S7-300 PLC 都带有一个 MPI 接口（多点接口），用于网络连接以及程序的上传和下载。通过编程器（PG）或计算机（PC）访问所有的模块，有些类型的 CPU 还带有第二接口（DP 接口），可以与 PROFIBUS 网络连接。通过通信模块（CP）可与工业以太网

通信。

在编程软件中，借助于"HWConfig"工具可以进行硬件组态和参数设置。

2. S7-300 PLC 功能

SIMATIC S7-300 PLC 的大量功能支持和帮助用户进行编程启动和维护。

高速的指令处理：$0.1\sim0.6\mu s$ 的指令处理时间在中等到较低的性能要求范围内开辟了全新的应用领域。

浮点数运算：用此功能可以有效地实现更为复杂的算术运算。

方便用户的参数赋值：一个带标准用户接口的软件工具给所有模块进行参数赋值，这样就节省了入门和培训的费用。

人机界面（HMI）：方便的人机界面服务已经集成在 S7-300 操作系统内，因此人机对话的编程要求大大减少。SIMATIC 人机界面从 S7-300 中要求数据，S7-300 按用户指定的刷新速度传送这些数据。S7-300 操作系统自动地处理数据的传送。

诊断功能：CPU 的智能化的诊断系统连续监控系统的功能是否正常、记录错误和特殊系统事件（例如超时、模块更换等）。

口令保护：多级口令保护可以使用户高度、有效地保护其技术机密，防止未经允许的复制和修改。

操作方式选择开关：操作方式选择开关像钥匙一样可以拔出，当钥匙拔出时，不能改变操作方式，这样就防止了非法删除或改写用户程序。

3. S7-300 PLC 的应用领域

S7-300 PLC 是模块化中小型 PLC 系统，它能满足中等性能要求的应用。又由于它采用模块化无排风扇结构、易于实现分布、易于用户掌握等特点，使得其成为各种从小规模到中等性能要求控制任务的方便又经济的解决方案。

其主要应用领域包括：专用机床、纺织机械、包装机械、通用机械工程应用控制系统、楼宇自动化、电器制造工业及相关产业。

二、S7-300 PLC 的硬件模块分类和特性

S7-300 PLC 的硬件主要组成部分有导轨、电源模块（PS）、CPU 模块、接口模块（IM）、信号模块（SM）、功能模块（FM）、通信模块（CP），如图 4-1 所示。

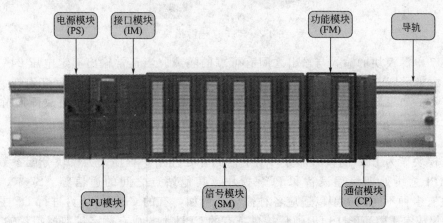

图 4-1　S7-300 硬件组成

在图 4-1 所示的硬件组成中，在单机架系统中没有接口模块（IM），CPU 模块可以直接和后面的信号模块（SM）连接，也可以用占位模块代替 IM 模块，当需要进行多机架扩展时，将占位模块取下，直接安装 IM 模块，而不需要调整后面模块的位置。电源模块（PS）

为可选模块，可以由其他 24V DC 电源代替。

为了让 PLC 正常工作，S7-300 PLC 还有其他的硬件，例如编程电缆、PROFIBUS 总线电缆、总线连接器、前连接器、微存储卡（MMC）、标签条等。

（一）电源模块（PS）

电源模块是西门子公司为 S7-300 PLC 专配的 24V DC 电源，有 PS 305 和 PS 307 两种类型，其中 PS 307 电源模块有 2A、5A、10A 三种规格，而 PS305 只有 2A 的规格。

PS 305 为户外型电源模块，输入电压为直流电压（24/48/72/96/110V DC），输出电压为直流 24V，现在较少使用。

PS 307 电源模块将输入的单相交流电压（120/230V AC，50/60Hz）转变为直流 24V 提供给 S7-300 PLC 的 CPU 模块使用，同时也可作为负载电源，通过 I/O 模块向使用 24V DC 的负载（如传感器、执行机构等）供电，适合大多数应用场合。PS 307 外形和面板指示如图 4-2 所示。由于 PS 307 的接线端子有保护盖，所以将前端盖打开的内部结构用图 4-2 下侧的小图进行指示。该模板的前面板包括：24V DC 输出电压 LED 指示灯、输入电压选择开关（可以通过带保护罩的开关选择输入电压——120V AC 或 230V AC）、24V DC 输出电压的通/断开关。保护端盖下面为松紧件和电源输入、输出接线端子，用于和输入交流电源以及用电设备连接。

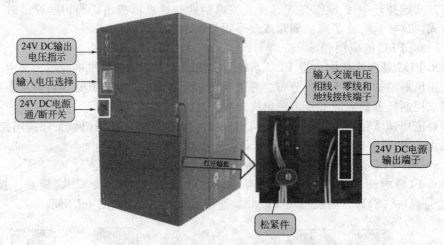

图 4-2　PS 307 电源模块

PS 307 电源模块的输入与输出之间有可靠的隔离。当正常输出额定电压 24V 时，面板上的电源指示灯（绿色 LED 灯）点亮；如果输出电路过载，LED 绿色灯闪烁，同时输出电压下降；如果输出短路，则输出电压为零，绿色 LED 灯灭，短路故障解除后自动恢复。

（二）中央处理单元（CPU 模块）

CPU 模块作为 PLC 的核心部分，用于存储并处理用户程序，为模块分配参数，通过嵌入的 MPI 总线处理编程设备和 PC、模块、其他站点之间的通信等。S7-300 PLC 的 CPU 模块有多种不同的类型以适应各种需要，例如，有的 CPU 模块为进行 DP 主站或从站操作而集成有 PROFIBUS DP 通信接口，有的 CPU 上集成有数字量和模拟量输入/输出点（I/O 点）。

1. S7-300 CPU 模块的分类

S7-300 CPU 模块按照性能不同可以分为标准型、紧凑型、故障安全型、技术型、SIPLUS（宽温度）型等类型。

（1）标准型 CPU　标准型 CPU 是独立的 CPU 形式，不带有 I/O 口，可以根据控制需要，灵活扩展信号模块。每个 CPU 模块上都带有 MPI 接口，有些模块有 DP 接口，可以用于大规模的 I/O 配置或建立分布式 I/O 系统。其模块系列号为 CPU31X，例如 CPU312、CPU313、CPU314、CPU318 等。如果集成有 DP 接口，其系列号为 CPU31X-2 DP，例如 CPU 315-2 DP、CPU 317-2 DP、CPU 318-2 DP 等。标准型 CPU 如图 4-3 所示。

图 4-3　标准型 CPU 外形

（2）紧凑型 CPU　带集成数字量输入和输出的紧凑型 CPU，在系统的 I/O 点较少时，可以不用扩展信号模块就能满足控制要求，当系统控制任务增加时，也可根据需要自由扩展。例如 CPU312C、CPU313C、CPU313C-2 PtP、CPU 313C-2 DP、CPU 314C-2 PtP、CPU 314C-2 DP 等。紧凑型 CPU 如图 4-4 所示。

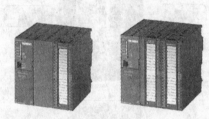

图 4-4　紧凑型 CPU 外形

图 4-5　故障安全型 CPU 外形

（3）故障安全型 CPU　故障安全型 CPU 可以满足工厂日益增加的安全需求。它基于 S7-300，可以连接带有安全相关的模块 ET200S 和 ET200M 分布式 I/O 站；采用 PROFISAFE 协议通过 PROFIBUS DP 进行与安全相关的通信。例如 CPU315F-2 DP、CPU315F-2 PN/DP、CPU317F-2 DP 等。故障安全型 CPU 如图 4-5 所示。

（4）技术型 CPU　技术型 CPU 具有智能技术/运动控制功能，是能满足系列化机床、特殊机床以及车间应用的多任务自动化系统，与集中式 I/O 和分布式 I/O 一起，可用作生产线上的中央控制器，在 PROFIBUS DP 上实现基于组件的自动化中实现分布式智能系统。例如 CPU315T-2 DP 和 CPU317T-2 DP。技术型 CPU 如图 4-6 所示。

图 4-6　技术型 CPU 外形

图 4-7　SIPLUS 型 CPU 外形

（5）SIPLUS 型 CPU　它可以用于恶劣环境，扩展温度范围为 -25～70℃，适用于特殊的环境（污染空气中使用），允许短时冷凝以及短时机械负载的增加，易于操作、编程、维护和服务，特别适用于汽车工业、环境技术、采矿、化工、生产技术以及食品加工等领域。例如 SIPLUS CPU313C、SIPLUS CPU314、SIPLUS CPU315-2 DP 、SIPLUS CPU315-2 PN/DP、SIPLUS CPU317F-2 DP 等。SIPLUS 型 CPU 如图 4-7 所示。

2. CPU 模块结构

由于 CPU 模块分为多种类型，并且每种类型又有多个型号，其结构会有一些小差异，以标准型 CPU 为例，介绍 CPU 模块的结构，如图 4-8 所示。

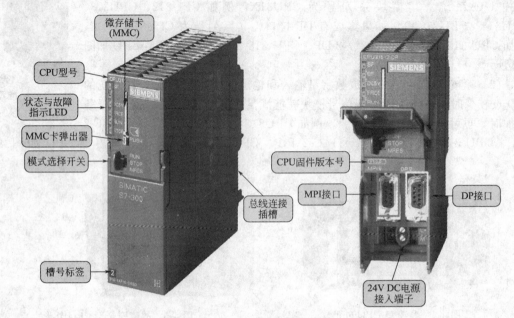

图 4-8　CPU 模块外形结构

如图 4-8 所示，在模块的左上角标注 CPU 的型号，在模块的下面会标出模块对应的订货号。在订货号上方可以安装槽号标签。通过模块上的状态与故障指示灯观测 CPU 的工作情况。通过模式选择开关选择 CPU 工作状态。

由于新型 CPU 使用 MMC 卡作为装载存储器，不需要后备锂电池，所以模块中没有后备电池。旧型号使用 EEPROM 卡作为装载存储器，需要后备电池维持系统时钟，所以旧型号中在前盖下会有一个电池盒用于装锂电池。

打开前盖后，可以看到模块的接口，所有的 S7-300 都带有第一接口 MPI 接口，用于 CPU 与其他 PLC、PG/PC（编程器/个人计算机）、OP（操作员接口）通过 MPI 网络的通信。有些模块还会集成第二接口，DP 接口或 PtP 接口。如果模块中没有第二接口，则打开前盖只能看到 MPI 一个接口。

3. CPU 的状态和故障指示灯

① SF（红色）：系统故障指示，CPU 硬件故障或软件出错时常亮。

② BATF（或 BF，红色）：电池故障，电池电压低或无电池时常亮，对于不带后备电池的模块，则没有这个故障指示灯。

③ 5V DC（绿色）：＋5V 电源指示，CPU 和 S7-300 总线＋5V 电源正常时常亮。

④ FRCE（黄色）：强制指示，至少有一个 I/O 被强制时常亮。

⑤ RUN（绿色）：运行指示，CPU 处于 RUN 运行方式时常亮，重启动时以 2Hz 的频率闪亮，HOLD 状态时以 0.5Hz 的频率闪亮。

⑥ STOP（黄色）：停机指示，CPU 处于 STOP、HOLD 状态时常亮；当要求存储器复位时以 0.5Hz 的频率闪烁，正在执行存储器复位时以 2Hz 的频率闪烁。

⑦ BUSF（红色）：总线故障指示，PROFIBUS DP 接口硬件或软件故障时常亮，对于不带集成 DP 接口的模块，则没有这个故障指示灯。

4. CPU 的运行模式

CPU 有四种工作模式：STOP（停机）、RUN（运行）、HOLD（保持）、STARTUP（启动）。在所有的模式中，都可以通过 MPI 接口与其他设备通信。

① STOP 模式：CPU 模块通电后自动进入 STOP 模式，在该模式不执行用户程序，程序被终止。可以在该模式下进行用户程序的上传和下载。

② RUN 模式：执行用户程序，刷新输入和输出，处理中断和故障信息服务。在该模式下不能修改用户程序。

③ HOLD 模式：在启动和 RUN 模式执行程序时遇到调试用断点、用户程序的执行被挂起（暂停），定时器被冻结。

④ STARTUP 模式：启动模式，可以用钥匙开关或编程软件启动 CPU。如果钥匙开关在 RUN 或 RUN-P 位置，通电时自动进入启动模式。对于不采用钥匙开关的模块，可以用模式选择开关选择 RUN 位置。

5. CPU 的模式选择开关

CPU 的运行方式是通过模式选择开关设置的。在旧型号的 CPU 模式选择开关有四个位置，新型号 CPU 只有三个位置，没有 RUN-P 位置。新旧信号模式选择开关示意图如图 4-9 所示。有的 CPU 模式选择开关是一种钥匙开关，改变运行方式需要插入钥匙，用来防止未经授权的人员非法删除或改写用户程序。钥匙拔出后，就不能改变操作方式。

图 4-9 模式选择开关示意图

① RUN-P（运行-编程）位置：CPU 不仅执行程序，还可以在线读出和修改程序及改变运行方式，在此位置不可以拔出钥匙开关。

② RUN（运行）位置：CPU 执行程序，可以读出程序，但不能修改程序。

③ STOP（停机）位置：CPU 不执行程序，可以读出和修改程序。

④ MERS（存储器复位）位置：可以复位存储器，使 CPU 回到初始状态。工作存储器、RAM 装载存储器中的用户程序和地址区被清除，全部存储器位、定时器、计数器和数据块均被删除，即复位为 0，包括有保持功能的数据。此位置不能保持，当松开后，又会回到 STOP 的位置。

6. CPU 存储器复位

用模式选择开关的 MERS 位置进行存储器复位的操作步骤如下。

① 将模式开关扳到 MRES 位置，用手按住保持此位置，此时 STOP 指示灯闪烁，闪烁 2 次后释放模式选择开关，使其回复 STOP 位置。

② 在 3s 内再次扳下模式选择开关到 MRES 位置，并保持此位置，此时 STOP 指示灯快速闪烁，闪烁 1 次后释放模式选择开关，回复到 STOP 位置，指示灯继续闪烁，至少 3s 后停止闪烁保持常亮，完成存储器复位。

7. 微存储器卡（MMC）

CPU 的微存储卡（MMC）用于在断电时保存用户程序和某些数据，它可以扩展 CPU 的存储器容量，也可以将有些 CPU 的操作系统保存在 MMC 中。MMC 用作装载存储器或便携式保存媒体。MMC 的读写直接在 CPU 内进行，不需要专用的编程器。在工作情况下，不允许将 MMC 卡取出，否则会造成 MMC 卡中数据丢失或卡的损坏，甚至使 MMC 卡无法使用。即 MMC 卡严禁带电插拔。带电插拔会使卡被烧坏，所以务必在电源关闭的条件下再插拔 MMC 卡。

由于 CPU 没有安装集成的装载存储器，在使用 CPU 时必须插入 MMC，CPU 与 MMC 是分开订货的。MMC 卡的容量有 64KB、128KB、512KB、2MB、4MB、8MB 等几种，

图 4-10 微存储卡（MMC）

可以根据需要选择合适的容量。如图 4-10 所示。

（三）接口模块（IM）

S7-300 的接口模块用于 PLC 多机架扩展时，连接 CPU 模块所在的主机架（机架 0）和扩展机架（机架 1、机架 2、机架 3）。S7-300 可以借助 IM 模块扩展 1～3 个机架，用于增加信号模块、功能模块或通信模块。接口模块有 IM360、IM361、IM365 三种规格。IM360 和 IM361 接口模块必须配合使用，用于 S7-300 PLC 的多机架连接，两者间使用电缆连接。IM365 专用于 S7-300 PLC 的双机架系统扩展，由两个 IM365 配对使用，通过电缆连接。

1. IM360 和 IM361

接口模块 IM 360 安装在中央机架 0 上，用于连接最大的 3 个扩展机架，一个系统只能有一个 IM360。

IM360 和 IM361 配套使用，最多可以扩展 3 个机架，IM361 安装在扩展机架 1、机架 2 和机架 3 上，一个系统最多可以有三个 IM361。

接口模块 IM360 和 IM361 的外形结构如图 4-11 所示。IM360 和 IM361 上都带有电缆接口，可以通过连接电缆进行通信。IM360 上只有一个 X1 OUT 电缆接口用于连接机架 1 上 IM361 的 X2 IN 电缆接口，机架 1 上 IM361 的 X1 OUT 电缆接口与机架 2 上的 X2 IN 电缆接口连接，以此类推，通过接口模块实现三个扩展机架和中央机架 0 之间的通信。

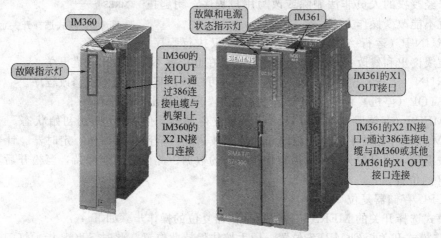

图 4-11　IM360 和 IM361 的外形结构

IM360 的 SF 组错误/故障指示灯在无连接电缆或 IM 361 关闭时点亮。接口模板 IM 361 的 5V DC 电源指示灯用于指示 S7-300 背板总线用的 5V DC 电源；其状态和故障指示灯在无连接电缆、串接 IM 361 关闭或 CPU 处于断电状态时点亮。

从 IM360 到 IM361 或从 IM361 到 IM361 之间的连接电缆最长不能超过 10m，连接电缆外形如图 4-12 所示，连接电缆有 1m、2.5m、5m、10m 几种规格。

2. IM365

接口模板 IM365 只用于扩展一个机架的系统中，是为机架 0 和机架 1 预先组合好的配对模板。模块采用紧凑设计，两个 IM365 之间已经通过 1m 长的固定连接电缆连接好，无需单独供电，有 CPU 为扩展机架供电。但是使用 IM365 时，扩展机架（机架 1）不能安装 CP 模块和 FM 模块。

两个 IM365 一个为发送模块，另一个为接收模块，发送模块安装在中央机架 0 上，接收模块安装在扩展机架 1 上，如图 4-13 所示。

图 4-12　连接电缆　　　　　　　　　　图 4-13　接口模块 IM365

（四）信号模块（SM）

信号模块也称为 I/O（输入/输出）模块，用于检测输入信号并控制输出设备。信号模块用于数字量和模拟量输入/输出。数字量模块包括数字量输入模块 DI（SM321）、数字量输出模块 DO（SM322）和数字量输入/输出模块 DI/DO（SM323 等）。模拟量模块包括模拟量输入模块 AI（SM331）、模拟量输出模块 AO（SM332）和模拟量输入/输出模块 AI/AO（SM334 等）。

SM 模块必须通过 20 针或 40 针的前连接器与外部设备连接，20 针的前连接器用于除 32 点的 SM 模块，40 针的前连接器用于 32 点的 SM 模块。20 针和 40 针前连接均有螺紧型或弹簧卡入式两种安装类型。前连接器的底部中央有一个白色塑料的编码元件，当前连接器和模块相连后，前连接器被编码，在更换模块后，此前连接器只能和同型号的模块相连，避免了模块更换错误。前连接器外形如图 4-14 所示。

在 SM 模块前端盖背面绘有模块的端子接线图，使用时可以按照接线图进行设备连接。

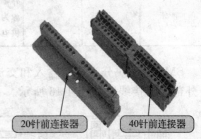

图 4-14　前连接器

1. 数字量输入模块（SM321）

数字量输入模块的输入点可以用于连接按钮开关、拨码开关、行程开关、光电开关、两线制接近开关（BERO）以及各种开关量的传感器等。SM321 的结构如图 4-15 所示，在图

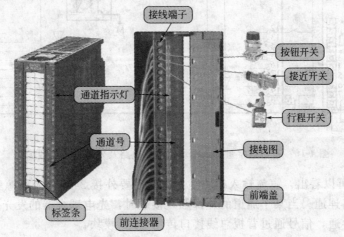

图 4-15　数字量输入模块 SM321

中将连接按钮开关、接近开关和行程开关的连接通道进行示意。

常用的数字量输入模块特性如表 4-1 所示。

表 4-1　数字量输入模块特性

特性＼模板	SM 321；DI 32×24 V DC (-1BL×0-)	SM 321；DI 16×24 V DC (-1BH02-)	SM 321；DI 16×24 V DC (-7BH×0-)	SM 321；DI 16×24 V DC 源输入 (-1BH50-)	SM 321；DI 16×48-125V DC (-1CH80-)	SM 321；DI 16×120 V AC (-1EH01-)	SM 321；DI 8×120/230V AC (-1FF×1-)	SM 321；DI 32×120 V AC (-1EL00-)
输入点数	32DI，隔离为16组	16DI，隔离为16组	16DI，隔离为16组	16DI，隔离为16组	16DI，隔离为8组	16DI，隔离为4组	8DI，隔离为2组	32DI，隔离为8组
额定输入电压	24V DC	24V DC	24V DC	24V DC	48～125V DC	120V AC	120/230V AC	120V AC
适用于	开关2/3/4线接近开关（BERO）					开关2/3线AC接近开关		
可编程诊断	不可以	不可以	可以	不可以	不可以	不可以	不可以	不可以
诊断中断	不可以	不可以	可以	不可以	不可以	不可以	不可以	不可以
沿触发硬件中断	不可以	不可以	可以	不可以	不可以	不可以	不可以	不可以
输入延迟可调整	不可以	不可以	可以	不可以	不可以	不可以	不可以	不可以
特性	—	—	两个短路保护传感器为8个通道供电，可用外部冗余电源为传感器供电	—	—	—	—	—

SM321 模块分为直流输入和交流输入模块两种形式，直流数字量输入模块的内部电路及外部端子接线图如图 4-16 所示。

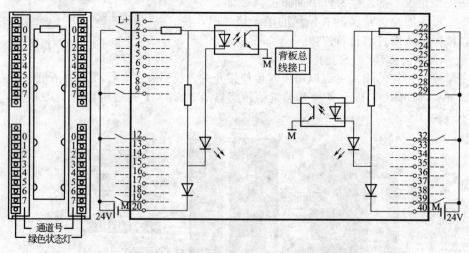

图 4-16　直流数字量输入模块的内部电路及外部端子接线图

从图 4-16 中可以看出，直流输入模块在工作时需要外接 24V 直流电源和开关量外部设备与模块内部电路连通。当某个通道的外部触点接通时，光电耦合器的发光二极管点亮，对应的光敏三极管导通，信号通过背板总线接口传给 CPU 模块。

交流数字量输入模块的内部电路及外部端子接线图如图 4-17 所示。

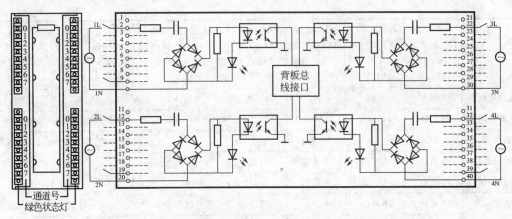

图 4-17 交流数字量输入模块的内部电路及外部端子接线图

交流输入模块的输入电压为交流 120V 或 230V，其中 230V AC 对应于 220V 交流电。模块内部用电容隔离直流信号，用电阻限流，当外部触点接通后，外部电源的交流电被桥式整流电路转换为直流信号，再经过光电耦合器将信号传到背板总线接口送到 CPU 模块。

2. 数字量输出模块（SM322）

数字量输出模块可以用于驱动电磁阀、指示灯、继电接触器、小功率电动机、蜂鸣器、电动机驱动器等负载。SM322 外形结构如图 4-18 所示。

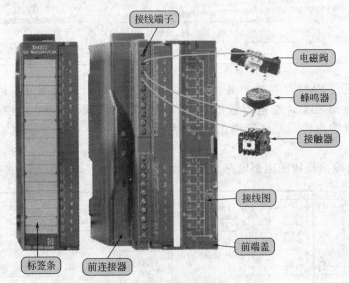

图 4-18 数字量输出模块 SM322

常用的数字量输出模块特性如表 4-2 所示。

表 4-2 数字量输出模块特性

特性 \ 模板	SM 322；DO 32×24 V DC/0.5A (-1BL00-)	SM 322；DO 16×24 V DC/0.5A (-1BH×1-)	SM 322；DO 8×24 V DC/2A (-1BF01-)	SM 322；DO 8×24 V DC/0.5A (-8BF×1-)	SM 322；DO 8×48-125V DC/1.5A (-1CF80-)	SM 322；DO 16×120 V AC/1A (-1EH01-)	SM 322；DO 8×120/230V AC/2A (-1FF×1-)	SM 322；DO 32×120 V AC/1A (-1EL00-)
输入点数	32DO，隔离为 8 组	16DO，隔离为 8 组	8DO，隔离为 4 组	8DO，隔离为 8 组	8DO，隔离和反极性保护为 4 组	16DO，隔离为 8 组	8DO，隔离为 4 组	32DO，隔离为 8 组

续表

模板　特性	SM 322; DO 32×24 V DC/0.5A (-1BL00-)	SM 322; DO 16×24 V DC/0.5A (-1BH×1-)	SM 322; DO 8×24 V DC/2A (-1BF01-)	SM 322; DO 8×24 V DC/0.5A (-8BF×1-)	SM 322; DO 8×48- 125V DC/1.5A (-1CF80-)	SM 322; DO 16×120 V AC/1A (-1EH01-)	SM 322; DO 8×120/ 230V AC/2A (-1FF×1-)	SM 322; DO 32×120 V AC/1A (-1EL00-)
输出电流	0.5A	0.5A	2A	0.5A	1.5A	1A	2A	1.0A
额定负载电压	24V DC	24V DC	24V DC	24V DC	48/125V DC	120V AC	120/230V AC	120V AC
适用于	直流触电和指示灯					交流的阀、触电、指示灯、电机启动器等		
可编程诊断	不可以	不可以	不可以	可以	不可以	不可以	不可以	不可以
诊断中断	不可以	不可以	不可以	可以	不可以	不可以	不可以	不可以
替换值输出	不可以	不可以	不可以	可以	不可以	不可以	不可以	不可以
特性	—		一个负载可以冗余驱动		—		熔断指示，每组可更换保险	每组熔断指示

模板　特性	SM 322;DO 16×120 V AC/继电器 (-1HH00-)	SM 322;DO 8×230 V AC/继电器 (-1HF01-)	SM 322;DO 8× 230V AC/5A 继电器 (-1HF10-/-1HF80-)	SM 322;DO 8× 230V AC/5A 继电器 (-1HF20-)
输出点数	16点输出，隔离为8组	8点输出，隔离为2组	8点输出，隔离为1组	8点输出，隔离为1组
额定负载电压	24～120V DC 48～120V AC	24～120V DC 48～230V AC	24～120V DC 48～230V AC	24～120V DC 24～230V AC
适用于	交流/直流阀、接触器、电机启动器、指示灯			
特性	—			

　　数字量输出模块SM322按输出开关器件的种类不同可以分为继电器输出、晶体管输出、双向可控硅输出三类。继电器输出既可以驱动直流负载，也可以驱动交流负载，但响应速度比晶体管输出慢。晶体管输出只能驱动直流负载。双向可控硅输出只能驱动交流负载。

　　数字量晶体管输出模块的内部电路及外部端子接线如图4-19所示。

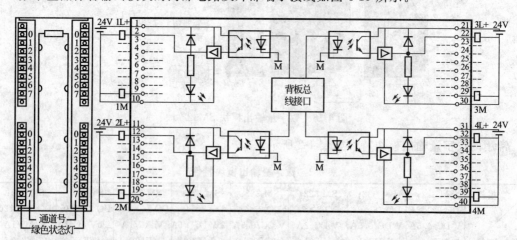

图4-19　数字量晶体管输出模块的内部电路及外部端子接线图

　　图4-19所示数字量晶体管输出模块外接电源为直流24V电源，CPU的输出信号通过背板总线接口使发光二极管点亮，对应光敏三极管接通，外部设备电路导通，驱动负载工作。

数字量晶闸管输出模块的内部电路及外部端子接线如图 4-20 所示。

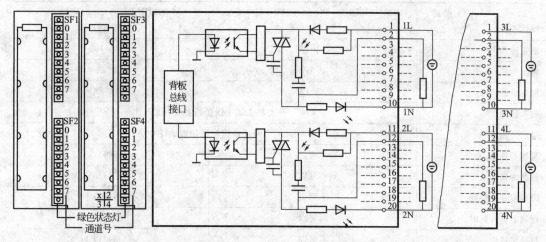

图 4-20 数字量晶闸管输出模块的内部电路及外部端子接线图

CPU 的输出信号通过双向晶闸管输出模块背板总线接口传到光电耦合器，触发双向晶闸管导通，交流电源供电给交流负载供电。

数字量继电器输出模块的内部电路及外部端子接线如图 4-21 所示。

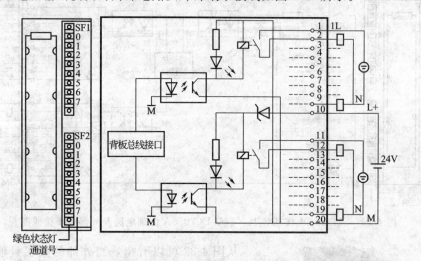

图 4-21 数字量继电器输出模块的内部电路及外部端子接线图

如图 4-21 所示继电器输出模块的通道可以采用直流电源供电，也可以采用交流电源供电。CPU 模块输出信号通过背板总线和光电耦合器使得模块内部继电器线圈得电，其常开触点闭合，使得外部电路导通，驱动负载工作。

3. 数字量输入/输出模块（DI/DO）

常用的数字量输入/输出模块特性如表 4-3 所示。

表 4-3 数字量输入/输出模块特性

模板 \ 特性	SM 323；DI 16/DO 16×24V DC/0.5A (-1BL00-)	SM 323；DI 8/DO 8×24V DC/0.5A (-1BHx1-)
输入点数	16 点输入，隔离为 16 组	8 点输入，隔离为 8 组
输出点数	16 点输出，隔离为 8 组	8 点输出，隔离为 8 组

模板　特性	SM 323；DI 16/DO 16×24V DC/0.5A (-1BL00-)	SM 323；DI 8/DO 8×24V DC/0.5A (-1BHx1-)
额定输入电压	24V DC	24V DC
输出电流	0.5A	0.5A
额定负载电压	24V DC	24V DC
输入适用于	开关和 2/3/4 线接近开关（BERO）	
输出适用于	阀、DC 接触器和指示灯	
可编程诊断	不可以	不可以
诊断中断	不可以	不可以
沿触发硬件中断	不可以	不可以
可调节输入延时	不可以	不可以
替换值输出	不可以	不可以
特点	—	—

　　SM323 DI 16/DO 16×24V DC/0.5A 内部电路及外部端子接线图如图 4-22 所示。

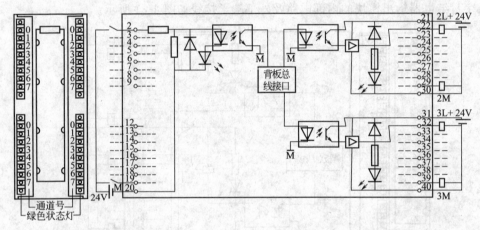

图 4-22　SM323 DI 16/DO 16×24V DC/0.5A 内部电路及外部端子接线图

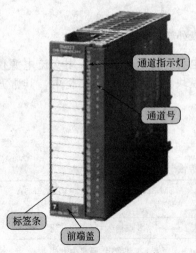

图 4-23　SM331 外形结构

　　从图 4-22 可以看出，当外部的数字量输入触点接通时，可以通过模块内部的光电耦合器和背板总线接口将信号传给 CPU 模块；CPU 模块输出的控制信号也可以通过模块内部的背板总线接口和光电耦合器驱动外部负载工作，即具有数字量的输入和输出两种功能。

　　4. 模拟量输入模块 SM331

　　模拟量输入模板用来实现 PLC 与模拟量过程信号的连接。模拟量输入模块将从过程发送来的模拟信号转换成供 PLC 内部处理用的数字信号，用于连接电压和电流传感器、热电耦、电阻和热电阻等模拟量输入设备。SM331 外形结构如图 4-23 所示。

　　模拟量输入模块的特点如下。

　　① 分辨率为 9～15 位＋符号位（用于不同的转换时

间），可设置不同的测量范围。

②　通过量程卡可以机械调整电流/电压的基本测量范围。用 PG 上的 STEP 7 硬件组态工具可进行微调。

③　模块具有中断和诊断能力，可以将详细的诊断信息和超限中断发送到可编程控制器的 CPU 中。

常用的数字量输入/输出模块特性如表 4-4 所示。

表 4-4　数字量输入/输出模块特性

特点 ＼ 模板	SM 331； AI 8×12 位 (-7KF02-)	SM 331； AI 8×16 位 (-7NF00-)	SM 331； AI 2×12 位 (-7KBx2-)	SM 331； AI 8×RTD (-7PF00-)	SM 331； AI 8×TC (-7PF10-)
输入数量	4 通道组中 8 输入	4 通道组中 8 输入	1 通道组中 2 输入	4 通道组中 8 输入	4 通道组中 8 输入
精度	每个通道可调： • 9 位＋符号 • 12 位＋符号 • 14 位＋符号	每个通道可调： • 15 位＋符号	每个通道可调： • 9 位＋符号 • 12 位＋符号 • 14 位＋符号	每个通道可调： • 15 位＋符号	每个通道可调： • 15 位＋符号
测量方法	每个通道可调： • 电压 • 电流 • 电阻 • 温度	每个通道可调： • 电压 • 电流	每个通道可调： • 电压 • 电流 • 电阻 • 温度	每个通道可调： • 电阻 • 温度	每个通道可调： • 温度
测量范围的选择	每个通道任意	每个通道任意	每个通道任意	每个通道任意	每个通道任意
可编程诊断	✓	✓	✓	✓	✓
诊断中断	可调整	可调整	可调整	可调整	可调整
极限值监控	2 个通道可调整	2 个通道可调整	1 个通道可调整	8 个通道可调整	8 个通道可调整
由于超过极限造成硬件中断	可调整	可调整	可调整	可调整	可调整
循环结束时硬件中断	✕	✕	✕	可调整	可调整
电位关系	光电隔离： • CPU • 负载电压（不适用于 2-DMU*）	光电隔离： • CPU	光电隔离： • CPU • 负载电压（不适用于 2-DMU*）	光电隔离： • CPU	光电隔离： • CPU
输入之间的允许电位差 (E_{CM})	2.5V DC	50V DC	2.5V DC	120V AC	120V AC
特点	—	—	—	—	—

＊ 2-DMU 双线变送器。

模拟量输入模块 SM331 使用量程卡设置信号的类型。量程卡安装在模拟量输入模块的侧面，如图 4-24 所示。

在安装模拟量输入模块之前，应先检查量程卡的测量方法和量程，并根据需要将量程卡的所选字母上的箭头对准模块侧面相应通道的指向箭头安装。模拟量模块的标签上提供了各种测量方法和量程的设置。量程卡的可选设置为 A、B、C 和 D，如表 4-5 所示。

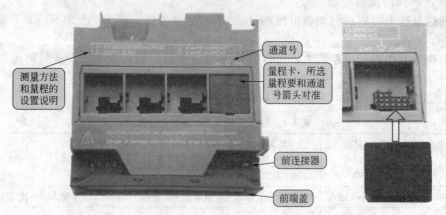

图 4-24　2 通道模拟量模块的量程卡

表 4-5　量程卡 A、B、C、D 测量模式含义

量程卡模式	测量方法	测量范围
A	电压	$-1000\sim1000mV$
B	电压	$-10\sim10mV$
C	电流:4 线变送器	$4\sim20mA$
D	电流:2 线变送器	$4\sim20mA$

　　量程卡的使用和设置方法为首先用螺丝刀将量程卡从模拟量输入模块中撬出，如图 4-25(a) 所示。将量程卡插入模拟量输入模块的要求插槽中（1），所选量程指向模块上的标记（2），如图 4-25(b) 所示。

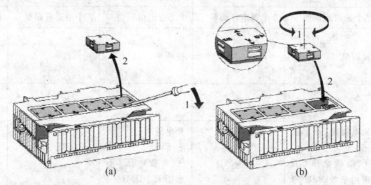

(a)　　　　　　　　　　　　　　　(b)

图 4-25　量程卡的使用

　　按照需要的测量模式安装好量程卡后，在用编程软件进行硬件组态时，对测量范围进行适当的调整。

　　模拟量输入过程为：通过传感器把物理量转变为电信号，这个电信号可能是离散性的电信号，需要通过变送器转换为标准的模拟量电压或电流信号，模拟量模块接收到标准的电信号后通过 A/D 转换，转变为与模拟量成比例的数字量信号，通过逻辑及背板总线接口传给 CPU 模块。SM331 AI 8×13 位模拟量输入模块内部电路及外部端子接线图如图 4-26 所示。

　　CPU 以二进制格式来处理模拟值。数字化模拟值适用于相同标称范围的输入和输出值。模拟值均为二进制补码形式的实数，符号始终设在最高位 bit15，用数字"0"表示"＋"

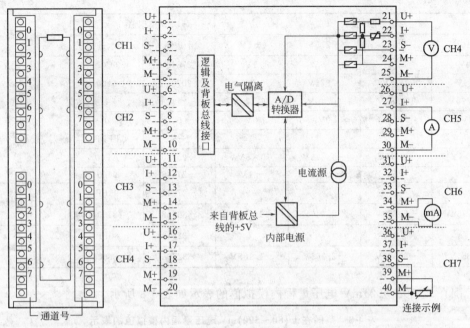

图 4-26 SM331 AI 8×13 位模拟量输入模块内部电路及外部端子接线图

号，用数字"1"表示"—"号。模拟值可能的精度如表 4-6 所示。表中以符号位对齐，未用的低位则用"0"来填补，表中的"×"表示未用的位。

表 4-6 模拟值精度

精度（位数）	分辨率		模拟值	
	十进制	十六进制	高 8 位	低 8 位
8	128	80H	符号 0000000	1××××××××
9	64	40H	符号 0000000	01×××××××
10	32	20H	符号 0000000	001××××××
11	16	10H	符号 0000000	0001×××××
12	8	8H	符号 0000000	00001××××
13	4	4H	符号 0000000	000001×××
14	2	2H	符号 0000000	0000001××
15	1	1H	符号 0000000	00000001

范围在 ±(1~10)V 电压量程内模拟值的表示如表 4-7 所示。

表 4-7 范围在 ±(1~10)V 电压量程内模拟值的表示

电压量程				模拟值		状态
±10V	±5V	±2.5V	±1V	十进制	十六进制	
11.85V	5.92V	2.963	1.185V	32767	7FFF	上溢
				32512	7F00	
11.759V	5.879V	2.940V	1.176V	32511	7EFF	上溢警告
				27649	6C01	

电压量程				模拟值		状态
±10V	±5V	±2.5V	±1V	十进制	十六进制	
10V	5V	2.5V	1V	27648	6C00	正常
7.5V	3.75V	1.875V	0.75V	20736	5100	
361.7μV	180.8μV	90.4μV	36.17μV	1	1	
0V	0V	0V	0V	0	0	
				−1	FFFF	
−7.5V	−3.75V	−1.875V	0.75V	−20736	AF00	
−10V	−5V	−2.5V	−1V	−27648	9400	
				−27649	93FF	下溢警告
−11.759V	−5.879V	−2.940V	−1.176V	−32512	8100	
				−32513	80FF	下溢
11.851V	−5.926V	−2.963V	−1.185V	−32768	8000	

范围在±(80～500)mV 电压量程内模拟值的表示如表 4-8 所示。

表 4-8 范围在±(80～500)mV 电压量程内模拟值的表示

电压量程			模拟值		状态
±500mV	±250mV	±80mV	十进制	十六进制	
592.6mV	296.3mV	94.8mV	32767	7FFF	上溢
			32512	7F00	
587.9mV	294.0mV	94.1mV	32511	7EFF	上溢警告
			27649	6C01	
500mV	250mV	80mV	27648	6C00	正常
375mV	187.5mV	60mV	20736	5100	
18.08μV	9.04μV	2.89μV	1	1	
0mV	0mV	0mV	0	0	
			−1	FFFF	
−375mV	−187.5mV	−60mV	−20736	AF00	
−500mV	−250mV	−80mV	−27648	9400	
			−27649	93FF	下溢警告
−587.9mV	−294.0mV	−94.1mV	−32512	8100	
			−32513	80FF	下溢
−592.6mV	−296.3mV	−94.8mV	−32768	8000	

范围在 1～5V 以及 0～10V 电压量程内模拟值的表示如表 4-9 所示。

表 4-9 范围在 1～5V 以及 0～10V 电压量程内模拟值的表示

电压量程		模拟值		状态
1～5V	0～10V	十进制	十六进制	
5.741V	11.852V	32767	7FFF	上溢
		32512	7F00	

续表

电压量程		模拟值		状态
1~5V	0~10V	十进制	十六进制	
5.704V	11.759V	32511	7EFF	上溢警告
		27649	6C01	
5V	10V	27648	6C00	正常
4V	7.5V	20736	5100	
1V+144.7μV	0V+361.7μV	1	1	
1V	0V	0	0	
		−1	FFFF	下溢警告
0.296V	不支持负值	−4864	ED00	
		−4865	ECFF	下溢
		−32768	8000	

范围在 0～20mA 以及 4～20mA 电流量程内模拟值的表示如表 4-10 所示。

表 4-10　范围在 0～20mA 以及 4～20mA 电流量程内模拟值的表示

电流量程		模拟值		状态
0~20mA	4~20mA	十进制	十六进制	
23.70mA	22.96mA	32767	7FFF	上溢
		32512	7F00	
23.52mA	22.81mA	32511	7EFF	上溢警告
		27649	6C01	
20mA	20mA	27648	6C00	正常
15mA	16mA	20736	5100	
723.4nA	4mA+578.7nA	1	1	
0mA	4mA	0	0	
		−1	FFFF	下溢警告
−3.52mA	1.185mA	−4864	ED00	
		−4865	ECFF	下溢
		−32768	8000	

5. 模拟量输入模块 SM332

模拟量输出模块用于从 PLC 向过程变量输出模拟量信号，适用于连接模拟量执行器。SM332 外形结构如图 4-27 所示。如果该模块没有接电源或出现故障时，模块上的故障指示灯会点亮。

模拟量输出模块的特点如下。

① 模拟量的分辨率为 12～15 位。

② 具有各种电压和电流测量范围。

③ 可用参数赋值软件为每一通道单独设置范围。

④ 模块具有中断和故障诊断能力，当发生错误时，模块将诊断报警报文传送到可编程序控制器的 CPU 中。

模拟量输出模块的特性如表 4-11 所示。

表 4-11　模拟量输出模块的特性

模板 特点	SM 332；AO 4×12 位 (-5HD01-)	SM 332；AO 2×12 位 (-5HB01-)	SM 332；AO 4×16 位 (-7ND00-)
输出数量	4 通道组中 4 输出	2 通道组中 2 输出	4 通道组中 4 输出
精度	12 位	12 位	16 位
输出方式	一个通道一个通道输出： • 电压 • 电流	一个通道一个通道输出： • 电压 • 电流	一个通道一个通道输出： • 电压 • 电流
可编程诊断	√	√	√
诊断中断	可调整	可调整	可调整
替代值输出	可调整	可调整	可调整
电位关系	光电隔离： • CPU • 负载电压	光电隔离： • CPU • 负载电压	光电隔离： • CPU 和通道之间 • 通道之间 • 输出和 L+ 或 M 之间 • CPU 和 L+ 或 M 之间
特点	—	—	—

AO 4×12 位模拟量输出模块内部电路和接线如图 4-28 所示。

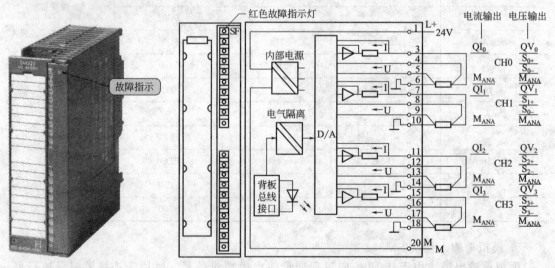

图 4-27　SM332 外形结构　　　　图 4-28　AO 4×12 位模拟量输出模块内部电路和接线图

从图 4-28 可以看出，模拟量输出模块将 CPU 传送的控制信号经背板总线接口后在 D/A 转换器将数字量转换为成比例的电流信号或电压信号，对模拟量的执行机构进行调节或控制。

模拟量输出模块的输出量程的模拟值有不同的表示方法。范围在 −10～10V 输出范围内的模拟值表示如表 4-12 所示。

表 4-12　在－10～10V 输出范围内的模拟值表示

数字量		输出电压范围		状态
百分比	十进制	十六进制	－10～10V	
118.5149%	32767	7FFF	0.00V	上溢
	32512	7F00		
117.589%	32511	7EFF	11.76V	上溢警告
	27649	6C01		
100%	27648	6C00	10V	正常
75%	20736	5100	7.5V	
0.003617%	1	1	361.7μV	
0%	0	0	0V	
	－1	FFFF	－361.7μV	
－75%	－20736	AF00	－7.5V	
－100%	－27648	9400	－10V	
	－27649	93FF		下溢警告
－117.593%	－32512	8100	－11.76V	
	－32513	80FF		下溢
－118.519%	－32768	8000	0.00V	

在 0～10V 以及 1～5V 输出范围内模拟值的表示如表 4-13 所示。

表 4-13　在 0～10V 以及 1～5V 输出范围内模拟值的表示

数字量		输出电压范围		状态
百分比	十进制	十六进制	0～10V	1～5V	
118.5149%	32767	7FFF	0.00V	0.00V	上溢
	32512	7F00			
117.589%	32511	7EFF	11.76V	5.70V	上溢警告
	27649	6C01			
100%	27648	6C00	10V	5V	正常
75%	20736	5100	7.5V	3.75V	
0.003617%	1	1	361.7μV	1V+144.7μV	
0%	0	0	0V	0V	
	－1	FFFF			下溢警告
－25%	－6912	E500		0V	
	－6913	E4FF			
－117.593%	－32512	8100			下溢,输出值限制在 0V 或空闲状态
	－32513	80FF			
－118.519%	－32768	8000	0.00V	0.00V	

在－20～20mA 输出范围内的模拟值表示如表 4-14 所示。

表 4-14　在－20～20mA 输出范围内的模拟值表示

数字量		输出电流范围		状态
百分比	十进制	十六进制	－20～20mA	
118.5149%	32767	7FFF	0.00mA	上溢，空闲状态
	32512	7F00		
117.589%	32511	7EFF	23.52mA	上溢警告
	27649	6C01		
100%	27648	6C00	20mA	正常
75%	20736	5100	15mA	
0.003617%	1	1	723.4nA	
0%	0	0	0mA	
	－1	FFFF	－723.4nA	
－75%	－20736	AF00	－15mA	
－100%	－27648	9400	－20mA	
	－27649	93FF		下溢警告
－117.593%	－32512	8100	－23.52mA	
	－32513	80FF		下溢，空闲状态
－118.519%	－32768	8000	0.00mA	

在 0～20mA 以及 4～20mA 输出范围内模拟值的表示如表 4-15 所示。

表 4-15　在 0～20mA 以及 4～20mA 输出范围内模拟值的表示

数字量			输出电流范围		状态
百分比	十进制	十六进制	0～20mA	4～20mA	
118.5149%	32767	7FFF	0.00mA	0.00mA	上溢
	32512	7F00			
117.589%	32511	7EFF	23.52mA	22.81mA	上溢警告
	27649	6C01			
100%	27648	6C00	20mA	20mA	正常
75%	20736	5100	15mA	15mA	
0.003617%	1	1	723.4nA	4mA－578.7nA	
0%	0	0	0mA	4mA	
	－1	FFFF			下溢警告
－25%	－6912	E500		0mA	
	－6913	E4FF			
－117.593%	－32512	8100			下溢，输出值限制在 0mA 或空闲状态
	－32513	80FF			
－118.519%	－32768	8000	0.00mA	0.00mA	

6. 模拟量输入/输出模块

模拟量输入/输出模块特性如表 4-16 所示。

表 4-16　模拟量输入/输出模块特性

特性 ＼ 模板	SM 334：AI 4/AO 2×8/8 位 (-0CE01-)	SM 334：AI 4/AO 2×12 位 (-0KE00-)
输入数量	1 通道组中 4 输入	2 通道组中 4 输入
输出数量	1 通道组中 2 输出	1 通道组中 2 输出
精度	8 位	12 位＋符号
测量方法	每个通道可调整 • 电压 • 电流	每个通道可调整 • 电压 • 电阻 • 温度
输出方式	每个通道： • 电压 • 电流	每个通道： • 电压
可编程诊断	✕	✕
诊断中断	✕	✕
极限值监控	✕	✕
由于超过极限造成硬件中断	✕	✕
循环结束时硬件中断	✕	✕
替代值输出	✕	✕
电位关系	至 CPU 非绝缘 • 负载电压光电隔离	光电隔离 • CPU • 负载电压
特点	不能参数化，测量设置和输出类型 与布线方式有关	—

（五）功能模块（FM）

S7-300 功能模块用于进行复杂的、重要的，但独立于 CPU 的过程，适用于各种场合，功能块的所有参数都在 STEP 7 中分配，操作方便，而且不必编程。如计数器模块可直接连接增量编码器，实现连续、单向和循环记数；步进电动机控制模块和步进电动机配套使用，实现设备的定位任务；PID 控制模块可实现温度、压力和流量等的闭环控制。此外，还有电子凸轮控制器模块、称重模块、伺服电动机定位模块、超声波位置解码器等。功能模块外形如图 4-29 所示。

图 4-29　功能模块

图 4-30　通信模块 CP

（六）通信模块（CP）

S7-300 通信模块是用于连接网络和点对点通信用的专用模块，通信模块外形如图 4-30 所示。

常用的通信处理器包括 PROFIBUS DP 处理器、PROFIBUS-FMS 处理器和工业以太网处理器。

PROFIBUS DP 处理器名称为 CP342-5，用于连接 S7-300 和 PROFIBUS DP 的主/从的接口模块，减轻了 CPU 的通信任务。通过 PROFIBUS 简单地进行配置和编程，支持通信协议 PROFIBUS DP、S7 通信功能、PG/OP 通信，传输率为 9.6～12Mbps 自由选择。主要用于和 ET200 子站配合，组成分布式 I/O 系统。

PROFIBUS-FMS 处理器名称为 CP343-5，用于连接 S7-300 和 PROFIBUS-FMS 的接口模块。通过 PROFIBUS 简单的进行配置和编程，支持通信协议 PROFIBUS-FMS、S7 通信功能、PG/OP 通信，传输率为 9.6～1.5Mbps 自由选择。主要用于和操作员站的连接。

工业以太网处理器名称为 CP343-1，用于连接 S7-300 和工业以太网接口模块，传输率为 10/100Mbps 全双工模式。

【任务实施】

在实训室中借助实物认识模块的外形和结构，观察模块的型号和订货号等标注，明确模块指示灯和开关的功能。通过讲解熟悉各个模块的特性和选型方法。

任务二　S7-300 硬件安装和地址的确定

【任务描述】

通过本任务的学习掌握 S7-300 硬件安装的方法和模块上 I/O 点确定的方法。

【任务分析】

在本任务中要掌握 S7-300 硬件安装中的注意事项和规则；通过模块的具体安装步骤（导轨、PS、CPU、IM、SM、FM、CP、总线连接器、槽号标签、前连接器、标签条等）掌握 S7-300 的硬件安装方法；学会模块上 I/O 点地址的确定方法。

【知识准备】

在 S7-300 硬件组态时，如果所需处理的信号量少，在系统中只需使用一个导轨，并且将电源模块、CPU 模块和需要的信号模块（或功能模块、通信模块）等挂接在该导轨上成为单机架系统。单机架硬件组态最多配置 8 个信号模块（或功能模块、通信模块）。在单机架组态时，因为不需要扩展机架，所以不用接口模块。如图 4-31 所示。如果为了以后扩展方便，可以在 CPU 模块和信号模块之间加一个占位模块，以便以

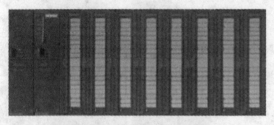

图 4-31　单机架组态结构图

后连接接口模块 IM 时，不需要再调整模块位置。

如果系统控制要求增加，单机架不能满足控制要求时，可以再安装导轨用于挂接信号模块，称为扩展机架（ER）。在扩展机架上不能安装 CPU 模块，扩展机架上的信号模块通过

IM 模块和 CPU 进行通信，CPU 所在机架称为中央机架（CR）。

一、S7-300 PLC 硬件安装的特点

① 采用 DIN 标准导轨安装。只需简单地将模块钩在 DIN 标准的安装导轨上，转动到位，然后用螺栓锁紧即可。

② 使用集成的背板总线。背板总线集成在模块上，模块通过总线连接器相连，总线连接器插在机壳的背后。

③ 更换模块简单并且不会出错。更换模块时，只需松开安装螺钉，很简单地拔下已经接线的前连接器，在连接器上的编码防止将已接线的连接器插到其他的模块上。

④ 具有可靠的接线端子。对于信号模块可以使用螺钉型接线端子或弹簧型接线端子。

⑤ 安装深度固定。所有端子和连接器都在模块上的凹槽内，并有端盖保护，因此所有的模块都有相同的安装深度。

⑥ 没有槽位的限制。信号模块和通信处理模块可以不受限制地插到任何一个槽上，系统自行组态。

⑦ 灵活布置。机架（中央机架 CR/扩展机架 ER）可以根据最佳布局需要，水平或垂直安装。

⑧ 独立安装。每个机架可以距离其他机架很远进行安装，两个机架间（主机架与扩展机架，扩展机架与扩展机架）的距离最长为 10m。

⑨ 当控制任务增加时，可自由扩展。如果用户的自控系统任务需要多于 8 个信号模块或通信处理器模块时，则可以扩展 S7-300 机架。

二、安装方式

S7-300 既可以水平安装，也可以垂直安装。水平安装也称为卧式安装，垂直安装也称为立式安装，如图 4-32 所示。

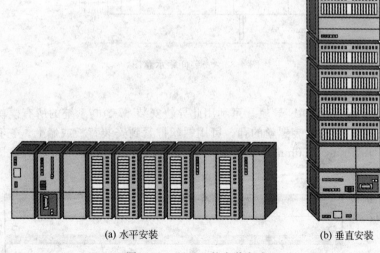

(a) 水平安装　　　　　　　(b) 垂直安装

图 4-32　S7-300 的安装方式

垂直安装允许的环境温度：0～40℃。

水平安装允许的环境温度：0～60℃。

三、模块安装顺序

水平安装时，按照从左到右的顺序安装；垂直安装时，以从下到上的顺序安装。按照安

装的顺序，第一个模块的位置称为插槽 1，第二个模块安装位置称为插槽 2，依此类推。一个机架上共有 11 个槽位，分别为 1 号槽位～11 号槽位。

在组态时，1 号槽位必须是电源模块 PS，2 号槽位必须是 CPU 模块，3 号槽位必须是接口模块 IM，4 号～11 号槽位可以是信号模块 SM、功能模块 FM 和通信模块 CP。对于水平安装，电源和 CPU 模块必须安装在左面；对于垂直安装，电源和 CPU 模块必须安装在底部。

能插入的模块数（SM、FM、CP）受到 S7-300 背板总线所提供电流的限制（每个机架总线上不应超过 1.2A）。

四、安装间距

在硬件安装时，必须保证足够的间距，以便为安装模块提供充足的空间，并能够散发模块所产生的热量。在安装时的最小间距为：机架左右 20mm；单层组态安装时，上下 40mm；两层以上组态安装时，上下至少 80mm。图 4-33 显示的是安装在多个机架上的 S7-300 装配，其中显示了各机架与相邻组件、电缆槽、机柜壁之间的间距。

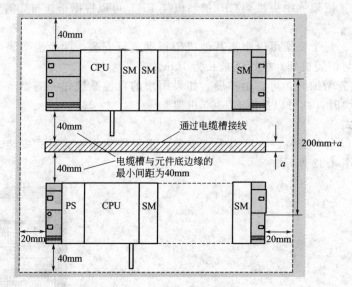

图 4-33　安装间距示意图

五、DIN 导轨安装要求

S7-300 的机架装配了 DIN 导轨，可利用此导轨安装 S7-300 系统的所有模块。DIN 导轨是金属导轨，上面有用来安装螺丝的孔。可用螺丝拧紧到安装背板或墙上。它有五种不同的长度：160mm、482mm、530mm 、830mm 和 2000mm。常用的标准导轨长度固定，其具体尺寸如图 4-34 所示。

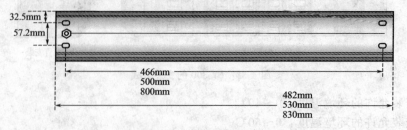

图 4-34　标准导轨尺寸

从图 4-34 可以看出，标准导轨具有用于固定螺丝的 4 个孔和 1 个接地导线螺栓，并且其尺寸和形状都是固定的。2000mm 导轨可截短到任何尺寸以适应特殊长度需要，不带用于固定螺丝的安装孔和接地导线螺栓，可以根据自己需要进行钻孔。如果导轨长度超出了 830mm，则必须提供附加孔，以便用更多的螺丝固定才能使其稳固。沿导轨中间部分的凹槽标出这些孔，间距大约为 500mm。在标记的地方钻出 M6 螺丝的孔，孔径为 6.5 ＋0.2mm。

图 4-35 所示为 2m 导轨的装配图。

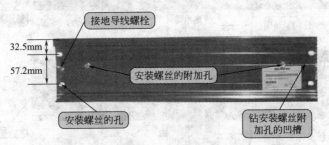

图 4-35　2m 导轨装配图

六、S7-300 多机架硬件组态

当所需处理的信号量较大时，一个机架不能满足控制要求，需要扩展机架，S7-300 根据 CPU 模块型号不同可以扩展 1~3 个扩展机架，即 S7-300 最多可以有 4 个机架，每个机架上最多安装 8 个 SM 模块、FM 模块或 CP 模块，最多可以安装 32 个 SM 模块、FM 模块或 CP 模块。CPU 模块总是在机架 0 的 2 号槽位上，1 号槽安装电源模块，3 号槽总是安装接口模块，槽号 4~11，可自由分配其他模块。

1. 采用 IM365 接口模块

IM365 用于一个中央机架和一个扩展机架的配置中，用于 1 对 1 配置，如图 4-36 所示。IM365 模块是成对使用的，是两个带有 1m 固定连接电缆的模块。两个模块分别安装在机架 0 和机架 1 的 3 号槽位。PS 模块在机架 0 的 1 号槽位，CPU 模块在机架 0 的 2 号槽位，其他模块（SM、FM、CP）从两个机架的 4 号槽位开始配置。机架 1 上一定不能配置 CPU 模块，对于采用 IM365 连接的方式，机架 1 上一般也不配置 PS 模块。

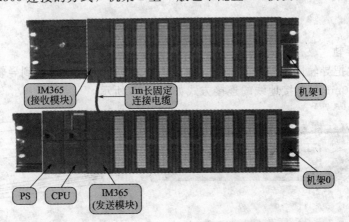

图 4-36　通过 IM365 进行多机架扩展

2. 采用 IM360/IM361 接口模块

IM360/IM361 用于一个中央机架和最多 3 个扩展机架的配置中，IM360 安装在中央机架 0 上，IM361 安装在扩展机架上。IM360 和 IM361 之间以及 IM361 和 IM361 之间通过连接电缆连接，电缆长度最长为 10m。CPU 模块只能配置在中央机架 0 上的 2 号槽位，PS 模

块配置在各机架的 1 号槽位，IM 模块配置在 3 号槽位，其他模块（SM、FM、CP）配置在 4～11 号槽位，如图 4-37 所示。

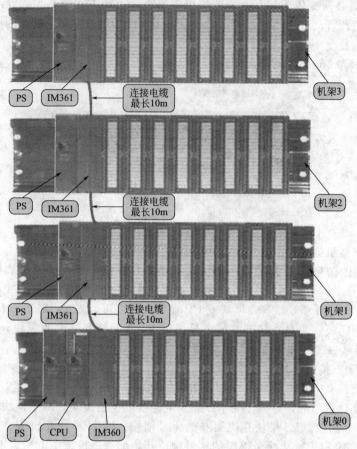

图 4-37　通过 IM360/IM361 进行多机架扩展

【任务实施】

一、安装导轨

用 M6 螺丝把导轨固定到安装部位，通过保护地螺丝将保护地连到导轨上（接地导线的最小截面积为 10mm^2）。接地线的连接方式如图 4-38 所示。

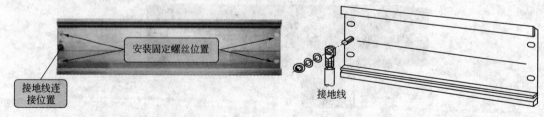

图 4-38　连接导轨和接地线

二、安装电源模块和 CPU 模块

安装固定好 DIN 导轨后，在导轨的最左侧安装 PS 模块。在安装时，首先将模块倾斜，将模块后侧顶端的凹槽挂接在导轨的上端，再将模块按下，如图 4-39 所示，当模块与导轨完全接触后，用螺丝刀将模块下端的螺钉拧紧同导轨可靠连接。

DIN 导轨

图 4-39 电源模块安装示意图

图 4-40 总线连接器外形

将电源模块 PS 安装好后，取一个总线连接器，总线连接器外形如图 4-40 所示。

将总线连接器插入 CPU 模块后面右侧的插槽内，如图 4-41(a) 所示。接着将 CPU 模块倾斜上部挂接在导轨上，滑动到紧靠左边 PS 模块的位置，然后向下旋转，如图 4-41(b) 所示，直到模块紧贴在导轨上，再用螺丝拧紧模块，如图 4-41(c) 所示。

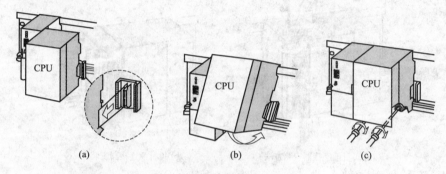

(a)　　　　　　　　　　(b)　　　　　　　　　　(c)

图 4-41 CPU 模块安装过程示意图

将 CPU 模块安装固定之后，打开 PS 模块的前端盖连接 PS 模块的电源线，再打开 CPU 模块的前端盖连接 PS 模块和 CPU 模块之间的电源连接器，CPU 模块的电源接入端子 L＋和 M 分别是 24V DC 的正极和负极。使用 U 形的电源连接器可以将电源模块和 CPU 模块连接，如图 4-42 所示。电源连接器一端和 PS 模块的 24V DC 输出端子 L＋和 M 相连，另一端和 CPU 模块的 24V DC 输出端子 L＋和 M 相连。

三、安装其他模块

其他模块（IM、SM、FM、CP）的安装方法和 CPU 模块相似，在模块连接前先在模块后面的右侧凹槽中插入总线连接器，再将模块挂接在导轨上，然后向下旋转，使得模块后面的左侧凹槽与前一个模块的总线连接器连接，与导轨贴紧后，再用螺丝拧紧模块。如图 4-43 所示。

当连接最后一个模块时，则不需要连

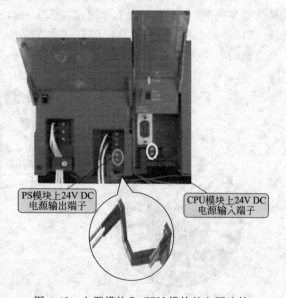

PS模块上24V DC 电源输出端子

CPU模块上24V DC 电源输入端子

图 4-42 电源模块和 CPU 模块的电源连接

接总线连接器，只要使模块后面左侧的凹槽和前面模块的总线连接器可靠连接就可以了。如果为单机架安装，在不使用 IM 模块时，可以将信号模块直接安装在 CPU 模块的右侧。

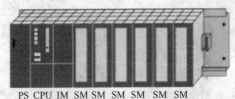

DIN 导轨

PS CPU IM SM SM SM SM SM SM

图 4-43　模块安装示意图

四、前连接器安装

前连接器用于将系统中的传感器和执行器连接至 S7-300 的信号模块。将传感器和执行器连接到前连接器上，并插入 SM 模块中。前连接器按端子密度分有两种类型——20 针和 40 针。前连接器的示意图如图 4-44 所示。

在安装完信号模块后，把模块的前端盖打开，将前连接器放在接线位置，剥去电线的绝缘层，连接到端子上，用夹紧装置将电缆夹紧。对于 20 针前连接器，按住解锁装置，将前连接器向下推入信号模块的连接位置，直到解锁装置再次自动弹起，说明前连接器已经安装到位。对于 40 针前连接器，将前连接器向下推入信号模块的连接位置后拧紧安装螺丝即可。安装好前连接器后关上前端盖。

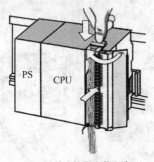
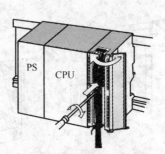

(a) 20 针前连接器安装方法　　(b) 40 针前连接器安装方法

图 4-44　前连接器连接方法

五、安装槽号标签

安装的每个模块都有一个指定的插槽号，这会使在 STEP 7 的组态表中分配模块更加容易。如前所述，PS 模块为 1 号槽位，CPU 模块为 2 号槽位，IM 模块为 3 号槽位，其他模块（SM、FM、CP）按照从左到右（垂直安装为从下到上）的顺序分别为 4 号～11 号槽位。在模块的左下角用槽号标签指示出模块的槽号，槽号标签如图 4-45 所示。

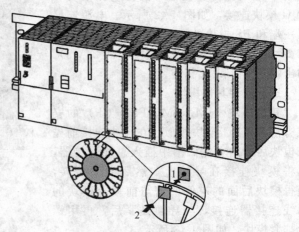

图 4-45　槽号标签外形

图 4-46　槽号标签安装示意图

安装槽号标签时，将槽号标签在相关模块前固定对应的插槽号，将标签后面的针插入模块上的开口处（1），将插槽号压入模块中（2），插槽号从轮子处断开，如图 4-46 所示。

六、安装标签条

标签条用于记录信号模块上的 I/O 点和传感器/执行器的分配情况。标签条安装在模块的前端盖上。标签条的安装方法如图 4-47 所示。可以用不同颜色的标签条区分模块类型或应用区，有褐色、浅褐色、红色和黄色几种颜色。其中，黄色为故障安全系统专用。

七、S7-300 模块地址的确定

硬件模块安装好以后，需要将信号模块的 I/O 点进行地址分配，以便在编程软件中使用。对于数字量模块，每个模块系统默认预留 4Byte，相当于 32 个 I/O 点。对于模拟量模块，每个模块系统默认预留 16Byte。在 S7-300 中，每个模拟量 I/O 点用 2 Byte 表示，所以 16 Byte 可以表示 8 个模拟量通道，即每个模拟量输入或输出通道的地址总是一个字地址。数字量模块地址从 0 开始，模拟量模块地址从 256 开始。如表 4-17 所示为每个模块默认地址的第一个字节号。

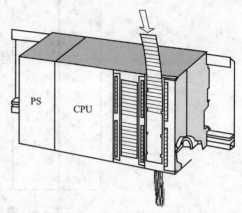

图 4-47　标签条安装示意图

表 4-17　信号模块的起始字节地址

机架	模板起始地址	\\多列槽号 1	2	3	4	5	6	7	8	9	10	11
0	数字量	PS	CPU	IM	0	4	8	12	16	20	24	28
	模拟量				256	272	288	304	320	336	352	368
1	数字量			IM	32	36	40	44	48	52	56	60
	模拟量				384	400	416	432	448	464	480	496
2	数字量			IM	64	68	72	76	80	84	88	92
	模拟量				512	528	544	560	576	592	608	624
3	数字量			IM	96	100	104	108	112	116	120	124
	模拟量				640	656	672	688	704	720	736	752

数字量模块的 I/O 地址用位表示，一个字节可以表示 8 个 I/O 点的地址。对于单个 I/O 点的地址可以用其所在字节地址后面加上小数点再加上其在字节中的位地址 0～7 表示。例如某个数字量模块安装在中央机架 0 的 4 号槽位上，如果它为 8 位数字量输入模块，则 8 个 I/O 地址分别为 I0.0～I0.7；如果它为 8 位数字量输出模块，则 8 个 I/O 地址分别为 Q0.0～Q0.7。如图 4-48 所示。

在多机架系统中，系统默认的每个数字量模块地址范围如图 4-49 所示。

图 4-49 所示为系统默认的数字量模块地址分配方法，如果实际使用中所选模块的 I/O 点数小于 32，例如 16 个数字量输入 I/O 点，地址为 I0.0～I0.7、I1.0～I1.7，那么下一个模块的地址也可以从 I2.0 开始配置。

模拟量用字地址表示，如果在中央机架 0 的 4 号槽位上为模拟量模块，对于 8 通道的模拟量输入模块，其地址为 PIW256～PIW270；如果为 8 通道的模拟量输出模块，地址为 PQW256～PQW270。如图 4-50 所示。

在多机架系统中，系统默认的每个模拟量模块字地址范围如图 4-51 所示。

在实际使用中，如果选用的模拟量模块的通道数少于 8 个，为了地址不间断，下一个模

输入地址
I 0.0
I 0.1
I 0.2
I 0.3
I 0.4
I 0.5
I 0.6
I 0.7
PS
CPU
IM
输出地址
Q 0.0
Q 0.1
Q 0.2
Q 0.3
Q 0.4
Q 0.5
Q 0.6
Q 0.7

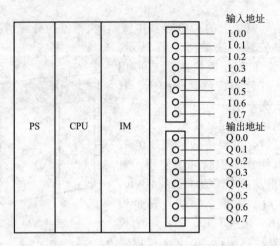

图 4-48 数字量模块地址分配举例

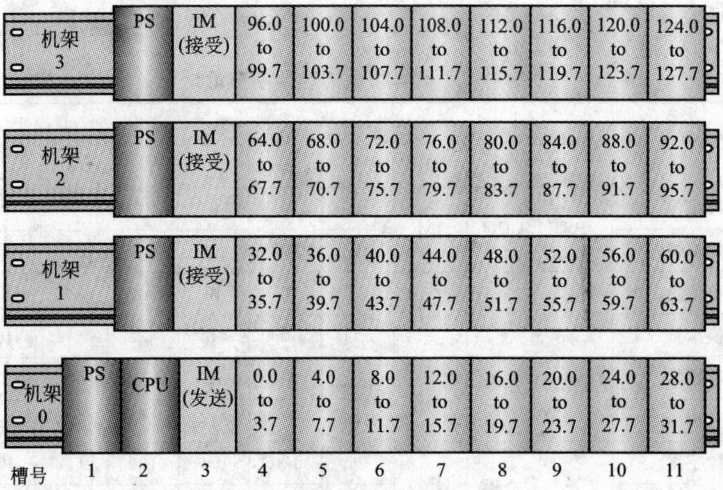

机架 3
PS
IM (接受)
96.0 to 99.7
100.0 to 103.7
104.0 to 107.7
108.0 to 111.7
112.0 to 115.7
116.0 to 119.7
120.0 to 123.7
124.0 to 127.7
机架 2
PS
IM (接受)
64.0 to 67.7
68.0 to 70.7
72.0 to 75.7
76.0 to 79.7
80.0 to 83.7
84.0 to 87.7
88.0 to 91.7
92.0 to 95.7
机架 1
PS
IM (接受)
32.0 to 35.7
36.0 to 39.7
40.0 to 43.7
44.0 to 47.7
48.0 to 51.7
52.0 to 55.7
56.0 to 59.7
60.0 to 63.7
机架 0
PS
CPU
IM (发送)
0.0 to 3.7
4.0 to 7.7
8.0 to 11.7
12.0 to 15.7
16.0 to 19.7
20.0 to 23.7
24.0 to 27.7
28.0 to 31.7
槽号 1 2 3 4 5 6 7 8 9 10 11

图 4-49 数字量模块默认地址

输入地址
PIW256
PIW258
PIW260
PIW262
PIW264
PIW266
PIW268
PIW270
PS
CPU
IM
输出地址
PQW256
PQW258
PQW260
PQW262
PQW264
PQW266
PQW268
PQW270

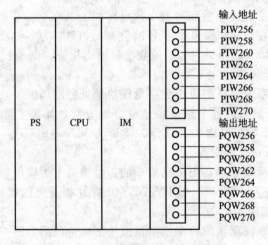

图 4-50 模拟量模块地址分配举例

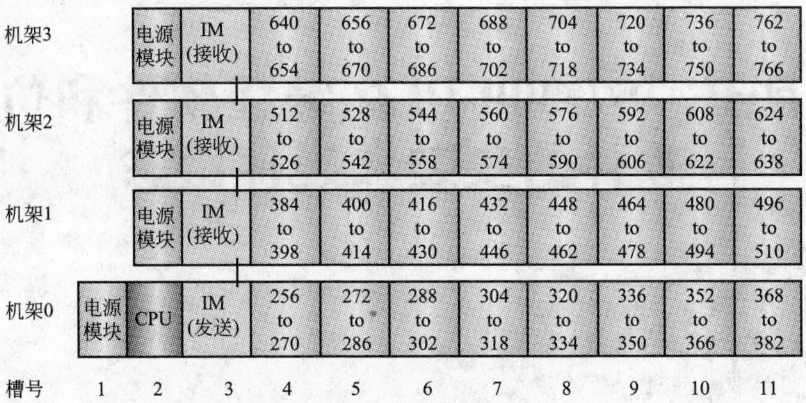

机架3	电源模块	IM(接收)	640 to 654	656 to 670	672 to 686	688 to 702	704 to 718	720 to 734	736 to 750	762 to 766
机架2	电源模块	IM(接收)	512 to 526	528 to 542	544 to 558	560 to 574	576 to 590	592 to 606	608 to 622	624 to 638
机架1	电源模块	IM(接收)	384 to 398	400 to 414	416 to 430	432 to 446	448 to 462	464 to 478	480 to 494	496 to 510
机架0	电源模块	CPU	IM(发送)	256 to 270	272 to 286	288 to 302	304 to 318	320 to 334	336 to 350	352 to 366	368 to 382
槽号	1	2	3	4	5	6	7	8	9	10	11

图 4-51　模拟量模块默认地址

块可以接着前一个模块最后一个通道的地址连续配置。例如选用的是 4 通道的模拟量输入模块，其地址为 PIW256～PIW262，下一个模块地址可以从 PIW264 开始配置。

项目五 S7-300 PLC 编程软件和仿真软件的安装和硬件组态

能力目标

① 会安装 STEP 7 编程软件和许可证密钥。

② 会安装 PLCSIM 仿真软件。

③ 会使用编程软件进行硬件组态。

知识目标

① 了解 S7-300 软件对计算机的要求。

② 熟悉 STEP 7 的基本功能。

③ 熟悉 PLCSIM 的基本功能。

任务一　STEP 7 编程软件的安装

【任务描述】

完成了 S7-300 PLC 的硬件安装以后，要想能够实现控制要求，还需要编写相应的控制程序，编程软件为 STEP 7。本任务要求掌握安装编程软件的方法和注意事项。

【任务分析】

① 掌握编程软件的安装方法和安装步骤。

② 掌握编程软件的注意事项。

【知识准备】

一、S7-300 PLC 的编程软件

STEP 7 是一种用于对 SIMATIC 可编程序逻辑控制器进行组态和编程的标准软件包，它是 SIMATIC 工业软件的一部分。使用基本的 STEP 7 或 STEP 7-Lite 软件包，以及高级的集成软件包 STEP 7 Professional 便可对 S7-300 进行编程，并能以简单、用户友好的方式利用 S7-300 的全部功能。

STEP 7-Lite 是一种低成本、高效率的软件，使用 SIMATIC S7-300 可以完成独立的应用。STEP 7-Lite 的特点是能非常迅速地进入编程和简单的项目处理。它不能和辅助的 SIMATIC 软件包，例如工程工具一起使用。但是，STEP 7-Lite 编写的程序可以由 STEP 7 进行处理。

使用 STEP 7 可完成较大或较复杂的应用，例如需要用高级语言或图形化语言进行编程或需要使用功能以及通信模块。STEP 7 能和辅助的 SIMATIC 软件包（例如工程工具）兼容，可以完成设置和管理项目，为硬件和通信组态并分配参数、管理符号，创建程序，将程序下载到 PLC，以及进行故障诊断等。本任务中安装的就是 STEP 7 软件。

STEP 7 Professional 支持所有 IEC 语言，除由 STEP 7 识别的 LAD、FBD 和 STL 语言外，还增加了顺序功能图和结构化文本，还包括由这些语言所建立的程序的离线仿真，因

此，STEP 7 Professional 取代了 STEP 7、STEP 7-GRAPH、S7-SCL 和 S7-PLCSIM 各软件包的组合。但增加的语言和 PLCSIM 需要单独授权。

二、STEP 7 硬件需求

能运行 Windows 2000 或 Windows XP 的 PG 或 PC 机：

- CPU 主频至少为 600MHz；
- 内存至少为 256MB；
- 硬盘剩余空间在 600MB 以上；
- 具备 CD-ROM 驱动器和软盘驱动器；
- 显示器支持 32 位、1024×768 分辨率；
- 具有 PC 适配器、CP5611 或 MPI 接口卡。

【任务实施】

一、准备安装

在开始软件安装以前，必须先启动操作系统（Windows 2000/XP/Server 2003）。如果已经在 PC/PG 的硬盘上保存有可安装的 STEP 7 软件，那么不需要外部存储介质。若要从 CD-ROM 中安装，请在 PC 的 CD-ROM 驱动器中插入安装盘。

如果在 PC/PG 上已经安装了某一种版本的 STEP 7，安装程序在编程设备上检测到其他版本的 STEP 7，则会显示相应消息。然后可以选择"中止安装"（可以在 Windows 下卸载旧 STEP 7 版本然后重新启动安装）或"继续执行安装"（覆盖以前版本）。为进行良好的软件管理，始终应该在安装新版本之前卸载任何旧版本。用新版本覆盖旧版本的缺点是安装完卸载旧软件版本时，旧版本的一些组件可能不能删除。

二、安装 STEP 7

① 双击编程软件中的安装文件 Setup. exe，进入 STEP 7 的安装程序。如图 5-1 所示，单击"下一步"按钮，进入下一步骤，而后程序会弹出选择"安装的软件"窗口，单击"下一步"按钮后开始安装程序。

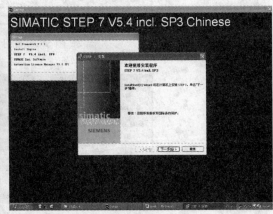

图 5-1　进入安装程序

② 在安装窗口中会显示"说明文件"对话框，可以继续单击"下一步"按钮，进入下一步骤。如图 5-2 所示。

③ 在如图 5-3 所示的"许可协议"对话框中，选择"接受许可协议的条款"，而后单击"下一步"按钮，继续安装程序。

④ 在"安装类型"对话框中有三种安装方式可以选择，如图 5-4 所示。典型安装可以

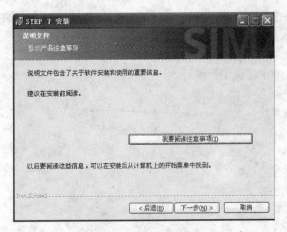

图 5-2 说明文件对话框

安装所有语言、应用程序、项目示例和文档；最小安装只安装一种语言和 STEP 7 程序，不安装项目示例和文档；自定义安装可以选择用户希望安装的程序、语言、项目示例和文档。选择典型安装后，单击"下一步"按钮，继续安装程序。

⑤ 在"产品语言"对话框中可以选择需要安装的语言，英语是默认的语言，此外还可以选择安装简体中文，因此将安装两种语言，如图 5-5 所示。

⑥ 安装期间，程序会检查在硬盘上是否安装了相应的许可证密钥。如果没有找到有效的许可证密钥，将会显示一条消息，指示必须具有许可证密钥才能使用该软件。根据需要，可以立即安装许可证密钥或者继

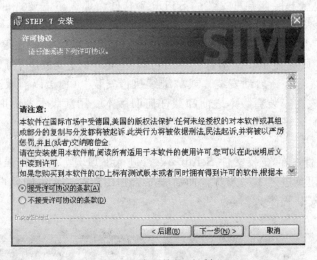

图 5-3 许可协议对话框

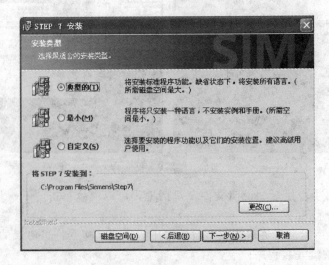

图 5-4 安装类型对话框

图 5-5 产品语言对话框

续执行安装以后再安装许可证密钥。如果希望现在安装许可证密钥，则在提示此操作时，插入授权磁盘或使用许可证磁盘。如果选择安装完 STEP 7 后在安装，则在"传送许可证密钥"对话框中选择"否，以后再传送许可证密钥"，将跳过许可证密钥的安装程序。可以在安装完 STEP 后，在许可证管理器中安装许可证密钥。如图 5-6 所示。

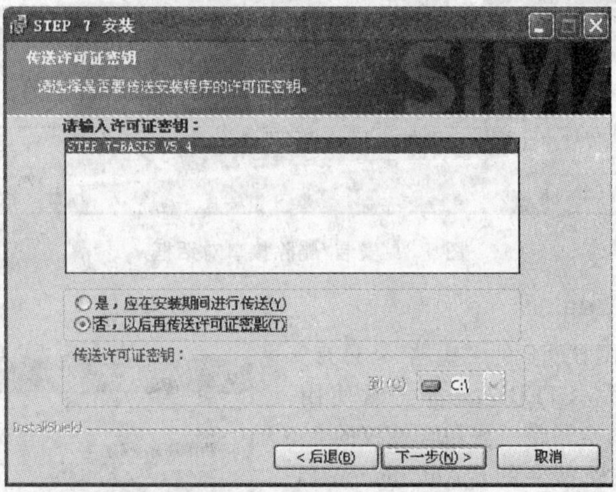

图 5-6 传送许可证密钥对话框

⑦ 单击如图 5-7 所示"准备安装程序"对话框中的"安装"按钮，开始安装 STEP 7。

⑧ 安装过程中，会显示一个对话框，在此可以将参数分配给编程设备 PG/PC 接口。也可以在 STEP 7 程序组中调用"设置 PG/PC 接口"。在安装后打开该对话框，可以修改接口参数，这样与安装无关。在图 5-8 和图 5-9 中分别单击"关闭"按钮和"确定"按钮即可。

⑨ 程序安装结束后，可以选择重启计算机或者以后重启计算机，单击"完成"按钮。如图 5-10 所示。

注意：在安装过程中如果出现与防火墙有关的对话框，点击"是"按钮继续安装即可。

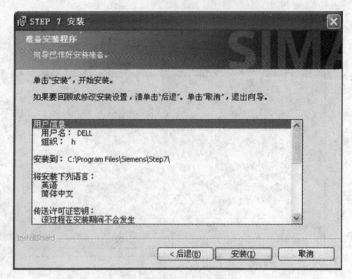

图 5-7 准备安装程序对话框

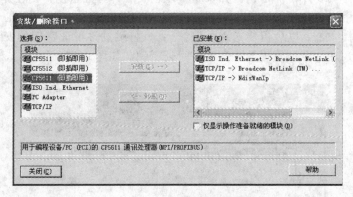

图 5-8 安装/删除接口对话框

三、安装许可证密钥

许可证密钥是使用STEP的"钥匙"，只有安装了许可证密钥以后，STEP 7才能正常使用。在购买STEP 7软件时会附带一张包含授权的3.5英寸软盘。用安装在硬盘上的"Automation License Manager"（自动化许可证管理器）来传送、显示和删除许可证密钥。用户可以在安装过程中将许可证密钥从软盘转移到硬盘上，就可以在该计算机上使用许可证密钥对应的软件。

安装时，在"自动化许可证管理器"中的下拉窗口中选中带有许可证密钥的3.5软盘，选择安装软件选项就可以安装授权文件了。如图5-11所示。

安装完成后，打开"自动化许可证管理器"，通过查找可以显示已经安装的许可证密钥，如图5-12所示。

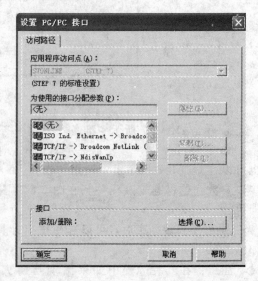

图 5-9 设置 PG/PC 接口对话框

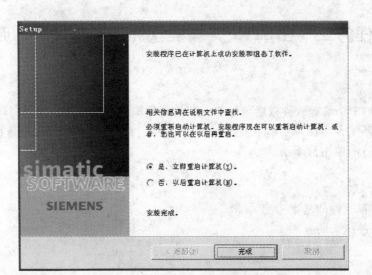

图 5-10　安装完成对话框

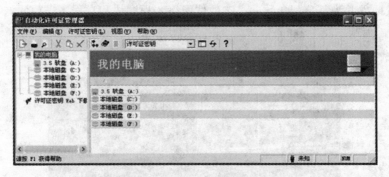

图 5-11　自动化许可证管理器对话框

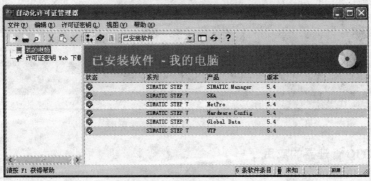

图 5-12　用自动化许可证管理器查找许可证密钥

任务二　在 STEP 7 编程软件中进行硬件组态

【任务描述】

安装完 STEP 7 编程软件以后可以将安装的硬件模块在编程软件中进行硬件组态，以便在程序下载时匹配。本任务要求掌握在编程软件中进行硬件组态的方法，并且掌握软件的基本功能，为以后的使用打下基础。

【任务分析】

① 掌握编程软件的基本功能。
② 掌握硬件组态的方法。

【知识准备】

一、启动 SIMATIC 管理器

SIMATIC 管理器是用于组态和编程的基本应用程序。可在 SIMATIC 管理器中执行设置项目、配置硬件并为其分配参数、组态硬件网络、程序块和对程序进行调试等功能。

启动时，双击桌面上的 图标，可以打开管理器，如图 5-13 和图 5-14 所示。

图 5-13　SIMATIC 管理器进入界面

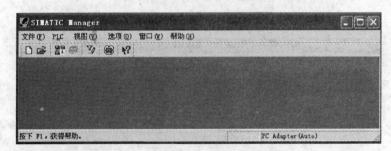

图 5-14　SIMATIC 管理器界面

二、SIMATIC 管理器的应用

1. 新建一个项目

在启动的管理器界面中单击"新建"图标可以新建一个项目，弹出"新建 项目"对话

框，可以在"名称"位置输入项目名称，点击"浏览"按钮可以修改项目存储路径，如图5-15 所示，设置完成后点击"确定"按钮即可。

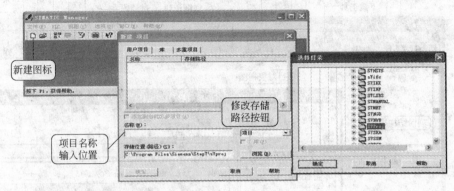

图 5-15　新建项目

2. 新建一个 300 站点

如图 5-16 所示。

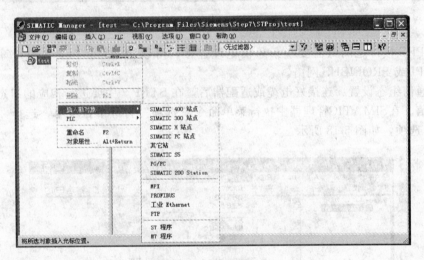

图 5-16　新建站点过程

3. SIMATIC 管理器的基本功能

在 SIMATIC 管理器的基本功能如图 5-17 所示。标题栏与菜单栏始终位于窗口的顶部。标题栏包含窗口的标题以及对窗口进行控制的图标。菜单栏包含窗口中可供使用的所有菜单。工具栏包含有许多图标（或工具按钮），这些图标提供了通过单击鼠标来执行经常使用以及当前可供使用的菜单项命令的快捷方式。当将光标短暂放置在按钮上时，将显示对各个按钮功能的简短描述以及其他附加信息。如果在当前组态中不能访问某个按钮，则该按钮将显示为灰色。状态栏显示了与上下文有关的信息。

4. STEP 7 与 PLC 通信组态

（1）STEP 7 与 PLC 通信的硬件　计算机和 PLC 之间通信可以通过适配器和通信卡。常用的适配器有 PC/MPI 适配器和 USB/MPI 适配器。PC/MPI 适配器用于连接运行 STEP 7 的计算机的 RS-232C 接口和 PLC 的 MPI 接口；USB/MPI 适配器用于连接计算机的 USB 接口和 PLC 的 MPI 接口。CP5611、CP5613 和 CP5614 通信卡安装于台式计算机的主机内进行通信，CP5511、CP5512 用于笔记本电脑。使用通信卡通信时，安装与计算机上通信卡

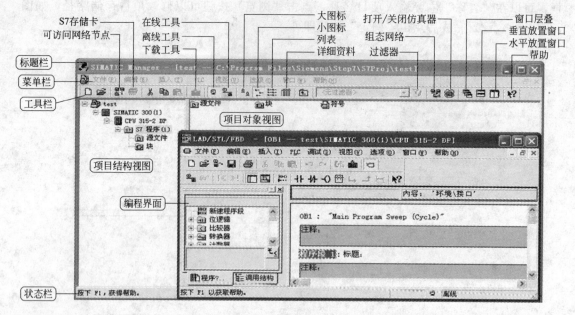

图 5-17　SIMATIC管理器的基本功能

的接口和 PLC 接口之间只需要一条通信电缆连接，可以将运行 STEP 7 的计算机连接到 PLC 的 MPI 或 PROFIBUS 网络。

（2）通信组态设置　连接好电缆或适配器后，在 STEP 7 中要进行相应的组态设置才能够进行通信。在SIMATIC管理器中执行菜单命令"选项"打开下拉菜单，选择"设置 PG/PC 接口"选项，如图 5-18 所示。

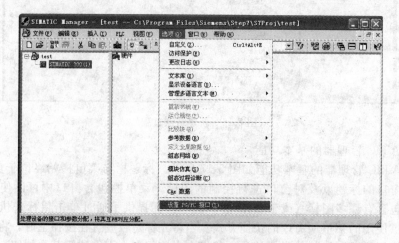

图 5-18　SIMATIC 管理器

打开"设置 PG/PC 接口"对话框，如图 5-19 所示。在对话框中选择相应的驱动程序，例如使用 PC/MPI 适配器进行通信时，选用"PC Adapter（Auto）"，使用 CP5611 通信卡和 PLC 的 PROFIBUS DP 接口通信时，选择"CP5611（PROFIBUS）"。

如果需要使用的硬件没有对应的选项时，可以单击"设置 PG/PC 接口"对话框中的"选择"按钮，打开"安装/删除接口"对话框，如图 5-20 所示，在图中左侧窗口中选择需要的程序后，单击"安装（I）→"按钮将程序放入已安装窗口中，同时也可以将不使用的程序通过"←卸载（U）"按钮放到选择窗口中。

【任务实施】

　　组态指的是在硬件组态窗口中对机架、模块、分布式 I/O（DP）机架以及接口子模块等进行排列。使用组态表表示机架，就像实际的机架一样，可在其中插入特定数目的模块。在组态表中，STEP 7 自动给每个模块分配一个地址。如果站中的 CPU 可自由寻址（意思是可为模块的每个通道自由分配一个地址，而与其插槽无关），那么可改变站中模块的地址。可将组态任意多次复制给其他 STEP 7 项目，并进行必要的修改，然后将其下载到一个或多个现有的设备中去。在可编程控制器启动时，CPU 将比较 STEP 7 中创建的预置组态与设备的实际组态，从而可立即识别出它们之间的任何差异并报告。在 STEP 7 中进行硬件组态的步骤如下。

图 5-19　设置 PG/PC 接口对话框

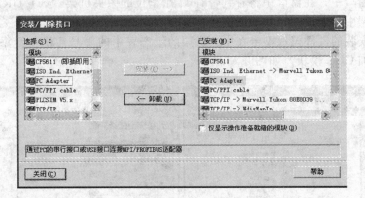

图 5-20　安装/删除接口对话框

一、打开硬件组态窗口

　　在 SIMATIC 管理器的左侧窗口单击"SIMATIC 300"站点图标，右侧窗口中将显示"硬件"图标，用鼠标左键双击该图标，打开硬件组态工具 HW Config，如图 5-21 所示。

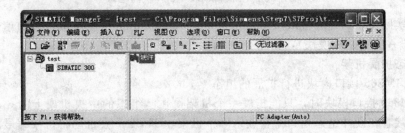

图 5-21　打开硬件组态窗口的方法

二、组态 S7-300 中央机架

　　硬件组态窗口界面如图 5-22 所示。首先将右侧的硬件目录窗口中的导轨（Rail）拖到左

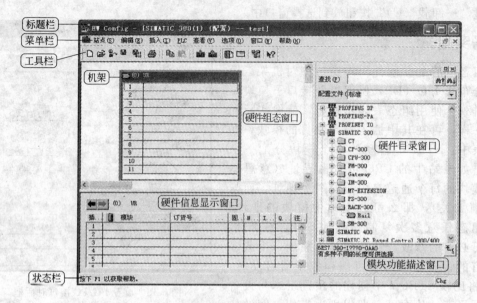

图 5-22　STEP 7 的硬件组态窗口

侧的硬件组态窗口中，在窗口中将看到带有 11 个槽位的中央机架"（0）UR"组态表。该表的行数等于机架中用于插入模块的插槽数。

根据实际安装的硬件模块型号在中央机架的组态表中的 1 号插槽位置添加电源模块，2号插槽位置添加 CPU 模块，如图 5-23 所示。

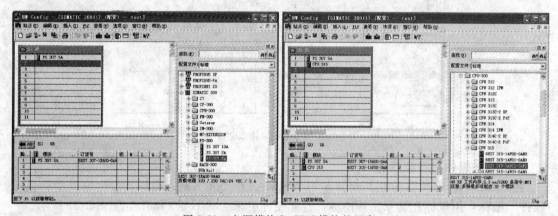

图 5-23　电源模块和 CPU 模块的组态

再根据实际安装的信号模块型号在中央机架的 4 号~11 号插槽位置添加信号模块（包括 DI、DO、AI、AO 等模块），如图 5-24 所示。

三、组态扩展机架

1. 使用 IM365 接口模块进行扩展的组态

使用 IM365 接口模块时，只能扩展一个机架，在已组态的中央机架上的 3 号插槽中拖入 IM365，接着在硬件组态窗口中再放入一个机架，STEP 7 会自动将机架编号放到名字前面的括号中，则新拖入的机架默认为机架 1，如图 5-25 所示。在机架 1 的组态表"（1）UR"中添加扩展的模块，并且在 3 号槽位放入 IM365，则机架 0 和机架 1 中的接口模块 IM365就会自动连接上。

2. 使用 IM360/IM361 接口模块扩展的组态

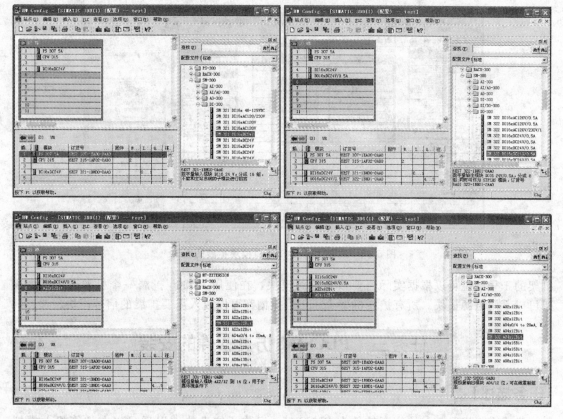

图 5-24　信号模块的组态

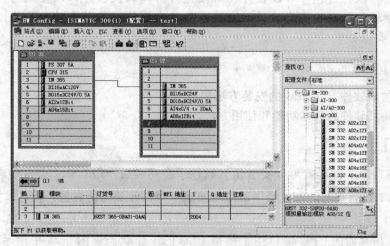

图 5-25　IM365 接口模块进行扩展的组态

使用接口模块 IM360/IM361 可以扩展 1～3 个机架。以扩展 3 个机架为例，如图 5-26 所示。首先从硬件目录窗口中拖出 3 个导轨，STEP 7 会自动对机架编号，在硬件组态窗口中将出现“（1）UR”、“（2）UR”、“（3）UR”3 个组态表。接着在机架 0 的 3 号插槽中放入 IM360，在机架 1～3 的 3 号插槽中放入 IM361。从图中可以看出中央机架和扩展机架通过 IM360 和 IM361 连接在一起，并且扩展机架之间也通过 IM361 进行连接。

在扩展机架的 2 号插槽必须为空，只在中央机架的 2 号槽位放入 CPU 模块即可。扩展

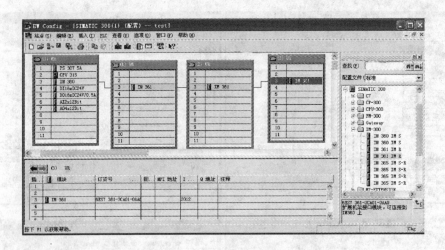

图 5-26　IM360/IM361 接口模块扩展的组态

机架的 1 号槽位可以根据实际需要放入电源模块，在使用 IM365 扩展一个机架时，扩展机架可以不用电源模块。所有扩展机架 4～11 号插槽都可以放入需要扩展的信号模块。

任务三　PLCSIM 仿真软件的安装

【任务描述】

集成在 STEP 7 中的仿真软件为 PLCSIM，安装了仿真软件以后可以在计算机上模拟 PLC 的用户程序执行过程，可以在开发阶段进行仿真调试程序，以便及时发现和排除错误。本任务要求掌握安装仿真软件的方法，并且掌握软件的基本功能，为以后的使用打下基础。

【任务分析】

① 掌握仿真软件 PLCSIM 的安装方法和步骤。
② 掌握仿真软件的基本功能和使用方法。

【知识准备】

安装好 STEP 7 以后就可以安装仿真软件了。安装后，PLCSIM 会自动嵌入 STEP 7，只要在 SIMATIC 管理器的工具栏中单击图标 ▣（打开/关闭仿真器）就可以打开仿真软件了，如图 5-27 所示。

PLCSIM 仿真器的 CPU 窗口用于模拟 PLC 的工作状态，图 5-27 中所示为停止状态，如果需要转换为运行状态，只要用鼠标单击"RUN"前面的复选框就可以从停止状态变为运行状态。通过工具栏上的快捷图标可以选择打开需要的变量窗口，并且在窗口中可以修改变量的地址，对于输入/输出变量等窗口中变量的各个位，如果为"√"则表示该位为"1"状态，如果为空白就表示"0"状态。

单击通用变量图标，可以打开一个空白的变量表，用户可以自行输入变量类型和地址。如果在 STEP 7 中编辑了符号表，并且按照如图 5-28 所示的菜单设置为显示符号表形式，则打开的纵向排列位的通用变量表可以显示出变量每一位对应的符号名。

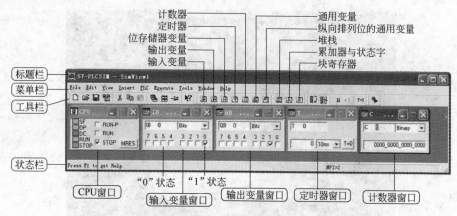

图 5-27   PLCSIM 仿真器界面

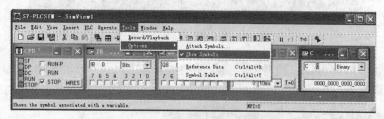

图 5-28   变量表显示符号名的设置方法

【任务实施】

PLCSIM 仿真软件的安装过程如下。

① 首先打开 PLCSIM 软件安装程序文件夹，双击安装程序 Setup. exe，如图 5-29 所示。

② 运行安装程序后，会弹出如图 5-30 所示界面，在此界面中选择安装的语言，语言为英语，而后单击界面中的 "Next" 按钮进入下一步。

③ 继续选择安装的程序，在需要安装的程序名称前的复选框中单击为选中状态。计算机中已经安装的程序，系统会自动检索并提示，如图 5-31 所示。选择后单击 "Next" 按钮，

图 5-29   安装文件目录

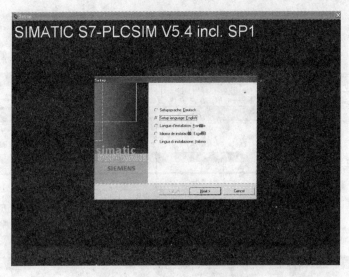

图 5-30　安装语言选择

进入下一步骤，而后会等候一段时间，窗口中会弹出如图 5-32 所示界面，此时如果想结束程序的安装可以单击"Cancel"按钮。

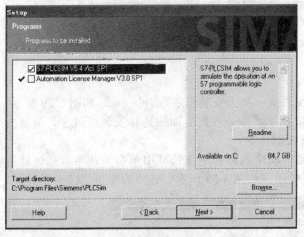

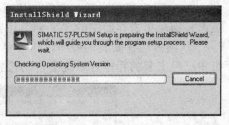

图 5-31　安装程序选择界面　　　　　　　　　　　　图 5-32　安装引导

④ 在安装过程中会出现安装协议窗口，如图 5-33 所示，单击"Next"，进入协议显示窗口，如图 5-34 所示，如果继续安装需要选中"I accept the terms in the license agreement"接受协议后，再单击"Next"继续。

⑤ 接着要选择安装类型。和 STEP 7 一样，PLCSIM 也有典型安装、最小安装和自定义安装三种方式，如图 5-35 所示。选择典型安装（Typical）后，通过单击选择按钮（"Change"）可以选择程序安装的位置，设置完成后单击"Next"按钮进入安装语言选择步骤，如图 5-36 所示。英语为默认语言，其他的语言可以选择是否安装，选择后单击下一步按钮继续。

⑥ 在安装过程中需要选择是否安装许可证密钥，如图 5-37 所示，可以现在安装，也可以以后再安装，选择后单击"Next"，则在安装仿真程序之前的设置完成，进入安装过程如图 5-38 所示。

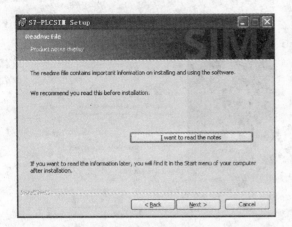

图 5-33　安装协议窗口

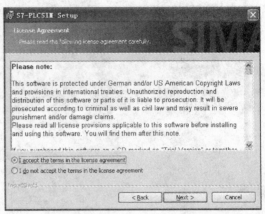

图 5-34　协议显示窗口

图 5-35　安装类型选择

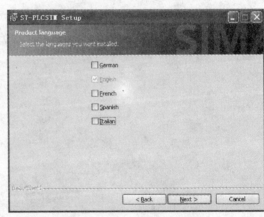

图 5-36　安装语言选择

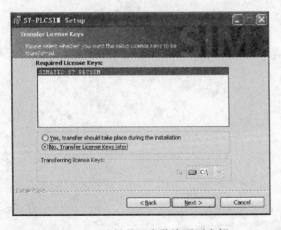

图 5-37　选择是否安装许可证密钥

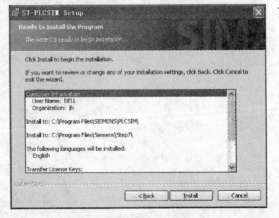

图 5-38　安装过程

　　⑦ 安装等待界面如图 5-39 所示，程序安装完成后，选择重新启动计算机，单击完成按钮 "Finish"，如图 5-40 所示，计算机重新启动后，仿真软件 PLCSIM 就自动嵌入 STEP 7 中，在仿真调试时就可以使用了。

 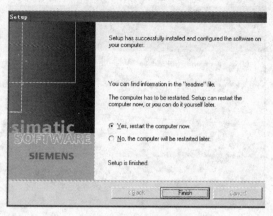

图 5-39　安装等待界面　　　　　　　　　　图 5-40　安装完成界面

项目六　S7-300 PLC 的程序设计与调试

能力目标
① 会设计简单的 PLC 控制程序。
② 会用 PLCSIM 软件进行仿真调试。
③ 会进行硬件接线和系统调试。

知识目标
① 掌握 S7-300PLC 的指令和功能。
② 掌握程序设计的方法和步骤。
③ 掌握程序调试的方法。

任务一　位逻辑指令的应用

【任务描述】

位逻辑指令是编程中最常用的指令形式。位逻辑指令使用两个数字 1 和 0，对于触点和线圈而言，1 表示已激活或已励磁，0 表示未激活或未励磁。在 STEP 7 软件中的梯形图指令如图 6-1 所示。在本任务中通过启停控制、二分频电路、优先控制和电动机控制等程序的编写和调试，掌握位逻辑指令的应用。

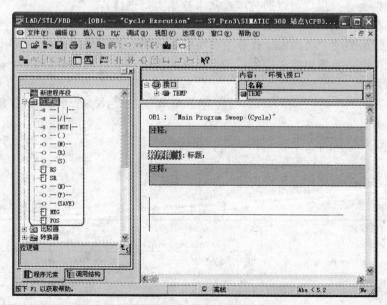

图 6-1　STEP 7 软件中的梯形图

【任务分析】

① 了解位逻辑指令组成和功能。

② 掌握 I/O 分配和硬件接线图的画法。

③ 了解应用程序的编写方法。

④ 掌握硬件接线的方法。

⑤ 掌握程序上传和下载以及程序调试的方法。

【知识准备】

一、S7-300 的数据类型与存储区

1. 数制

S7-300 中常用的数制为二进制、十六进制和 BCD 码。

二进制数能够表示两种不同的状态——0 和 1 两个不同的数字符号。在 S7-200 中已对二进制数进行描述，此处不再累述。在 S7-300 中，二进制数常用 2# 表示，例如 2#10010010 用来表示一个 8 位二进制数。在使用中，1 状态和 0 状态也可以用 TRUE 和 FALSE 表示。

4 位二进制数可以用 1 位十六进制数表示，使得计数更加简洁。十六进制数由 0～9 和 A～F 十六个数字符号组成。在 S7-300 中，十六进制数用 B#16#、W#16# 或 DW#16# 后面加十六进制数的形式表示，前面的字母 B 表示字节，例如 B#16#7F。字母 W 表示字，例如 W#16#35A8。字母 DW 表示双字，例如 DW#16#25D9B60E。

用 4 位二进制数表示 1 位十进制数就是 BCD 码，数字 0～9 可以用 4 位二进制数 0000～1001 表示。在 S7-300 中，BCD 码有字和双字两种形式，BCD 码字（16 位二进制形式）表示的数值范围为 -999～+999。BCD 码双字（32 位二进制形式）表示的数值范围为 -9999999～+9999999。

2. 数据类型

用户程序中的所有数据必须被数据类型识别。

S7-300 有三种数据类型：

- 基本数据类型；
- 复杂数据类型（用户可以通过组合基本数据类型创建）；
- 参数类型（用来定义传送到 FB 或 FC 的参数）。

（1）基本数据类型　语句表、梯形图和功能块图指令使用特定长度的数据对象。例如，位逻辑指令使用位。装载和传递指令（STL）以及移动指令（LAD 和 FBD）使用字节、字和双字。

位是二进制的数字 "0" 或 "1"。一个字节由 8 位组成，一个字由 16 位组成，双字由 32 位组成。

数学运算指令也使用字节、字或双字。在这些字节、字或双字地址中，可以对各种格式，如整数和浮点数，进行编码。

每个基本数据类型具有定义的长度，如表 6-1 所示。

表 6-1　基本数据类型

类型和描述	以位计的长度	格式选项	范围和计数法 （最低到最高值）	实　例
BOOL（位）	1	布尔文本	TRUE/FALSE	TRUE
BYTE（字节）	8	十六进制数	B#16#0～B#16#FF	L B#16#10 L byte#16#10
WORD（字）	16	二进制数 十六进制数 BCD 十进制无符号数	2#0～2#1111_1111_1111_1111 W#16#0～W#16#FFFF C#0～C#999 B#(0.0)～B#(255.255)	L 2#0001_0000_0000_0000 L W#16#1000 L word#16#1000 L C#998 L B#(10,20) L byte#(10,20)

续表

类型和描述	以位计的长度	格式选项	范围和计数法（最低到最高值）	实　例
DWORD(双字)	32	二进制数	2#0～2#1111_1111_1111_1111 1111_1111_1111_1111	2#1000_0001_0001_1000_1011_1011_0111_1111
		十六进制数	DW#16#0000_0000～ DW#16#FFFF_FFFF	L DW#16#00A2_1234 L dword#16#00A2_1234
		十进制无符号数	B#(0,0,0,0)～ B#(255,255,255,255)	L B#(1, 14, 100, 120) L byte#(1,14,100,120)
INT(整数)	16	十进制有符号数	-32768～32767	L 1
DINT（整数,32 位）	32	十进制有符号数	L#-2147483648～ L#2147483647	L L#1
REAL(浮点数)	32	IEEE 浮点数	上限：±3.402823E+38 下限：±1.175 495E-38	L 1.234567E+13
S5TIME（SIMATI 时间）	16	S7 时间以步长 10ms(默认值)	S5T#0H_0M_0S_10MS～ S5T#2H_46M_30S_0MS 和 S5T#0H_0M_0S_0MS	L S5T#0H_1M_0S_0MS L S5TIME#0H_1H_1M_0S_0MS
TIME（IEC 时间）	32	IEC 时间步长为 1ms,有符号整数	-T#24D_20H_31M_23S_648MS～ T#24D_20H_31M_23S_647MS	L T#0D_1H_1M_0S_0MS L TIME#0D_1H_1M_0S_0MS
DATE（IEC 日期）	16	IEC 日期步长为 1 天	D#1990-1-1～ D#2168-12-31	L D#1996-3-15 L DATE#1996-3-15
TIME_OF_DAY（时间）	32	时间步长为 1ms	TOD#0:0:0.0～ TOD#23:59:59.999	L TOD#1:10:3.3 L TIME_OF_DAY#1:10:3.3
CHAR(字符)	8	ASCII 字符	'A', 'B'等	L'E'

（2）复杂数据类型　复杂数据类型定义大于 32 位的数字数据群或包含其他数据类型的数据群。STEP 7 的复杂数据类型如表 6-2 所示。

表 6-2　复杂数据类型

数据类型	说　明
DATE_AND_TIME DT	定义具有 64 位（8 个字节）的区域。此数据类型以二进制编码的十进制的格式保存
STRING	定义最多有 254 个字符的组（数据类型 CHAR）。为字符串保留的标准区域是 256 个字节长。这是保存 254 个字符和 2 个字节的标题所需要的空间。可以通过定义即将存储在字符串中的字符数目来减少字符串所需要的存储空间（例如：string[9]'Siemens'）
ARRAY	定义一个数据类型（基本或复杂）的多维组群。例如："ARRAY [1..2,1..3] OF INT"定义 2×3 的整数数组。使用下标（"[2,2]"）访问数组中存储的数据。最多可以定义 6 维数组。下标可以是任何整数（-32768～32767）
STRUCT	定义一个数据类型任意组合的组群。例如,可以定义结构的数组或结构和数组的结构
UDT	在创建数据块或在变量声明中声明变量时,简化大量数据的结构化和数据类型的输入。在 STEP 7 中,可以组合复杂的和基本的数据类型以创建用户的"用户自定义"数据类型。UDT 具有自己的名称,因此可以多次使用
FB、SFB	确定分配的实例数据块的结构,并允许在一个实例 DB 中传送数个 FB 调用的实例数据

（3）参数类型　除了基本和复杂数据类型外，也可以为块之间传送的形式参数定义参数

类型。STEP 7 的参数类型如表 6-3 所示。

表 6-3　参数类型

参　数	容　量	说　明
TIMER	2 个字节	指示程序在调用的逻辑块中使用的定时器。 格式：T1
COUNTER	2 个字节	指示程序在调用的逻辑块中使用的计数器。 格式：C10
BLOCK_FB BLOCK_FC BLOCK_DB BLOCK_SDB	2 个字节	指示程序在调用的逻辑块中使用的块。 格式：FC101 　　　DB42
POINTER	6 个字节	识别地址。 格式：P♯M50.0
ANY	10 个字节	在当前参数的数据类型未知时使用。 格式：P♯M50.0 BYTE 10 数据类型的 ANY 格式　P♯M100.0 WORD 5 L♯1COUNTER 10　用于参数类型的 ANY 格式　　参数类型

① TIMER 或 COUNTER：指定当执行块时将使用的特定定时器或特定计数器。如果赋值给 TIMER 或 COUNTER 参数类型的形参，相应的实际参数必须是定时器或计数器。

② BLOCK：指定用作输入或输出的特定块。参数的声明确定使用的块类型（FB、FC、DB 等）。如赋给 BLOCK 参数类型的形参，指定块地址作为实际参数。例如"FC101"（当使用绝对寻址时）或"Valve"（使用符号寻址）。

③ POINTER：参考变量的地址。指针包含地址而不是值。当赋值给 POINTER 参数类型的形式参数，指定地址作为实际参数。在 STEP 7 中，可以用指针格式或简单地以地址指定指针（例如 M 50.0）。寻址以 M 50.0 开始的数据的指针格式的实例：P♯M50.0

ANY：当实际参数的数据类型未知或当可以使用任何数据类型时，可以使用。

参数类型也可以在用户自定义数据类型（UDT）中使用。

3. 系统存储区

S7-300 CPU 的存储区主要包括装载存储器、工作存储器和系统存储器三个区域。装载存储器用于用户程序，不包含符号地址分配或注释。工作存储器包含了与运行程序相关的部分 S7 程序，该程序仅在工作存储器和系统存储器区中执行。系统存储器包含了每个 CPU 为用户程序提供的存储器单元，例如过程映像输入和输出表、位存储器、定时器和计数器。系统存储器也包含块堆栈、中断堆栈和本地数据堆栈等。

系统存储器被划分成多个地址区，如表 6-4 所示。使用程序中的指令，可以在相应的地址区域中直接对数据寻址。

表 6-4　系统存储器划分地址区

地址区	访问单元	S7 符号	说　明
过程映像输入表	输入（位） 输入字节 输入字 输入双字	I IB IW ID	在扫描周期的开始，CPU 从输入模块读取输入，并记录该区域中的值

续表

地址区	访问单元	S7 符号	说　明
过程映像输出表	输出（位） 输出字节 输出字 输出双字	Q QB QW QD	在扫描周期期间，程序计算输出值并将它们放入此区域。在扫描周期结束时，CPU 发送计算的输出值到输出模块
位存储器	存储器（位） 存储器字节 存储器字 存储器双字	M MB MW MD	此区域用于存储程序中计算的中间结果
定时器	定时器（T）	T	此区域为定时器提供存储空间
计数器	计数器（C）	C	此区域为计数器提供存储空间
数据块	用"OPN DB"打开： 数据位 数据字节 数据字 数据双字	DB DBX DBB DBW DBD	数据块包含程序的信息。它们可以被所有逻辑块定义为通用（共享 DB），或者可以分配给特定的 FB 或 SFB（实例 DB）
	用"OPN DI"打开： 数据位 数据字节 数据字 数据双字	DI DIX DIB DIW DID	
本地数据	本地的数据位 本地的数据字节 本地的数据字 本地的数据双字	L LB LW LD	当块被执行时，此区域包含块的临时数据。L 堆栈也提供存储空间，用于传送块参数和记录来自梯形图程序段的中间结果
外设（I/O）区： 输入	外设输入字节 外设输入字 外设输入双字	PIB PIW PID	外围设备输入区域允许直接访问中央和分布式的输入模块（DP）
外设（I/O）区： 输出	外设输出字节 外设输出字 外设输出双字	PQB PQW PQD	外围设备输出区域允许直接访问中央和分布式的输出模块（DP）

4. 寻址方式

STEP 7 程序的寻址方式可以分为绝对寻址和符号寻址。使用地址如 I/O 信号、位内存、计数器、定时器、数据块和功能块。完全可以在程序中访问这些地址，但是如果使用地址符号，也可以通过此符号访问用户程序中的地址。

绝对地址包含地址标识符和内存位置，例如 Q 4.0、I 1.1、M 2.0、FB21。

符号地址是用符号名代替绝对地址，可以使程序更易读。STEP 7 可以自动地将符号名称翻译成所需的绝对地址。

5. 状态字

处理每条指令时，将根据各指令的功能来使用 CPU 状态字位。状态字位用于将指令链接在一起，以提供即时的结果和错误信息。之后，程序语句可以读取状态字位，并根据需要执行操作。由 CPU 和程序语句直接读取和写入状态字位。

状态字是 16 位二进制数表示的字，低 9 位被使用，如图 6-2 所示。

```
 8   7    6   5    4    3    2    1    0
BR  CC1  CC0  OV   OS   OR   STA  RLO  /FC
```

图 6-2　状态字

（1）/FC 首次检查位　/FC 位信号状态控制一个逻辑运算。每一逻辑运算都会查询/FC 位的信号状态和寻址的触点。如果/FC 位信号状态等于"1"，指令会将其寻址触点上信号状态检查的结果与首次检查生成的 RLO 逻辑组合在一起，并将结果存储在 RLO 位中。如果/FC 位信号状态等于"0"，逻辑运算将开始首次检查。分配一个值或执行依据 RLO 状态的跳转指令后，逻辑运算结束且/FC 位被设置为"0"。

（2）RLO 逻辑运算结果位　RLO 位存储逻辑运算或比较指令的结果。程序段中的第一条指令检查触点信号状态，如果已执行检查，RLO 被设置为"1"。第二条指令也检查触点信号状态，此检查结果被按照布尔代数规则与 RLO 位中存储的值组合在一起，并存储在 RLO 位中。在分配或进行条件跳转之后，此逻辑运算结束。根据 RLO 位的值执行分配或条件跳转。

（3）STA 状态位　STA 位存储被寻址位的值。对存储器执行读访问的位逻辑指令的状态始终与被寻址位的值相同。可对存储器执行写访问的逻辑指令的状态与写入位的值或被寻址位的值相同。对于不访问存储器的位指令，状态位无意义。这些指令将 STA 设置为 1。

（4）OR 或位　OR 位用于合并 OR 函数前的 AND 函数。如果 AND 逻辑运算的 RLO 为 1，将置位 OR 位。这样便可预测 OR 逻辑运算的结果。所有其他位处理指令将复位 OR 位。

（5）OS 存储溢出位　如果数学运算指令或比较指令处理浮点数时出错，则 OS 位存储 OV 位。

（6）OV 溢出位　OV 位显示对浮点数执行算术指令或比较指令期间出现的错误。

（7）CC1、CC0 条件代码位　CC1 和 CC0 位为比较指令、数学运算指令、移位或循环指令、字逻辑指令提供执行结果。CC1 和 CC0 还可由条件跳转指令读取。

（8）BR 二进制结果位　BR 位让程序可以将字逻辑运算的结果解释为二进制结果，并将该结果集成在二进制逻辑串中。它与 EN/ENO 机制一起，用于在各功能间建立互动关系。

二、位逻辑指令

STEP 7 是 S7-300/400 系列 PLC 应用设计软件包，所支持的 PLC 编程语言非常丰富。其中 STL（语句表）、LAD（梯形图）及 FBD（功能块图）是 PLC 编程的三种基本语言。

STL 是一种类似于计算机汇编语言的文本编程语言，由多条语句组成一个程序段。语句表可供习惯汇编语言的用户使用，在运行时间和要求的存储空间方面最优。在设计通信、数学运算等高级应用程序时，建议使用语句表。

LAD 是一种图形语言，比较形象直观，容易掌握，用得最多，堪称用户第一编程语言。梯形图与继电器控制电路图的表达方式极为相似，适合于熟悉继电器控制电路的用户使用，特别适用于数字量逻辑控制。

FBD 使用类似于布尔代数的图形逻辑符号来表示控制逻辑，一些复杂的功能用指令框表示。FBD 比较适合于有数字电路基础的编程人员使用。

由于以上三种语言在 STEP 7 中可以相互转换（如图 6-3），在介绍位逻辑指令时主要使

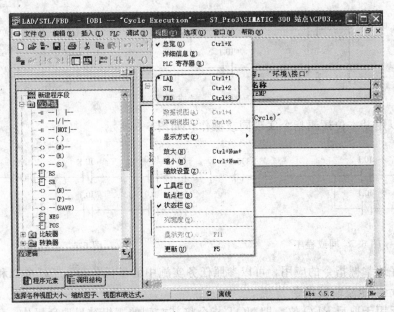

图 6-3 STEP 7 中可选用的基本语言

用 LAD 语言。

位逻辑指令处理的对象为二进制位信号。位逻辑指令扫描信号状态"1"和"0"，并根据布尔逻辑对它们进行组合，所产生的结果（"1"或"0"）称为逻辑运算结果，存储在状态字 RLO 中。位逻辑指令包括触点与线圈指令、基本逻辑指令、置位和复位指令及跳变沿检测指令等。

1. ┤├ 常开触点指令

在 LAD 程序中，通常使用类似继电器控制电路中的触点符号及线圈符号来表示 PLC 的位元件，被扫描的操作数（用绝对地址或符号地址表示）则标注在触点符号的上方。对于常开触点（动合触点），则对"1"扫描相应操作数。在 PLC 中规定：若操作数是"1"，则常开触点"动作"，即认为是"闭合"的；若操作数是"0"，则常开触点"复位"，即触点仍处于打开的状态。常开触点指令在常开触点上的问号用于输入地址，地址的数据类型为 BOOL 型。常开触点所使用的操作数是：I、Q、M、L、D、T、C。

2. ┤/├ 常闭触点指令

常闭触点（动断触点）对"0"扫描相应操作数。在 PLC 中规定：若操作数是"1"，则常闭触点"动作"，即触点"断开"；若操作数是"0"，则常闭触点"复位"，即触点仍保持闭合。常闭触点所使用的操作数是：I、Q、M、L、D、T、C。

3. ─( )─ 输出线圈指令

输出线圈与继电器控制电路中的线圈一样，如果有电流（信号流）流过线圈（RLO＝1），则被驱动的操作数置"1"；如果没有电流流过线圈（RLO＝0），则被驱动的操作数复位（置"0"）。输出线圈只能出现在梯形图逻辑串的最右边。输出线圈等同于 STL 程序中的赋值指令（用等于号"＝"表示），所使用的操作数可以是：Q、M、L、D。

使用常开、常闭线圈指令和输出线圈指令可以实现异或操作，如图 6-4 所示。

从图 6-4 中可以看出，输出 Q0.0 为输入 I0.0 和 I0.1 异或的结果。

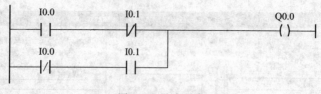

图 6-4　异或程序

同样可以用基本位逻辑指令实现同或操作，如图 6-5 所示。

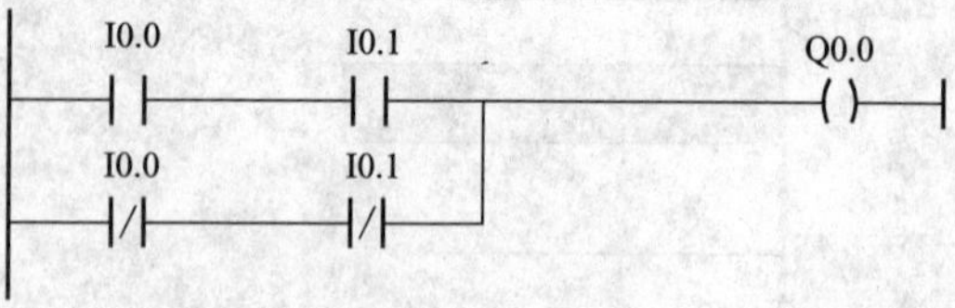

图 6-5　同或程序 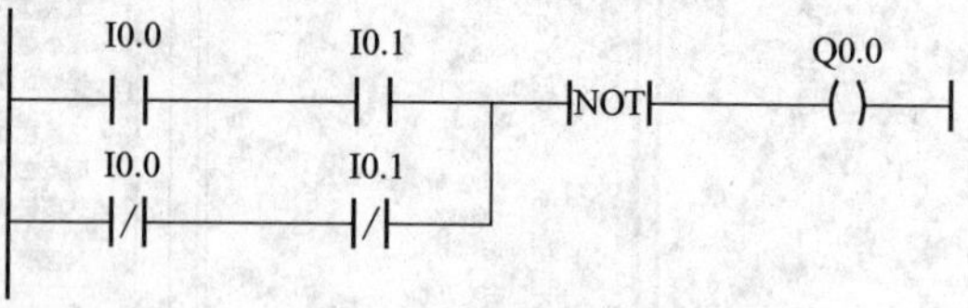　　　　　　　　图 6-6　异或程序

为了更好地掌握指令的应用，可以参照任务实施中的子任务一、子任务二和子任务三。

4. ─│ NOT │─能流取反指令

能流取反用于取反 RLO 位，即 NOT 指令将其左侧的逻辑结果取反操作。例如图 6-6 所示程序，在同或运算后面加入能流取反指令后，程序的执行结果为 I0.0 和 I0.1 进行异或运算后输出到 Q0.0。

5. ─(#)─中间输出指令

中间输出指令将 RLO 位状态（能流状态）保存到指定地址。地址即为中间分配单元，中间输出单元保存前面分支单元的逻辑结果。以串联方式与其他触点连接时，可以像连接触点那样连接中间输出指令。中间输出指令地址为 I、Q、M、L、D 存储区的 BOOL 变量。

如图 6-7 所示程序为中间输出指令应用示例。在第一个程序段中间输出指令将 I0.0、I0.1 和 I0.2 的逻辑结果存到地址 M0.0，在第二段程序中用 M0.0 的常开触点（M0.0 的常开触点的状态和中间输出的地址 M0.0 一致）代替 I0.0、I0.1 和 I0.2 的逻辑连接，使得第二段程序得到简化，并且不影响程序运算结果。如果不使用中间输出指令，则这两段程序应该如图 6-8 所示。

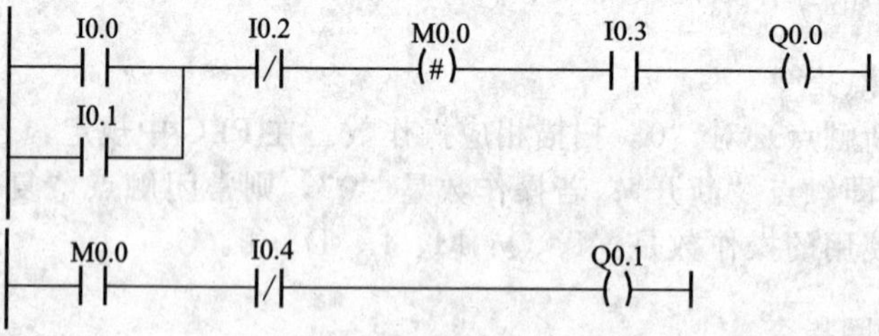

图 6-7　使用中间输出指令的程序

6. ─(R)─复位线圈指令

当复位线圈前面指令的 RLO 为 "1"（能流通过线圈）时，复位线圈指令执行复位操作，将线圈指定地址复位为 "0" 状态。其复位地址为 I、Q、M、L、D、T、C 存储区的 BOOL 变量。

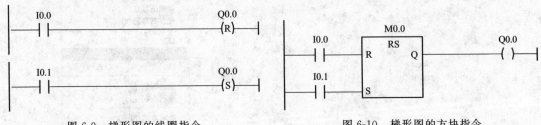

图 6-8　不使用中间输出指令的程序

7. ─(s)─置位线圈

当置位线圈前面指令的 RLO 为"1"（能流通过线圈）时，置位线圈指令执行置位操作，将线圈指定地址置位为"1"状态。其置位地址为 I、Q、M、L、D、T、C 存储区的 BOOL 变量。

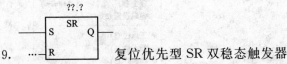

8. ────置位优先型 RS 双稳态触发器

如果 R 输入端的信号状态为"1"，S 输入端的信号状态为"0"，则执行复位操作；如果 R 输入端的信号状态为"0"，S 输入端的信号状态为"1"，则执行置位操作；如果两个输入端的 RLO 状态均为"1"，则 RS 触发器先在指定地址执行复位指令，然后执行置位指令，以使该地址在执行余下的程序扫描过程中保持置位状态；如果 R 和 S 输入端都是"0"，则指定地址保持原状态。如图 6-9 所示程序段，当 I0.0=1、I0.1=0 时，Q0.0 被复位为 0 状态；当 I0.0=0、I0.1=1 时，Q0.0 被置位为 1 状态；当 I0.0=1、I0.1=1 时，Q0.0 先复位而后置位，则最终保留置位状态；当 I0.0=0、I0.1=0 时，Q0.0 保持原状态。这两个程序段可以用如图 6-10 所示的程序代替，两个图中的程序具有相同的功能。图 6-9 的两个程序段也可以称为梯形图的线圈指令，图 6-10 的 RS 复位指令也称为梯形图的方块指令。

图 6-9　梯形图的线圈指令　　　　图 6-10　梯形图的方块指令

9. ────复位优先型 SR 双稳态触发器

复位优先型指令和置位优先型指令相反，当 R 和 S 输入端同时为"1"时，最终保留的为复位操作的结果。

10. ──(N)──RLO 负跳沿检测指令

负跳沿检测指令检测到指定地址从"1"状态变为"0"状态。负跳沿检测指令后面输出线圈保持一个机器周期的高电平（1 状态）。指定地址为 I、Q、M、L、D 存储区的 BOOL 变量。

11. —(P)— RLO 正跳沿检测指令

RLO 正跳沿检测指令检测到指定地址中"0"到"1"的信号变化。从"0"状态变为"1"状态，正跳沿检测指令后面输出线圈保持一个机器周期的高电平（1 状态）。指定地址为 I、Q、M、L、D 存储区的 BOOL 变量。

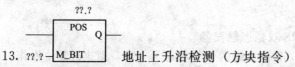

12. ??.?—M_BIT 　　　　地址下降沿检测指令

功能相当于负跳沿检测指令的方块指令，只是比负跳沿检测指令多了一个地址。<address1>为已扫描信号，<address2>为 M _ BIT 边沿存储位，存储<address1>的前一个信号状态，输出 Q 为单触发输出，它们都是 I、Q、M、L、D 存储区的 BOOL 变量。

指令比较<address1>的信号状态与前一次扫描的信号状态（存储在中）。如果当前 RLO 状态为"0"且其前一状态为"1"（检测到下降沿），执行此指令后，使得输出 Q 保持一个机器周期的高电平（1 状态）。

13. ??.?—M_BIT 　　　　地址上升沿检测（方块指令）

地址上升沿检测指令和地址下降沿检测指令相反，当<address1>和<address2>配合检测出上升沿后，使得输出端 Q 将保持一个机器周期的高电平（1 状态）。

为了熟悉边沿触发指令的应用，可以参考任务实施中的子任务四。

14. SAVE 指令

SAVE 指令将 RLO 状态保存到状态字的 BR 位。第一个校验位/FC 不复位。因此，BR 位的状态包括在下一程序段中的与逻辑运算内。如图 6-11 所示程序，当 I0.0、I0.1 和 I0.2 逻辑运算结果为"1"时，执行 SAVE 指令。

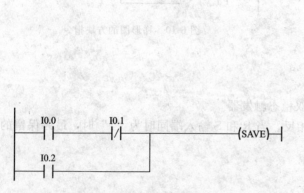

图 6-11　SAVE 指令程序　　　　　　　　　　图 6-12　视图菜单

三、梯形图和语句表的转换

在前面对位逻辑指令的介绍中都是使用的梯形图（LAD）指令。在 STEP 7 中，可以通过设置自动将梯形图指令转换为语句表或功能块图。如图 6-12 所示，只要在 SIMATICA 管理器的菜单栏中选择"视图"—"STL"，就可以将梯形图指令转换为语句表，同样可以转换为功能块图。

语句表中用字母 A（And）表示逻辑"与"操作指令，用于动合（常开）触点的串联；AN（And Not）用于动断（常闭）触点的串联。用字母 O（Or）表示逻辑"或"操作指令，用于动合（常开）触点的并联；ON（Or Not）用于动断（常闭）触点的并联。

如图 6-13～图 6-16 所示为四个梯形图程序和转换的语句表程序。

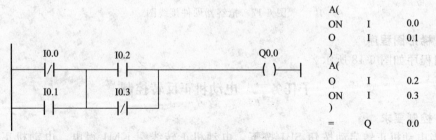

```
I0.0      I0.1          Q0.0         A    I    0.0
─┤├───────┤/├──────────( )          AN   I    0.1
                                     =    Q    0.0
```

图 6-13　梯形图程序和转换的语句表程序（1）

```
I0.0      I0.2          Q0.0         A(
─┤├───────┤/├──────────( )          O    I    0.0
                                     O    I    0.1
I0.1                                 )
─┤├─                                 AN   I    0.2
                                     =    Q    0.0
```

图 6-14　梯形图程序和转换的语句表程序（2）

```
I0.0      I0.1          Q0.0         A    I    0.0
─┤├───────┤/├──────────( )          AN   I    0.1
                                     O
I0.2      I0.3                       AN   I    0.2
─┤/├──────┤├─                        A    I    0.3
                                     =    Q    0.0
```

图 6-15　梯形图程序和转换的语句表程序（3）

```
                                     A(
                                     ON   I    0.0
                                     O    I    0.1
                                     )
I0.0      I0.2          Q0.0         A(
─┤/├──────┤├──────────( )           O    I    0.2
                                     ON   I    0.3
I0.1      I0.3                       )
─┤├───────┤/├─                       =    Q    0.0
```

图 6-16　梯形图程序和转换的语句表程序（4）

【任务实施】

子任务一　抢答器控制

一、控制要求

① 有 4 个人进行抢答，抢答按钮为 SB1～SB4，对应 4 个抢答指示灯 L1～L4。

② 主持人按钮为 SB，按钮按下所有指示灯复位。

③ 最先按下抢答按钮的指示灯亮，其他人再按下抢答按钮无效。

二、I/O 地址分配表

如表 6-5 所示。

表 6-5 抢答器 I/O 地址分配表

输入			输出		
变量	地址	注释	变量	地址	注释
SB	I0.0	主持人	L1	Q0.1	1#灯
SB1	I0.1	1#按钮	L2	Q0.2	2#灯
SB2	I0.2	2#按钮	L3	Q0.3	3#灯
SB3	I0.3	3#按钮	L4	Q0.4	4#灯
SB4	I0.4	4#按钮			

三、硬件接线图

硬件接线图如图 6-17 所示。

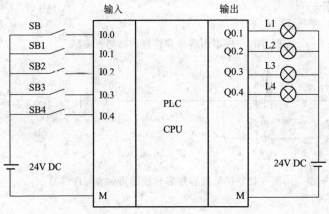

图 6-17 抢答器硬件接线图

四、梯形图程序

控制程序如图 6-18 所示。

子任务二 电动机正反转控制

一、控制要求

① 当电动机正转启动按钮 SB1 按下，电动机正转线圈 KM1 得电，电动机正转；当反转启动按钮 SB2 按下，电动机正转线圈 KM2 得电，电动机反转；按下停止按钮 SB3 时，电动机停止。

② 正转和反转线圈不能同时得电，所以要有互锁功能（按钮互锁和线圈互锁）。

③ 电动机带有热继电器保护。

二、I/O 地址分配

1. I/O 地址分配表

如表 6-6 所示。

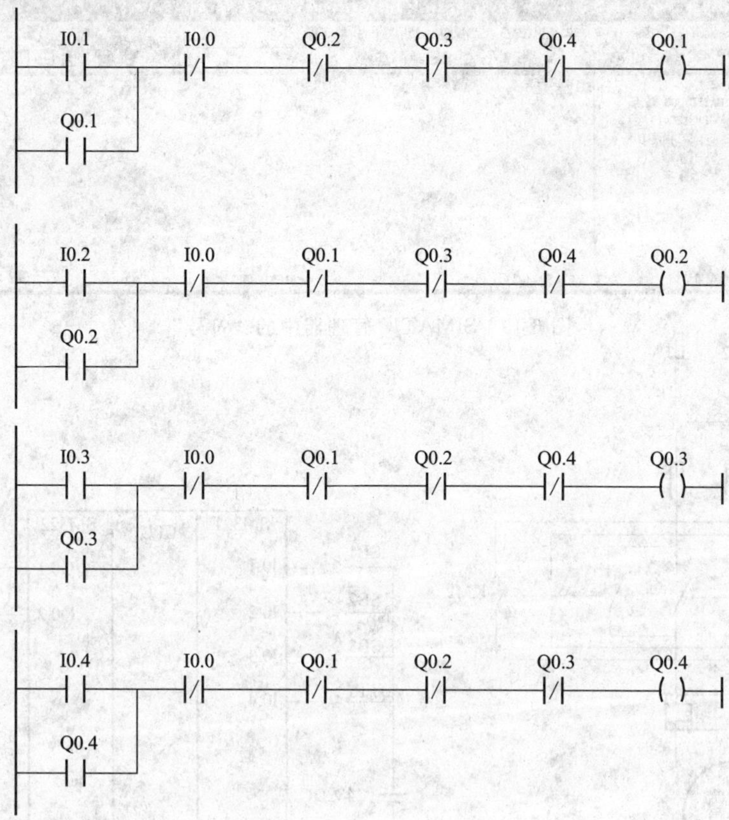

图 6-18 抢答器梯形图程序

表 6-6 电动机正反转控制 I/O 地址分配表

输入			输出		
变量	地址	注释	变量	地址	注释
SB1	I0.1	正转启动按钮	KM1	Q0.1	正转线圈
SB2	I0.2	反转启动按钮	KM2	Q0.2	反转线圈
SB3	I0.3	停止按钮			
FR	I0.4	热继电器保护触点			

在编程中，地址使用的是绝对地址，所以在程序调试过程中不太方便，需要对照 I/O 分配表。在 STEP 7 中可以使用符号表，将 I/O 分配表的符号直接显示在编程界面可以使程序调试更加方便。

在 SIMATIC 管理器中单击左侧窗口的 S7 程序，在右侧窗口中会看到"符号"图标 🔳**符号**，如图 6-19 所示。双击"符号"图标可以打开编辑符号对话框，在符号表中按照 I/O 分配表的地址输入各个地址对应的符号名然后保存，则在编写控制程序时，地址对应的符号就会显示在编程画面中了。

2. 硬件接线图

硬件接线图如图 6-20 所示。

三、梯形图程序

在 STEP 7 中编写梯形图程序如图 6-21 所示。

图 6-19　SIMATIC 管理器中的"符号"

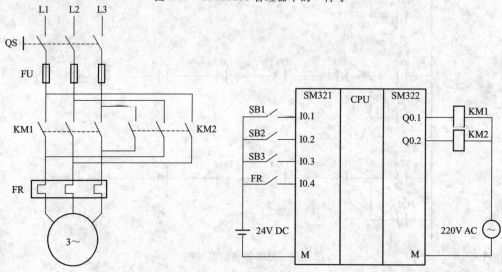

图 6-20　电动机正反转控制硬件接线图

OB1："Main Program Sweep(Cycle)"

程序段 1：正转线圈

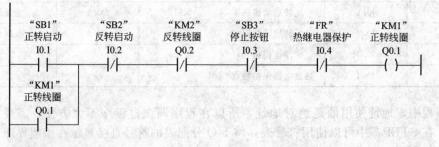

程序段 2：反转线圈

图 6-21　电动机正反转控制梯形图程序

四、程序调试

1. 仿真调试

在 STEP 7 的 SIMATIC 管理界面单击快捷图标 ，打开 PLCSIM 仿真软件，单击 "OK" 按钮，打开 "CPU" 选择界面。单击 "OK" 按钮，进入仿真界面，如图 6-22 所示。

图 6-22 仿真界面

在图 6-22 中单击 快捷图标可以选择输入变量窗口，如图中的 IB0；单击 快捷图标可以选择输出变量窗口，如图中的 QB0。在 OB1 编程界面中将程序下载到仿真器，再将仿真器置于运行状态，即可以观测程序运行情况。

2. 程序的上传和下载

用适配器将 PLC 和 PC/PG 连接，关闭仿真器，在 STEP 7 的 SIMATIC 管理界面中设置 PC/PG 接口，如图 6-23 所示。

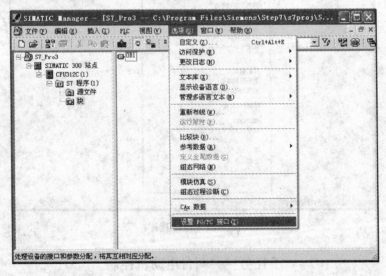

图 6-23 设置 PG/PC 接口

根据使用的适配器选择 PC Adapter 驱动程序，如图 6-24 所示，再单击确定按钮。

如果进行上传，则选择 "PLC" — "将站点上传到 PG"，如图 6-25 所示。

在弹出的选择节点地址窗口中单击显示按钮，将连接的 PLC 显示到窗口中，再单击确定按钮进行程序的上传。如图 6-26 所示。

程序下载时，在图 6-25 所示的界面中选择 "PLC" — "下载"，将程序从 PG/PC 中传送到 PLC 中，则可以通过 PLC 带动外部设备工作。

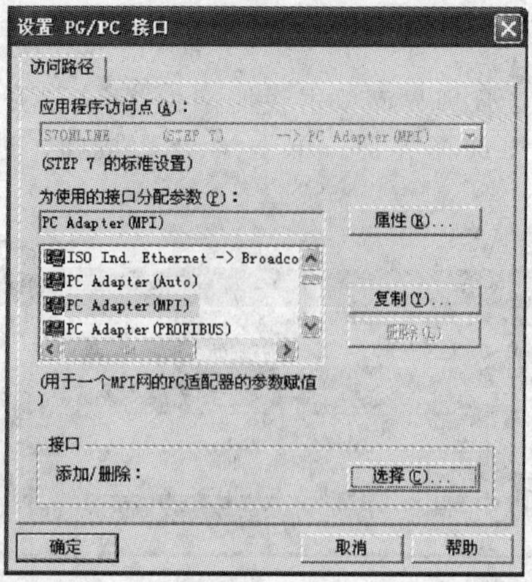

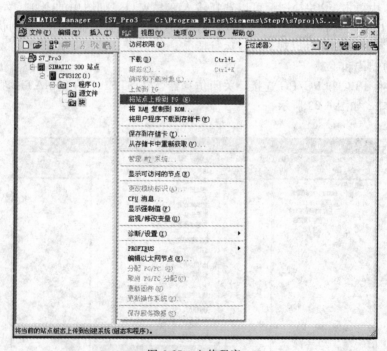

图 6-24 选择 PC Adapter 驱动程序

图 6-25 上传程序

子任务三 两台电动机控制

一、控制要求

两台电动机分别为 M1 和 M2，只有当 M1 启动后，M2 才能启动，M2 停止后 M1 才能停止。

二、编辑符号表

为了使观测程序运行的情况更加直观，编辑符号表，如图 6-27 所示。

三、梯形图程序

打开 OB1 编程界面，选择 LAD 梯形图编程语言，编写控制程序并存盘，如图 6-28

图 6-26 选择节点地址对话框

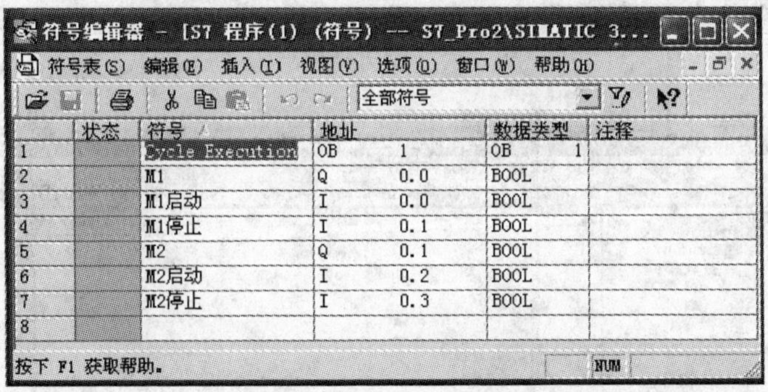

图 6-27 符号表

所示。

四、用仿真软件调试程序

用 PLCSIM 仿真器模拟 PLC 的工作情况，进行程序的仿真调试。首先单击 SIMATIC 管理器中的"打开/关闭仿真器"快捷图标，如图 6-29 所示，会弹出如图 6-30 所示对话框，单击"OK"按钮，弹出 6-31 所示对话框，选择 MPI 站点后，单击"OK"确认。打开仿真界面后，单击工具栏上纵向排列位的通用变量图标 ，而后输入变量 IB0，就会显示出带有符号表的变量表，如图 6-32 所示。用同样方法打开 QB0 的变量表。

打开仿真器后，在 OB1 编程界面单击工具栏上的下载图标 ，或在菜单栏选择 "PLC" — "下载"，将程序下载到仿真器，而后单击 OB1 编程界面工具栏上的 图标，接着在仿真器界面的 CPU 窗口，将工作模式转换为"RUN"运行状态，观测程序运行情况。如图 6-33 所示。

在图 6-33 中可以看到，在电动机 M1 没有启动时，即使按下电动机 M2 的启动按钮，电动机 M2 也不会启动，只有当 M1 启动后，M2 才能启动，如图 6-34 所示。

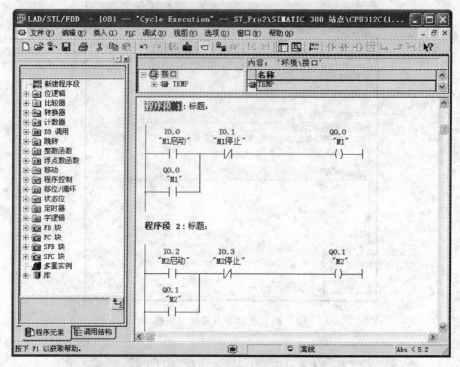

图 6-28　编写控制程序

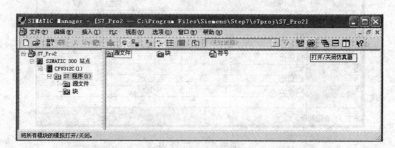

图 6-29　在 SIMATIC 管理器中"打开/关闭仿真器"

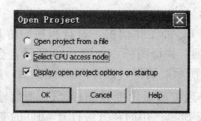

图 6-30　"Open Project"对话框

五、使用变量表调试程序

1. 新建变量表

在 SIMATIC 管理器界面右侧单击鼠标右键打开下拉菜单选择"插入新对象"→"变量表"，如图 6-35 所示。

2. 设置变量表属性

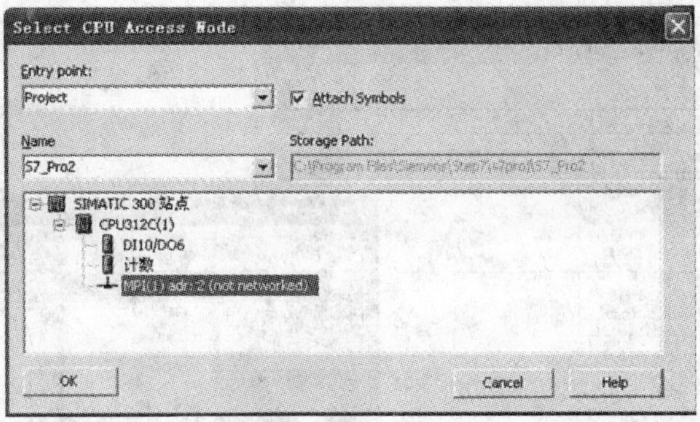

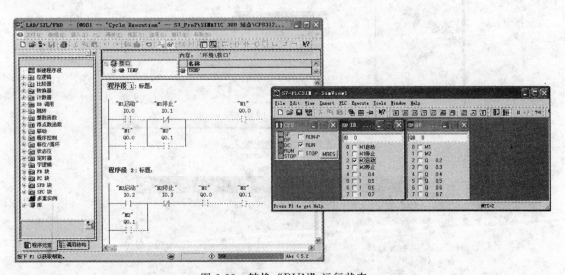

图 6-31 "Select CPU Access Node" 对话框

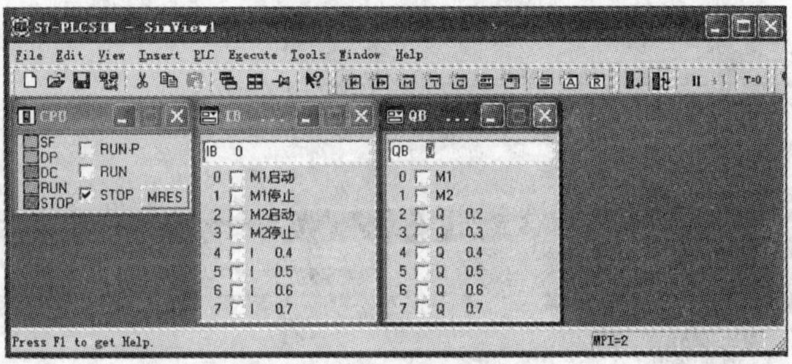

图 6-32 带有符号表的变量表

图 6-33 转换 "RUN" 运行状态

在如图 6-36 所示变量表属性设置对话框中进行属性设置后，单击"确定"按钮，则在管理器界面右侧窗口中就会出现变量表的图标 VAT_1，如图 6-37 所示。

3. 编辑变量表

双击变量表图标打开变量表，将地址输入到变量表中，则变量表的符号会按照符号表设置自动填入，如图 6-38 所示。

4. 调试程序

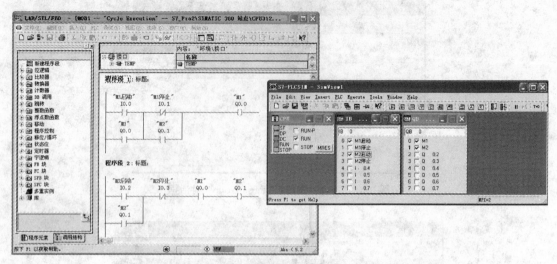

图 6-34　电动机运行状态

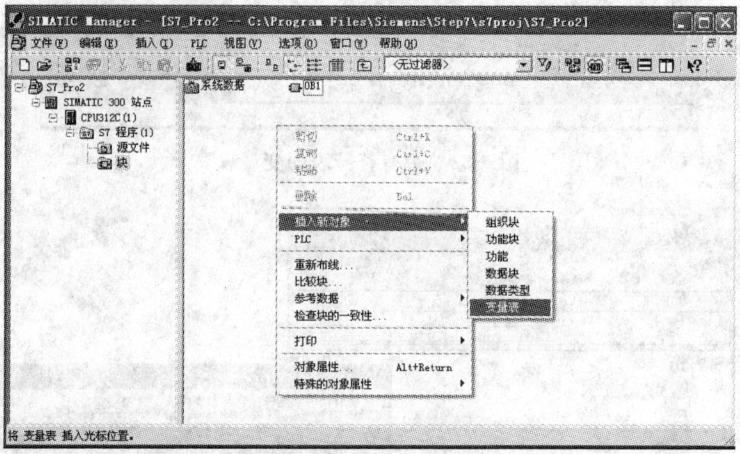

图 6-35　新建变量表

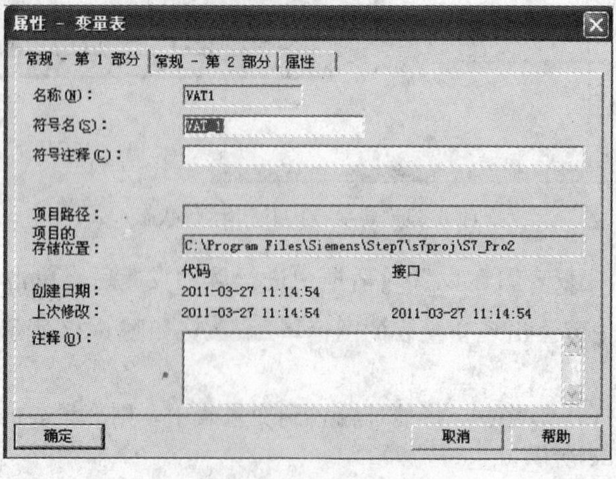

图 6-36　变量表属性设置对话框

图 6-37 SIMATIC 管理器界面中的变量表图标

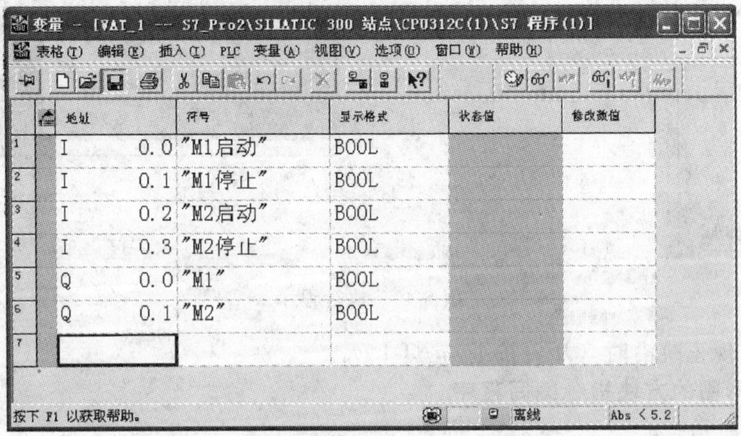

图 6-38 编辑变量表

再打开 OB1 编程界面，按下变量表和仿真器的 快捷图标，将变量表和仿真器始终至于顶层，按下 快捷图标，进行变量监视，如图 6-39 所示。

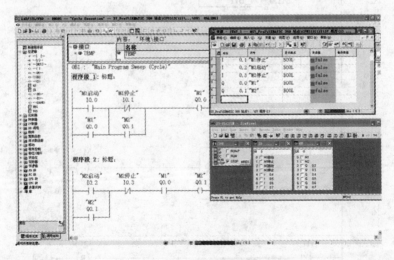

图 6-39 进行变量监视

将仿真器的 CPU 转换到运行状态，执行程序，如图 6-40 所示。

子任务四 灯控程序

控制要求：两个开关 S1 和 S2 控制同一盏灯 L，S1 出现负跳沿时（开关按下再抬起），

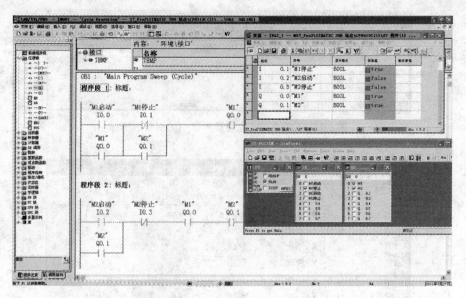

图 6-40　执行程序

灯 L 亮；S2 出现正跳沿时（开关按下），灯 L 灭。

一、用梯形图的方块指令编写程序

如图 6-41 所示。

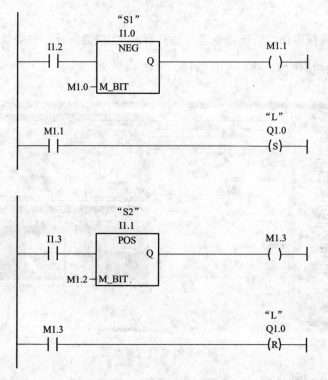

图 6-41　灯控程序梯形图（1）

二、用梯形图的线圈指令编写程序

如图 6-42 所示。

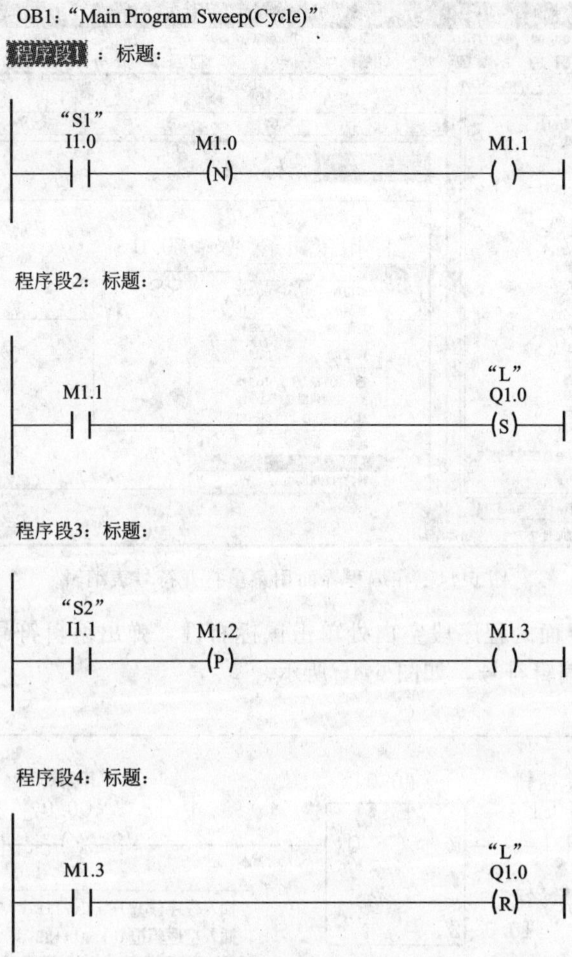

OB1:"Main Program Sweep(Cycle)"
程序段1 : 标题:
"S1"
I1.0
M1.0
(N)
M1.1
( )
程序段2: 标题:
M1.1
"L"
Q1.0
(S)
程序段3: 标题:
"S2"
I1.1
M1.2
(P)
M1.3
( )
程序段4: 标题:
M1.3
"L"
Q1.0
(R)

图 6-42 灯控程序梯形图（2）

【知识拓展】

在编程时经常会使用符号表，在 STEP 7 中，符号的编辑主要有以下几种方式。

① 在 SIMATIC 管理器中的程序界面中可以直接打开符号表编辑符号，如图 6-43 所示。

SIMATIC Manager - [S7_Pro2 -- C:\Program Files\Siemens\Step7\s7proj\S7_Pro2]
文件(F) 编辑(E) 插入(I) PLC 视图(V) 选项(O) 窗口(W) 帮助(H)
S7_Pro2
SIMATIC 300 站点
CPU312C(1)
S7 程序(1)
源文件
块
源文件
块
按下 F1，获得帮助。
PLCSIM(MPI)

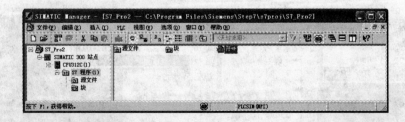

图 6-43 在 SIMATIC 管理器中的程序界面中直接打符号表编辑

② 选中 OB1 编程界面中的变量地址，单击鼠标右键打开下拉菜单，选择“编辑符号”，如图 6-44 所示。

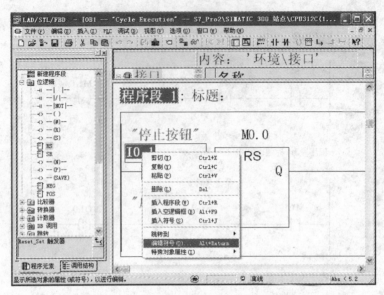

图 6-44　在编程界面用菜单打开符号表编辑

③ 在 OB1 编程界面的程序段空白处单击鼠标右键，弹出编辑符号的下拉菜单，可以将本程序段的所有地址编辑符号，如图 6-45 所示。

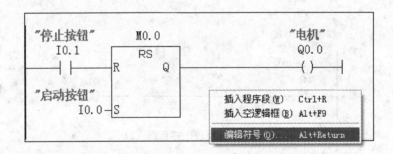

图 6-45　用编辑符号下拉菜单打开符号表编辑

④ 在 PLCSIM 仿真软件中也可以打开变量表，如图 6-46 所示。

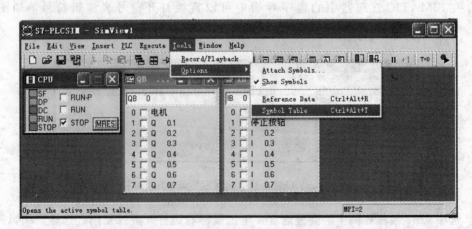

图 6-46　在 PLCSIM 仿真软件中打开变量表编辑

⑤ 在变量表中打开符号表的方法如图 6-47 所示。

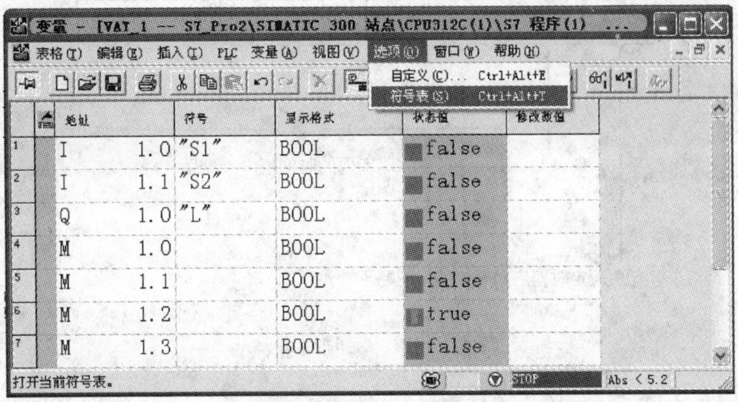

图 6-47　在变量表中打开符号表

任务二　定时器、计数器指令应用

【任务描述】

定时器和计数器是 PLC 中的重要部件，它用于实现或监控时间序列，进行定时和计数控制等功能。在实现长时间控制的程序中，经常会需要用到定时器和计数器指令配合实现长时间定时。通过本任务的学习，掌握定时器和计数器指令的具体应用方法。

【任务分析】

① 定时器指令类型和功能。
② 定时器指令应用。
③ 计数器指令类型和功能。
④ 计数器指令应用。
⑤ 定时器和计数器综合应用。

【知识准备】

一、定时器

定时器是由位和字组成的复合单元，定时器的触点由位表示，在 CPU 的存储器中留出了定时器区域，用于存储定时器的定时时间值。在 S7-300 中，最多允许使用 256 个定时器，定时器编号为 T0～T255，每个定时器区域为 2Byte，称为定时器字。

1. 定时时间的表示方法

（1）定时器字　S7 中定时时间由时基和定时值两部分组成，定时时间＝时基×定时值。定时时间到后会引起定时器触点的动作。

定时器字的第 0～第 11 位存放定时值，第 12、13 位存放时基，如图 6-48 所示。

从图 6-48 中可以看出定时器字的第 0～第 11 位分为 3 组，每组用 4 位二进制数表示一位 BCD 码。第 0～第 3 位表示的 BCD 码为定时值的个位，第 4～第 7 位表示的 BCD 码为定时值的十位，第 8～第 11 位表示的 BCD 码为定时值的百位，所以定时值的变化范围为 0～999。定时器字的第 14 位和第 15 位为无关项，一般为"00"。第 13 位和第 12 位的不同组合

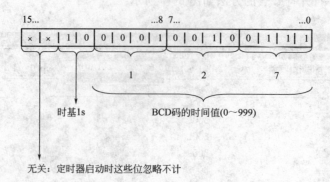

图 6-48　定时器字

表示 4 种不同的时间基准，其代表的时基如表 6-7 所示。

表 6-7　定时器时基

时　基	定时器字		定时范围	
	第 13 位	第 12 位	最短定时时间	最长定时时间
10ms	0	0	10ms	9S_990MS(9990ms)
100ms	0	1	100ms	1M_39S_900MS(99900ms)
1s	1	0	1s	16M_39S(999s)
10s	1	1	10s	2II_46M_30S(9990s)

　　从表 6-7 中可以看出定时器字的第 13 位和第 12 位组合不同，其时间基准不同，并且其时基就是其分辨率，分别用对应的时基乘以定时值的最大值 999 可以得到不同时基时最长的定时时间。

　　(2) 设置定时时间　使用定时器设定定时时间有两种方式：一种为十六进制数形式，另一种为 S5TIME 格式。

　　① 十六进制数。

　　装入时间表示法：L　W＃16＃wxyz

　　如：L　W＃16＃3999　对应定时时间为 9990 秒

　　其中，w 为时基，取值为 0、1、2 或 3，分别表示时基为 10ms、100ms、1s 或 10s；xyz 为定时值，取值范围为 1～999。

　　② S5TIME。

　　装入时间表示法：　L　　S5T＃aH_bM_cS_dMS

　　如：S5T＃1H_12M_18S　对应为 1 小时 12 分 18 秒

　　其中，aH 为小时数；bM 为分钟数；cS 为秒；dMS 为毫秒。

　　时基是 CPU 自动选择的，原则是能满足定时范围要求的最小时基。时基最长为 10s，所以可输入的最大时间值为 9990s（2 小时 46 分 30 秒）。

　　2. 定时器指令的类型和功能

　　(1) 定时器分类　S7-300 有五种定时器，分别为：

　　① 脉冲定时器；

② 扩展脉冲定时器；

③ 接通延时定时器；

④ 保持型接通延时定时器；

⑤ 断电延时定时器。

如图 6-49 所示，每种定时器指令都有一个对应的线圈指令，所以都有两种形式表示。

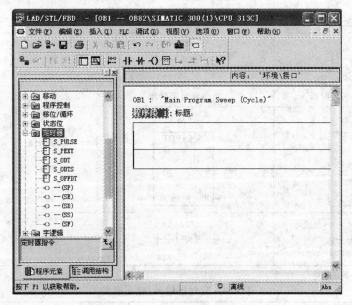

图 6-49 定时器对应的线圈指令

（2）定时器的功能

① 脉冲定时器 SP：当 SP 线圈得电时，定时器的常开触点接通，常闭触点断开，并且定时器开始计时。定时时间到，所有触点恢复原状态。如果定时时间没到，定时器线圈失电，所有触点恢复原状态。

② 扩展脉冲定时器 SE：当 SE 线圈得电时，定时器的常开触点接通，常闭触点断开，并且定时器开始计时。定时时间到，所有触点恢复原状态。如果定时时间没到，定时器线圈失电，定时器仍然继续计时，直到定时时间到，所有触点才恢复原状态。

③ 接通延时定时器 SD：当 SD 线圈得电时，定时器开始计时，定时时间到，定时器的常开触点接通，常闭触点断开。如果定时时间没到，定时器线圈失电，计时停止，所有触点不动作，当线圈再次得电时，定时器重新开始计时，定时时间到，定时器的常开触点接通，常闭触点断开。

④ 保持型接通延时的定时器 SS：当 SS 线圈得电时，定时器开始计时，定时时间到，定时器的常开触点接通，常闭触点断开。如果定时时间没到，定时器线圈失电，定时器仍然继续计时，直到定时时间到所有触点才恢复原状态。

⑤ 断电延时定时器 SF：当 SF 线圈得电时，定时器的常开触点接通，常闭触点断开，但是定时器不工作。当 SF 线圈失电时，定时器开始计时，定时时间到以后，所有触点恢复原状态。

（3）定时器指令格式　如表 6-8 所示。

定时器的线圈指令在定时器线圈上输入定时器号，线圈下方输入定时值。对于定时器指令的输入/输出参数的描述如表 6-9 所示。

表 6-8　定时器指令的梯形图格式

脉冲定时器	扩展脉冲定时器	接通延时定时器
??? S_PULSE S　Q ???—TV　BI—… …—R　BCD—…	??? S_PEXT S　Q ???—TV　BI—… …—R　BCD—…	??? S_ODT S　Q ???—TV　BI—… …—R　BCD—…
??? —(SP)— ???	??? —(SE)— ???	??? —(SD)— ???
保持型接通延时定时器	断电延时定时器	
??? S_ODTS S　Q ???—TV　BI—… …—R　BCD—…	??? S_OFFDT S　Q ???—TV　BI—… …—R　BCD—…	
??? —(SS)— ???	??? —(SF)— ???	

表 6-9　定时器输入/输出参数

参数	数据类型	存储区域	描述
T no.	TIMER	T	定时器编号 T0～T255
S	BOOL	I、Q、M、L、D	定时器启动输入端
TV	S5TIME	I、Q、M、L、D	预置定时时间输入端
R	BOOL	I、Q、M、L、D	复位输入端
Q	BOOL	I、Q、M、L、D	定时器状态
BI	WORD	I、Q、M、L、D	剩余时间值，整数格式
BCD	WORD	I、Q、M、L、D	剩余时间值，BCD 码格式

二、计数器

　　S7-300 的计数器也是由位和字组成的复合单元，计数器的触点由位表示，在 CPU 中保留一块存储区作为计数器计数值存储区，每个计数器占用两个字节，称为计数器字。S7-300 共有 256 个计数器，编号 C0～C255。

　　1. 计数器字

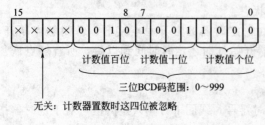

图 6-50　计数器字

计数器字中的第 0～第 11 位表示计数值，计数范围是 0～999，如图 6-50 所示。当计数值达到上限 999 时，累加停止。计数值到达下限 0 时，将不再减小。

　　图 6-50 中的计数器字表示的计数值为 298。计数器字的第 0～第 3 位用 BCD 码形式表示计数值的个位，第 4～第 7 位用 BCD 码

形式表示计数值的十位，第 8～第 11 位用 BCD 码形式表示计数值的百位，第 12～第 15 位为无关位，一般可以取 000。在对计数器进行设置时，可以直接用 BCD 码的形式写成 C♯计数值，例如 C♯298。

2. 计数器指令的类型和功能

S7-300 计数器指令分为加计数指令、减计数指令和加-减计数指令。计数器指令的梯形图格式如表 6-10 所示，计数器指令参数如表 6-11 所示。

表 6-10 计数器指令的梯形图格式

S_CU 加计数器	S_CD 减计数器	S_CUD 加-减计数器
??? ┌─ S_CU ─┐ CU Q ─ S CV ─ ─ PV CV_BCD ─ ─ R	??? ┌─ S_CD ─┐ CU Q ─ S CV ─ ─ PV CV_BCD ─ ─ R	??? ┌─ S_CUD ─┐ CU Q ─ CD CV ─ ─ S CV_BCD ─ ─ PV ─ R
—(CU)加计数器线圈	—(CD)减计数器线圈	—(SC)计数器线圈置位
??? ——(CU)—┤	??? ——(CD)—┤	??? ——(SC)—┤ ???

表 6-11 计数器指令参数

参数	数据类型	存储区域	说 明
C no.	COUNTER	C	计数器编号，C0～C255
CU	BOOL	I、Q、M、L、D	加计数输入端
CD	BOOL	I、Q、M、L、D	减计数输入端
S	BOOL	I、Q、M、L、D	计数器预置输入端
PV	WORD	I、Q、M、L、D	计数器预置值
R	BOOL	I、Q、M、L、D	复位输入端
Q	BOOL	I、Q、M、L、D	计数器状态
CV	WORD	I、Q、M、L、D	当前计数值，十六进制数值
CV_BCD	WORD	I、Q、M、L、D	当前计数值，BCD 码

以 S_CUD（加-减计数器）为例说明计数器指令的功能：在 S 输入端出现上升沿（信号状态从"0"变为"1"）时，将 PV 输入端的数值预置入计数器字；如果 R 输入端为"1"，计数器复位，计数值被置为"0"；当 CU 输入端出现上升沿时，并且计数器的值小于 999，则计数器加 1；当输入端 CD 出现上升沿时，并且计数器的值大于 0，则计数器减 1；如果在两个计数输入端（CU 和 CD）都有上升沿的话，则两种操作都执行，并且计数值保持原数值不变。

加计数器只有 CU 输入端，所以计数值只能增加。CU 输入端每次出现上升沿信号，计数值加 1，当加到 999 时，计数值不再增加。

减计数器只有 CD 输入端，所以计数值只能减小。CD 输入端每次出现上升沿信号，计数值减 1，当减到 0 时，计数值不再减小。

图 6-51 所示程序为使用加-减计数器指令编写的程序段，这段程序的功能可以用图 6-52 所示的几段计数器线圈指令实现。

C0
S_CUD
I0.0
CU
Q
Q0.0
I0.1
CD
CV
MW0
I0.2
S
CV_BCD
MW2
C#100
PV
I0.3
R

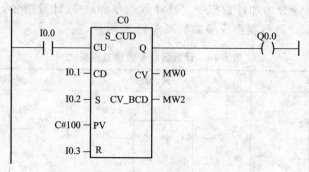

图 6-51　使用加-减计数器指令编写的程序段

OB1："Main Program Sweep(Cycle)"
程序段1：标题:
I0.0
C0
CU
程序段2：标题:
I0.1
C0
CD
程序段3：标题:
I0.2
C0
SC
C#100
程序段4：标题:
I0.3
C0
R

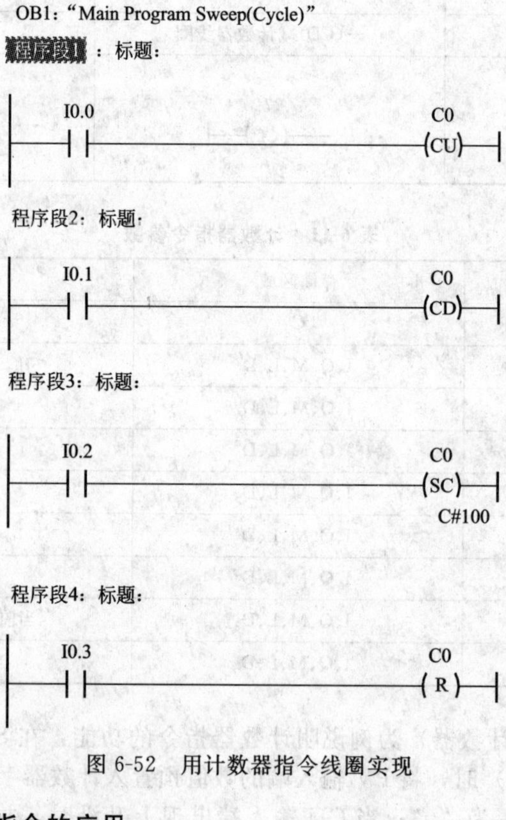

图 6-52　用计数器指令线圈实现

三、定时器/计数器指令的应用

1. 用定时器指令实现脉冲输出功能

当输入 I0.0 为 1 状态时，定时器 T0 和 T1 交替工作，在输出端 Q0.0 实现秒脉冲的功能。如图 6-53 所示。

如果用两个定时器实现某一频率的方波或矩形波输出，可以调整 T0 和 T1 的定时时间来实现。例如在 I0.0 为 1 状态时，使线圈 Q0.0 实现 3s 接通，2s 断开的功能如图 6-54 所示。

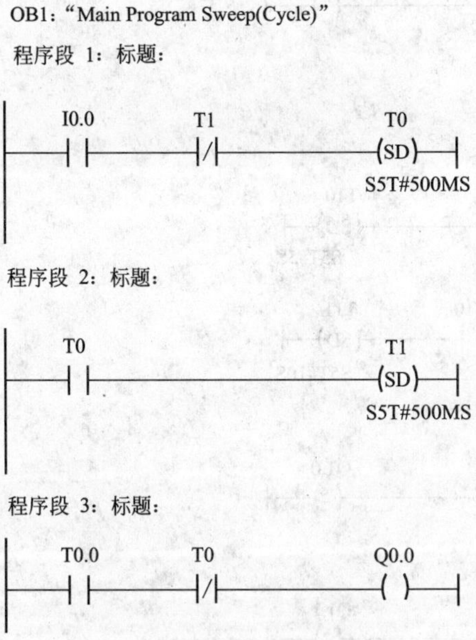

OB1: "Main Program Sweep(Cycle)"

程序段 1: 标题:

```
    I0.0        T1                  T0
  ──┤├────────┤/├──────────────(SD)──
                                S5T#500MS
```

程序段 2: 标题:

```
    T0                               T1
  ──┤├───────────────────────────(SD)──
                                S5T#500MS
```

程序段 3: 标题:

```
    T0.0        T0                 Q0.0
  ──┤├────────┤/├──────────────────( )──
```

图 6-53　用定时器指令实现脉冲输出功能（1）

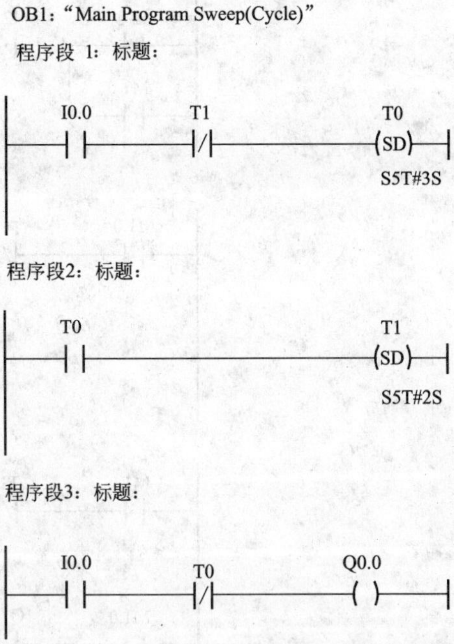

OB1: "Main Program Sweep(Cycle)"

程序段 1: 标题:

```
    I0.0        T1                  T0
  ──┤├────────┤/├──────────────(SD)──
                                S5T#3S
```

程序段2: 标题:

```
    T0                               T1
  ──┤├───────────────────────────(SD)──
                                S5T#2S
```

程序段3: 标题:

```
    I0.0        T0                 Q0.0
  ──┤├────────┤/├──────────────────( )──
```

图 6-54　用定时器指令实现脉冲输出功能（2）

此类程序在实际中可以用于电动机控制，例如设计两台电动机 M1 和 M2 工作控制程序，按下启动按钮后 M1 运行 5s 后停止，切换到 M2 运行 10s 后停止，再切换到 M1 运行，如此往复，直到停止按钮按下，M1 和 M2 均停止。

I/O 分配如表 6-12。

表 6-12　I/O 分配表

输　　入		输　　出	
变量	地址	变量	地址
启动按钮	I2.0	电动机 M1	Q1.0
停止按钮	I2.1	电动机 M2	Q1.1

控制程序如图 6-55 所示。

2. 用多个定时器扩展定时器的定时时间

单个定时器最长定时时间是 2 小时 46 分 30 秒，如果要实现定时时间更长，可以让多个定时器依次启动，前一个定时器的常开触点串联在下一个定时器的线圈支路中，总的定时时间是各个定时器定时时间之和。

例如当常开触点 I0.0 接通后，实现 6 个小时定时功能，可以用 3 个定时器 T0、T1、T2 各自定时 2 小时，当 I0.0 接通后，T0 开始计时，2 小时后 T1 开始计时，再过 2 小时 T2 开始计时，当 T2 定时时间到后，正好经过 6 小时。如图 6-56 所示。

3. 用计数器扩展定时器的定时范围

多个定时器依次启动可以实现定时时间的扩展，但是对于更长时间定时，采用这种方法程序将不够简洁，可以用定时器和计数器配合实现长时间的定时。例如，如图 6-57 所示程序可以实现 1000 小时定时功能。将定时器 T0 定时时间设为 2 小时，循环工作；计数器计数初始值设为 500，每次定时器重新启动时将计数器值减 1，当计数值减为 0 时，1000 小时定时时间到。

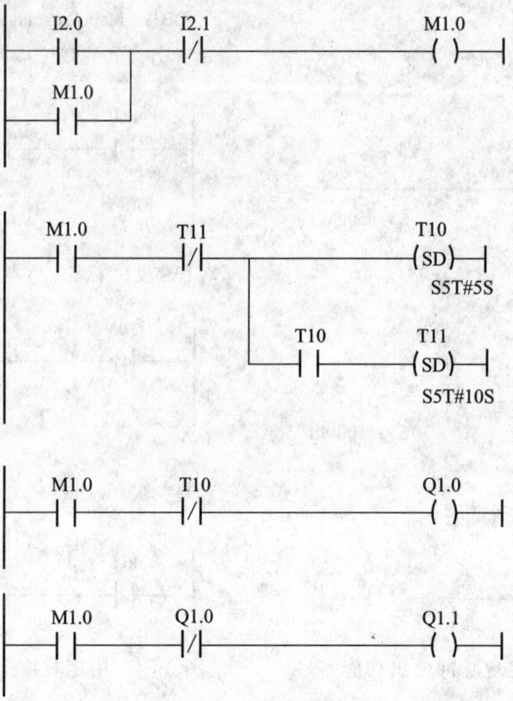

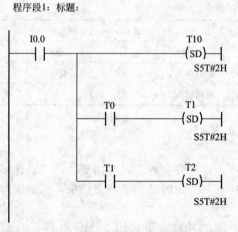

图 6-55　控制程序

OB1："Main Program Sweep(Cycle)"

程序段 1：标题：

程序段1：标题：

图 6-56　用多个定时器扩展定时器定时时间

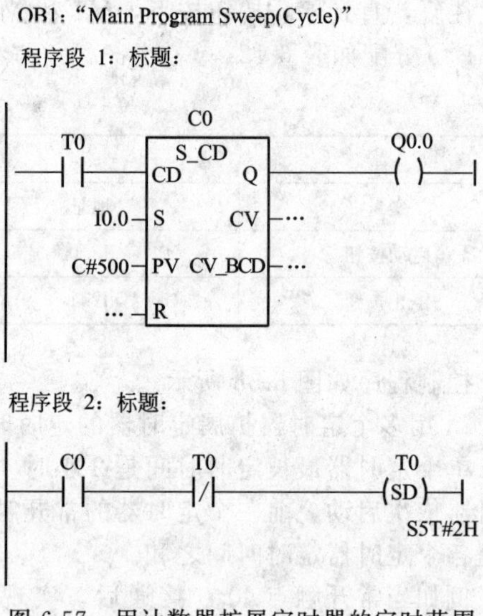

程序段 2：标题：

图 6-57　用计数器扩展定时器的定时范围

【任务实施】

子任务一　三相交流电动机正反转带 Y-△降压启动控制

一、控制要求

① 按下正向启动按钮 S1：KM1 和 KMY 接通，5s 后 KMY 断开、KM1 和 KM△接通；

② 按下反向启动按钮 S2：KM2 和 KMY 接通，5s 后 KMY 断开、KM2 和 KM△
接通；

③ 按下停止按钮，电机停止工作；

④ 电机带热继电器保护。

二、I/O 分配

如表 6-13 所示。

表 6-13 I/O 分配表

输 入			输 出		
变量	地址	注释	变量	地址	注释
S1	I0.0	正转启动按钮	KM1	Q0.0	正转线圈
S2	I0.1	反转启动按钮	KM2	Q0.1	反转线圈
S3	I0.2	停止按钮	KMY	Q0.2	Y 形连接线圈
FR	I0.3	热继电器	KM△	Q0.3	△形连接线圈

三、硬件接线图

主电路的连接图和 PLC 的连接示意图如图 6-58 所示。

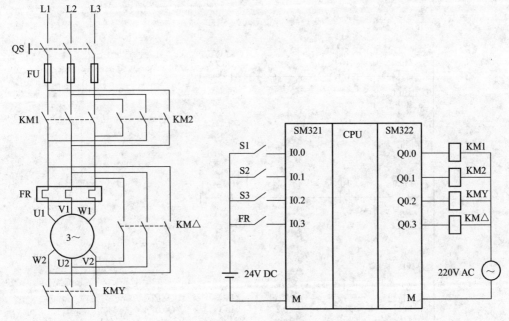

图 6-58 硬件接线图

四、梯形图程序

控制程序如图 6-59 所示。

五、仿真调试

在 OB1 中编写控制程序后存盘，打开仿真器，将控制程序下载到仿真器，再将仿真器
CPU 置于运行状态。可以看到：当正转启动按钮 S1 按下时，正转线圈 KM1 和 Y 形连接线
圈 KMY 接通，并且定时器开始启动；定时时间到，KMY 断开，△型连接线圈 KM△ 接通，
如图 6-60 所示。反转的情况和正转相似，如图 6-61 所示。

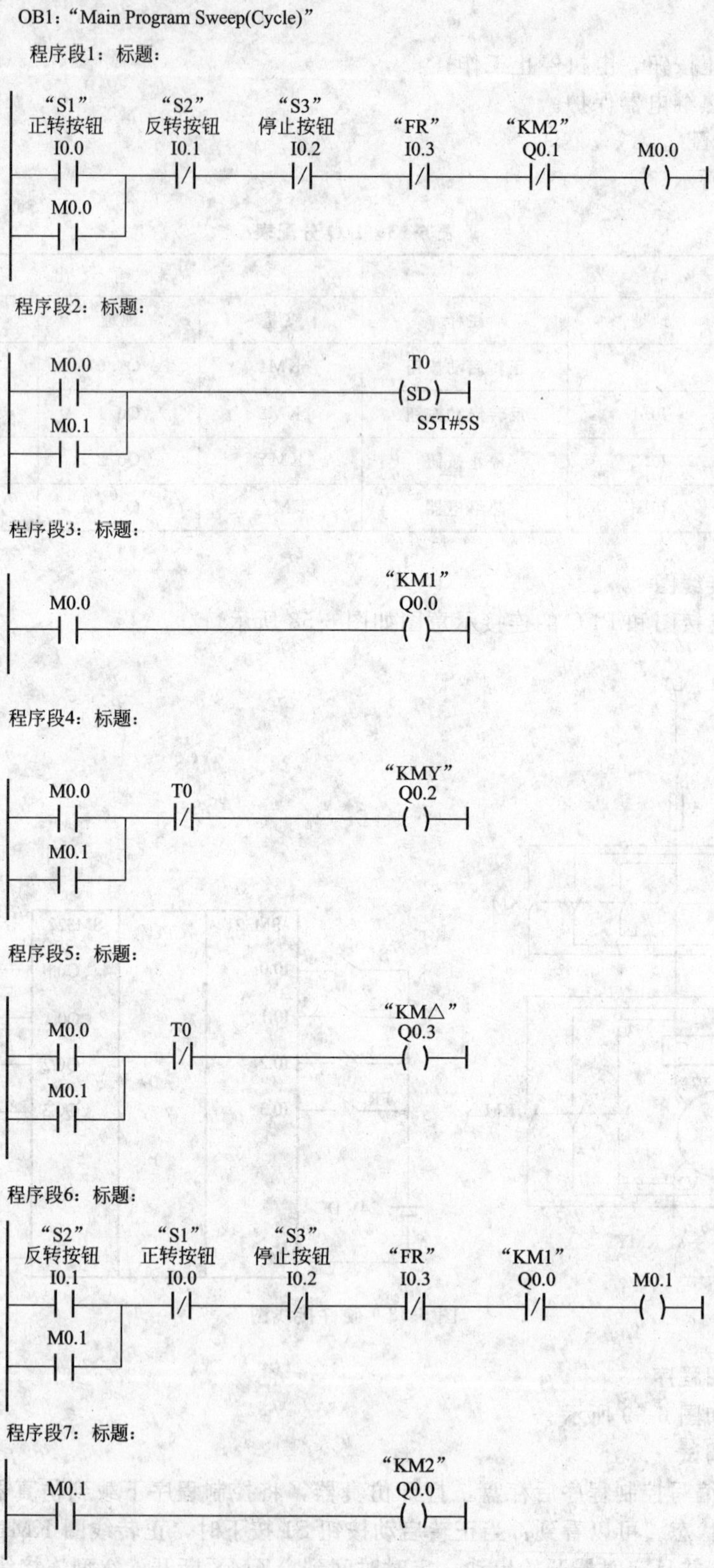

OB1："Main Program Sweep(Cycle)"

程序段1：标题：

"S1" 正转按钮 I0.0	"S2" 反转按钮 I0.1	"S3" 停止按钮 I0.2	"FR" I0.3	"KM2" Q0.1	M0.0

M0.0

程序段2：标题：

M0.0

M0.1

T0
(SD)
S5T#5S

程序段3：标题：

M0.0

"KM1"
Q0.0
( )

程序段4：标题：

M0.0   T0

M0.1

"KMY"
Q0.2
( )

程序段5：标题：

M0.0   T0

M0.1

"KM△"
Q0.3
( )

程序段6：标题：

"S2" 反转按钮 I0.1	"S1" 正转按钮 I0.0	"S3" 停止按钮 I0.2	"FR" I0.3	"KM1" Q0.0	M0.1 ( )

M0.1

程序段7：标题：

M0.1

"KM2"
Q0.0
( )

图 6-59　梯形图程序

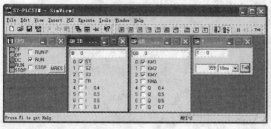

图 6-60　电动机正转启动过程仿真调试

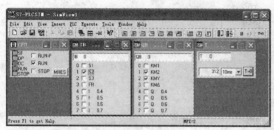

图 6-61　电动机反转启动过程仿真调试

子任务二　皮带传输机控制

一、控制要求

① 启动按钮 S1 按下，传送机的四节皮带电动机按照 M4、M3、M2、M1 的顺序依次启动，启动时间间隔 3s。

② 停止按钮 S2 按下，传送机的四节皮带电动机按照 M1、M2、M3、M4 的顺序依次停止，停止时间间隔 4s。

③ 若某皮带电动机出现故障，该皮带电动机前面的皮带电动机立即停止，后面的皮带电动机依次间隔 4s 后停止。

④ 每个电动机上有热继电器保护。

二、I/O 分配

如表 6-14 所示。

表 6-14　I/O 分配表

输　　入			输　　出		
变量	地址	注释	变量	地址	注释
S1	I0.0	启动按钮	M1	Q0.1	皮带电动机 M1
S2	I0.1	停止按钮	M2	Q0.2	皮带电动机 M2
SM1	I0.2	M1 检测	M3	Q0.3	皮带电动机 M3
SM2	I0.3	M2 检测	M4	Q0.4	皮带电动机 M4
SM3	I0.4	M3 检测			
SM4	I0.5	M3 检测			
FR1	I0.6	M1 热继电器			
FR2	I0.7	M2 热继电器			
FR3	I1.0	M3 热继电器			
FR4	I1.1	M4 热继电器			

三、梯形图程序

如图 6-62 所示。

OB1："Main Program Sweep(Cycle)"

程序段1：标题：

```
        I0.0      "M1"                                    M0.0
      ──┤├──────┤/├──────────────────┬──────────────────( )──
              Q0.1                    │
        M0.0                          │                    T0
      ──┤├──                          ├──────────────────(SD)──
                                      │                  S5T#3S
                                      │
                                      │      T0            T1
                                      ├─────┤├───────────(SD)──
                                      │                  S5T#3S
                                      │
                                      │      T1            T2
                                      └─────┤├───────────(SD)──
                                                         S5T#3S
```

程序段2：标题：

```
                                          "M4检测"   "FR4"    "M4"
        I0.0     T5      T7      T8        I0.5      I1.1     Q0.4
      ──┬─┤├───┤/├─────┤/├─────┤/├────────┤├───────┤/├──────( )──
        │
      "M4"
        │Q0.4
      ──┴─┤├──
```

程序段3：标题：

```
                                       "M3检测"   "M4"     "M3"
        T0      T4      T6             I0.4      Q0.4     Q0.3
      ──┬─┤├───┤/├─────┤/├────────────┤├───────┤/├──────┤/├──
        │
      "M3"
        │Q0.3
      ──┴─┤├──
```

程序段4：标题：

```
                                  "M2检测"   "M3"     "M2"
        T0      T3                I0.3      Q0.3     Q0.2
      ──┬─┤├───┤/├────────────────┤├───────┤/├──────( )──
        │
      "M2"
        │Q0.2
      ──┴─┤├──
```

程序段5：标题：

```
                                  "M1检测"   "M2"     "M1"
        T2      I0.1              I0.2      Q0.2     Q0.1
      ──┬─┤├───┤/├────────────────┤├───────┤/├──────( )──
        │
      "M1"
        │Q0.1
      ──┴─┤├──
```

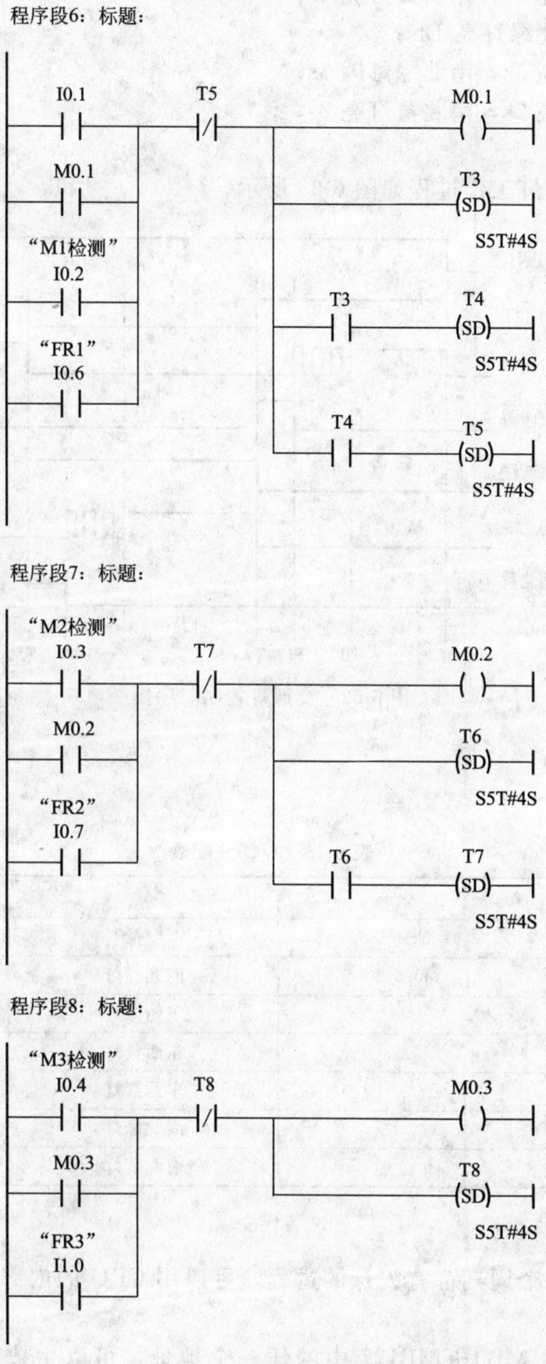

程序段6：标题：

程序段7：标题：

程序段8：标题：

图 6-62 梯形图程序

子任务三 定时器循环工作控制

一、控制要求

启动按钮 S1 按下，交通灯开始工作：

① 南北红灯、东西绿灯亮 10s；

② 南北红灯接着亮 3s，东西绿灯闪 3s；

③ 南北红灯接着亮 2s，东西黄灯亮 2s；

④ 东西红灯、南北绿灯亮 12s；

⑤ 东西红灯接着亮 3s，南北绿灯闪 3s；

⑥ 东西红灯接着亮 2s，南北黄灯亮 2s；

⑦ 重复以上动作。

用时序图表示交通灯工作过程如图 6-63 所示。

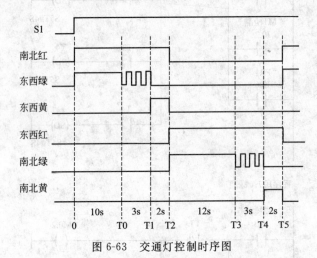

图 6-63　交通灯控制时序图

二、I/O 分配

如表 6-15 所示。

表 6-15　I/O 分配表

输　入		输　出	
变量	地址	变量	地址
S1	I0.0	南北红灯	Q0.0
		东西绿灯	Q0.1
		东西黄灯	Q0.2
		东西红灯	Q0.3
		南北绿灯	Q0.4
		南北黄灯	Q0.5

三、梯形图程序

本任务中绿灯在每个周期都有闪烁的过程，可以用 CPU 的内部时钟（Clock Memory）实现灯闪的功能。

使用内部存储器的 MB0～MB127 中的任一个地址，可以生成 8 个不同频率的时钟。Clock Memory 的功能是对所定义的 MB 的各个位周期性地改变其二进制的值（占空比为 1 : 1）。Clock Memory 的各位的周期及频率如表 6-16。

表 6-16　内部时钟存储位周期和频率

位序	7	6	5	4	3	2	1	0
周期/s	2	1.6	1	0.8	0.5	0.4	0.2	0.1
频率/Hz	0.5	0.625	1	1.25	2	2.5	5	10

在 SIMATIC 管理器界面打开硬件组态后，选中 CPU 模块，双击鼠标左键或单击鼠标右键打开下拉菜单选择 CPU 属性设置，如图 6-64 所示。

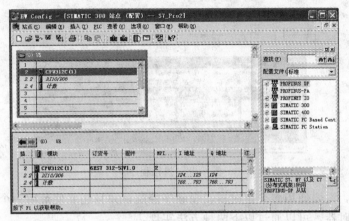

图 6-64　硬件组态窗口

在 CPU 属性设置对话框中选中"周期/时钟存储器"标签，如图 6-65 所示。将"时钟存储器"复选框选中，而后在"存储器字节"后的输入框中输入数字"10"，则内部存储器 MB10 被设为 CPU 的内部时钟，可以产生 8 中不同的时钟频率脉冲。

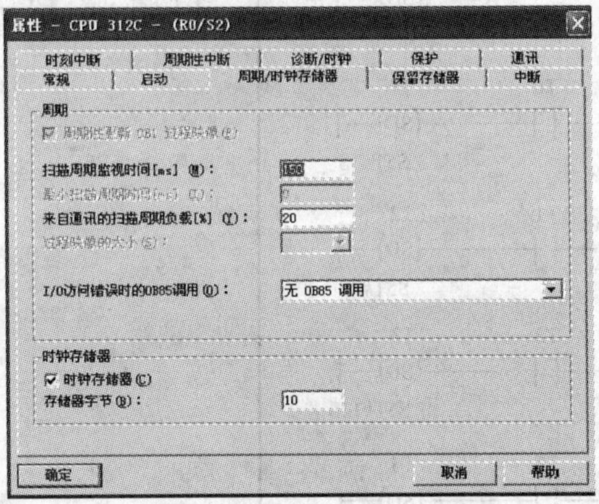

图 6-65　CPU 属性设置对话框

CPU 属性设置完成后，单击确定按钮退出设置对话框。将硬件组态进行保存和编译，如图 6-66 所示，而后打开仿真器，将硬件组态下载到仿真器，如图 6-67 所示。

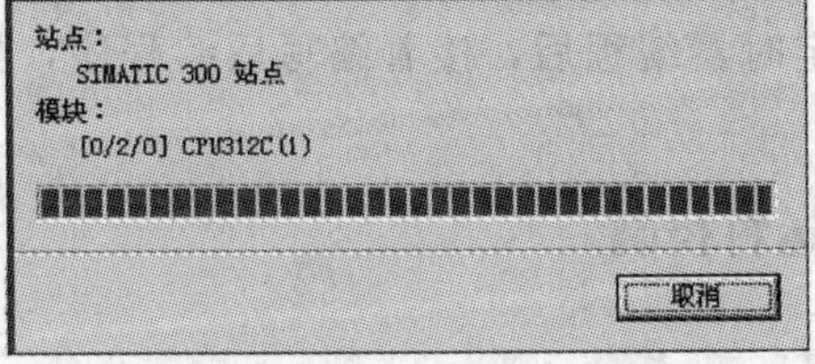

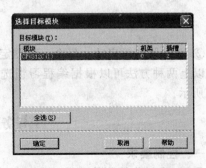

图 6-66

图 6-67　将硬件组态下载到仿真器

通过表 6-16 可知，CPU 内部时钟存储器的第 5 位周期为 1s，即 M10.5 为秒脉冲，可以通过图 6-68 所示程序看到 Q0.0 会以 1s 为周期变化。

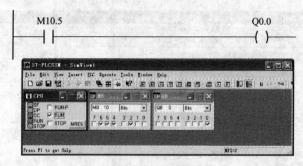

图 6-68　执行程序

在本任务中，需要使用多个定时器实现顺序控制，并且还要使最后一个定时器时间到以后再重新启动定时器。可以通过以下两种方法实现。

① 定时器的定时时间分别是每一段间隔时间，定时器依次启动。如图 6-69 所示。

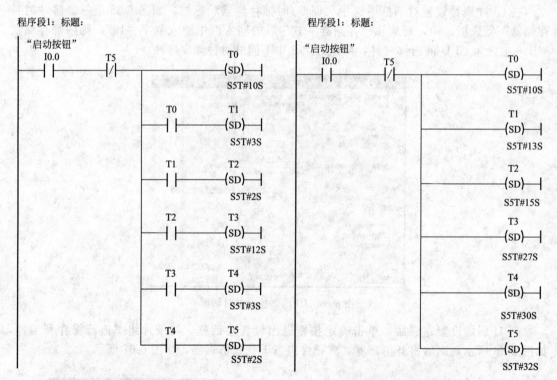

图 6-69　定时器依次启动　　　　　　图 6-70　定时器同时启动

② 定时器同时启动，每个定时器定时时间分别是前段时间间隔的累加。

以上两种方法可以根据编程习惯选择一种。定时器编程后，接着编写后续程序，如图 6-71 所示。

子任务四　小车运料控制

一、控制要求

① S1 为料位检测传感器，当加料斗满时为 1，进料泵 K1 停止工作，料不足时，S1 断

程序段2：标题：

```
   "启动按钮"                                    "南北红灯"
     I0.0              T2                          Q0.0
    ─┤ ├──────────────┤/├──────────────────────────( )─┤
```

程序段3：标题：

```
   "启动按钮"                                    "东西绿灯"
     I0.0              T0                          Q0.1
    ─┤ ├──────────────┤/├─────────────┬────────────( )─┤
                                      │
      T0            M10.5      T1      │
    ─┤ ├───────────┤ ├───────┤/├──────┘
```

程序段4：标题：

```
                                               "东西黄灯"
     T1                T2                         Q0.2
    ─┤ ├──────────────┤/├──────────────────────────( )─┤
```

程序段5：标题：

```
                                               "东西红灯"
     T2                T5                         Q0.3
    ─┤ ├──────────────┤/├──────────────────────────( )─┤
```

程序段6：标题：

```
                                               "南北绿灯"
     T2                T3                         Q0.4
    ─┤ ├──────────────┤/├─────────────┬────────────( )─┤
                                      │
      T3            M10.5      T4      │
    ─┤ ├───────────┤ ├───────┤/├──────┘
```

程序段7：标题：

```
                                               "南北黄灯"
     T4                T5                         Q0.5
    ─┤ ├──────────────┤/├──────────────────────────( )─┤
```

图 6-71　任务后续梯形图程序

开，K1 开始工作。

② S2 为运料小车到位传感器，运料车到达装料位置时，S2 闭合，同时停止指示红灯 L1 点亮，开始装料，在整个装料过程中 L1 始终点亮，禁止运料车启动。

③ 传送带按照 M3、M2、M1 的顺序启动，启动间隔 10s，下料控制阀 K2 开启，进料斗向传送带上下料，15s 后运料车装满，下料控制阀 K2 关闭。

④ 2s 后，传动带按 M1、M2、M3 的顺序停止，时间间隔为 10s。

⑤ 停止指示红灯 L1 熄灭，启动指示灯绿灯 L2 点亮，允许运料车启动，当运料车离开后，S2 断开。

控制过程用时序图表示如图 6-72 所示。

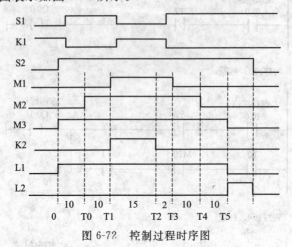

图 6-72　控制过程时序图

二、I/O 分配

如表 6-17 所示。

表 6-17　I/O 分配表

输　入			输　出		
变量	地址	注释	变量	地址	注释
S1	I0.0	料位传感器	K1	Q0.0	进料泵
S2	I0.1	车到位传感器	M1	Q0.1	传送带 M1
			M2	Q0.2	传送带 M2
			M3	Q0.3	传送带 M3
			K2	Q0.4	下料控制阀
			L1	Q0.5	红灯
			L2	Q0.6	绿灯

三、硬件接线图

如图 6-73 所示。

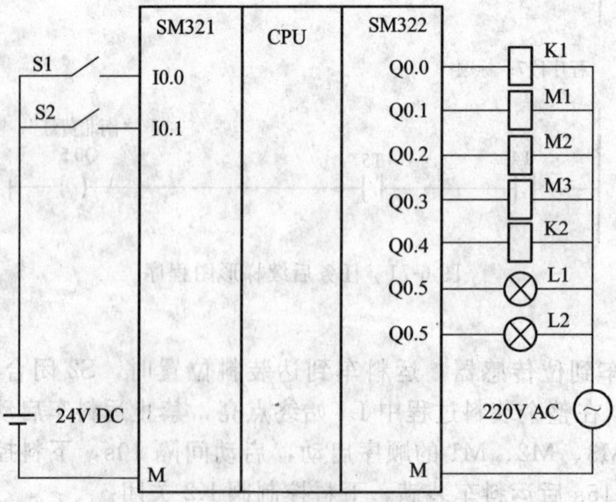

图 6-73　硬件接线图

OB1：标题：

程序段1：标题：

```
 "S1"                                    "K1"
 I0.0                                    Q0.0
──┤/├─────────────────────────────────────( )──
```

程序段2：标题：

```
 "S2"
 I0.1                                      T0
──┤ ├──┬──────────────────────────────────(SD)──┤
  │    │                                S5T#10S
  │    │    T0                            T1
  │    ├──┤ ├──────────────────────────────(SD)──┤
  │    │                                S5T#10S
  │    │    T1                            T2
  │    ├──┤ ├──────────────────────────────(SD)──┤
  │    │                                S5T#15S
  │    │    T2                            T3
  │    ├──┤ ├──────────────────────────────(SD)──┤
  │    │                                S5T#2S
  │    │    T3                            T4
  │    ├──┤ ├──────────────────────────────(SD)──┤
  │    │                                S5T#10S
  │    │    T4                            T5
  │    └──┤ ├──────────────────────────────(SD)──┤
  │                                      S5T#10S
```

程序段3：标题：

```
   T1        T3                           "M1"
                                          Q0.1
──┤ ├──────┤/├────────────────────────────( )──
```

程序段4：标题：

```
   T0        T4                           "M2"
                                          Q0.2
──┤ ├──────┤/├────────────────────────────( )──
```

程序段5：标题：

```
 "S2"
 I0.1      T5                             "M3"
                                          Q0.3
──┤ ├──────┤/├──┬──────────────────────────( )──
              │                          "L1"
              │                          Q0.5
              └──────────────────────────( )──
```

程序段6：标题：

```
   T1        T2                           "K2"
                                          Q0.4
──┤ ├──────┤/├────────────────────────────( )──
```

程序段7：标题：

```
 "S2"      "L1"                           "L2"
 I0.1      Q0.5                           Q0.6
──┤ ├──────┤/├────────────────────────────( )──
```

图 6-74 小车运料控制梯形图程序

OB1："Main Program Sweep(Cycle)"

程序段1：标题：

```
    "S1"
    启动按钮
    I0.1            CO                          M0.1
  ───┤├────┬───────┤├──────────────────────────( )───
           │
    M0.1   │
  ───┤├────┘
```

程序段2：标题：

```
   M0.1        T1                              T0
  ──┤├────────┤/├──────┬───────────────────────(SD)───
                       │                      S5T#5S
                       │
                       │   T0                  T1
                       └──┤├──────────────────(SD)───
                                             S5T#3S
```

程序段3：标题：

```
                                           C0
   M0.1      T0      M0.0              ┌──S_CD──┐
  ──┤├──────┤├──────( N )────────────┤CD     Q├───────
                                      │        │
                     "S1"             │        │
                     启动按钮          │        │
                     I0.1 ───────────┤S     CV├─── ···
                                      │        │
                     C#10 ───────────┤PV CV_BCD├─── ···
                                      │        │
                     I0.2 ───────────┤R        │
                                      └────────┘
```

程序段4：灯L1

```
                                           "L1"
                                           灯L1
   M0.1        T0                          Q0.1
  ──┤├────────┤/├───────────────────────────( )───
```

程序段5：灯L2

```
              "L1"                        "L2"
              灯L1                         灯L2
   M0.1       Q0.1                        Q0.2
  ──┤├───────┤/├─────────────────────────( )───
```

图 6-75　计数控制梯形图程序

四、梯形图程序

如图 6-74 所示。

子任务五　计数控制

一、控制要求

启动按钮 S1 按下后，灯 L1 亮 5s，L1 灭同时灯 L2 亮 3s，L2 灭同时灯 L1 亮 5s，如此交替 10 次后自动停止。

二、I/O 分配

如表 6-18 所示。

表 6-18　I/O 分配表

输　入			输　出		
变量	地址	注释	变量	地址	注释
S1	I0.1	启动按钮	L1	Q0.0	灯 L1
			L2	Q0.0	灯 L2

三、梯形图程序

如图 6-75 所示。

任务三　数字指令和控制指令的应用

【任务描述】

S7-300 除了位逻辑控制指令、定时器和计数器指令以外，还有比较器指令、转换器指令、跳转指令、函数指令、移动指令、程序控制指令、移位/循环指令和字逻辑指令等数字指令和控制指令。通过本任务的学习，掌握这些指令的功能和应用方法。

【任务分析】

① 数字指令和控制指令的功能。
② 数字指令和控制指令的应用。

【知识准备】

一、装入和传送指令

装入（L）和传送（T）指令可以在存储区之间或存储区与过程输入、输出之间交换数据。CPU 执行这些指令不受逻辑操作结果 RLO 的影响。L 指令将源操作数装入累加器 1 中，而累加器原有的数据移入累加器 2 中，累加器 2 中原有的内容被覆盖。T 指令将累加器 1 中的内容写入目的存储区中，累加器的内容保持不变。L 和 T 指令可对字节、字、双字数据进行操作，当数据长度小于 32 位时，数据在累加器右对齐，其余各位填 0。

1. 对累加器 1 的装入和传送指令

　　L　+5
　　T　MW0

2. 读取或传送状态字

　　L　STW　//将状态字中 0～8 位装入累加器 1 中，累加器 9～31 位被清 0

    T   STW   //装累加器 1 中的内容传送到状态字中

3. 装入时间值或计数值

    L   T1   //将定时器 T1 中二进制格式的时间值直接装入累加器 1 的低字中

    LC   T1   //将定时器 T1 中的时间值和时基以 BCD 格式装入累加器 1 的低字中

    L   C1   //将计数器 C1 中二进制格式的计数值直接装入累加器 1 的低字中

    LC   C1   //将计数器 C1 中的计数值以 BCD 格式装入累加器 1 的低字中

4. 地址寄存器装入和传送

    LAR1   //将操作数的内容装入地址寄存器 AR1

    LAR2   //将操作数的内容装入地址寄存器 AR2

    TAR1   //将 AR1 的内容传送给存储区或 AR2

    TAR2   //将 AR2 的内容传送给存储区

    CAR   //交换 AR1 和 AR2 的内容

对于地址寄存器，可以不经过累加器 1 而直接将操作数装入或传出，或将两个地址寄存器的内容直接交换。

二、移动指令

移动指令的功能是将输入地址中的内容传送到输出地址中。其指令格式和对应的输入/输出参数如表 6-19 所示。

表 6-19   移动指令格式和对应的输入/输出参数

符号	参数	数据类型	存储区	说明
MOVE EN ENO ???—IN OUT—???	EN	BOOL	I、Q、M、L、D	使能输入端
	ENO	BOOL	I、Q、M、L、D	输出使能端
	IN	所有长度为 8、16 或 32 位的基本数据类型	I、Q、M、L、D 或常数	源值或源地址
	OUT	所有长度为 8、16 或 32 位的基本数据类型	I、Q、M、L、D	目标地址

MOVE 指令通过启用 EN 输入来激活。在 IN 输入端指定的值将复制到在 OUT 输出端指定的地址。ENO 与 EN 的逻辑状态相同。MOVE 只能复制 BYTE、WORD 或 DWORD 数据对象。

MOVE 指令编程的方法如图 6-76 所示。

OB1:"Main Program Sweep(Cycle)"

程序段1: 标题:

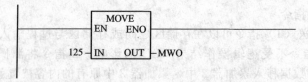

程序段2: 标题:

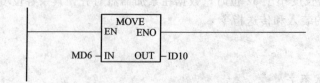

图 6-76 MOVE 指令编程的方法

三、比较指令

比较指令用于比较两个数值的大小关系，被比较的两个数可以是整数、长整数或实数，并且被比较的两个数的数据类型必须相同。

表 6-20 为比较两个整数的指令格式，表 6-21 为整数比较指令对应的参数。

表 6-20　整数比较指令格式

==IN1 等于 IN2	<>IN1 不等于 IN2	>IN1 大于 IN2
CMP==1 ???—IN1 ???—IN2	CMP<>1 ???—IN1 ???—IN2	CMP>1 ???—IN1 ???—IN2
<IN1 小于 IN2	>=IN1 大于或等于 IN2	<=IN1 小于或等于 IN2
CMP<1 ???—IN1 ???—IN2	CMP>=1 ???—IN1 ???—IN2	CMP<=1 ???—IN1 ???—IN2

表 6-21　整数比较指令的参数

参数	数据类型	存储区	说明
输入框	BOOL	I、Q、M、L、D	上一逻辑运算的结果
输出框	BOOL	I、Q、M、L、D	比较的结果，仅在输入框的 RLO=1 时才进一步处理
IN1	INT	I、Q、M、L、D 或常数	要比较的第一个值
IN2	INT	I、Q、M、L、D 或常数	要比较的第二个值

（1）CMP ? I（整数比较指令）　比较 IN1 和 IN2 输入的数值，当比较的条件满足时，输出为 1 状态。其使用方法如图 6-77 和图 6-78 所示。

OB1: "Main Program Sweep(Cycle)"

程序段1：标题：

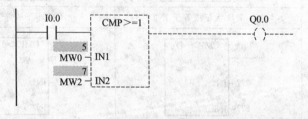

图 6-77　整数比较指令的应用（1）

OB1:"Main Program Sweep(Cycle)"

程序段1：标题：

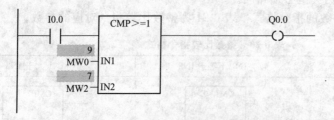

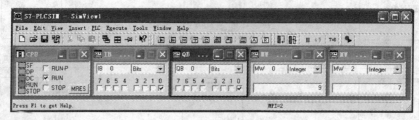

图 6-78　整数比较指令的应用（2）

从图 6-77 的仿真运行过程可以看出在 I0.0 为 1 状态时，比较指令可以对两个输入数值进行比较，由于 MW0 里的数值为 5，小于 MW2 里的数值 7，比较 IN1 大于等于 IN2 的条件不成立，则 Q0.0 为 0 状态；图 6-78 所示的仿真过程中，IN1 大于等于 IN2 的条件成立，则比较结果为 TRUE，则此函数的 RLO 为 1，Q0.0 为 1 状态。

（2）CMP？D（长整数比较指令）　它的功能和整数比较指令功能相似，表 6-22 为比较两个长整数比较指令格式，表 6-23 为长整数比较指令对应的参数。

表 6-22　长整数比较指令格式

==IN1 等于 IN2	<>IN1 不等于 IN2	>IN1 大于 IN2
CMP==D ???—IN1 ???—IN2	CMP<>D ???—IN1 ???—IN2	CMP>D ???—IN1 ???—IN2
<IN1 小于 IN2	>=IN1 大于或等于 IN2	<=IN1 小于或等于 IN2
CMP<D ???—IN1 ???—IN2	CMP>=D ???—IN1 ???—IN2	CMP<=D ???—IN1 ???—IN2

表 6-23　长整数比较指令的参数

参数	数据类型	存储区	说明
输入框	BOOL	I、Q、M、L、D	上一逻辑运算的结果
输出框	BOOL	I、Q、M、L、D	比较的结果，仅在输入框的 RLO=1 时才进一步处理
IN1	DINT	I、Q、M、L、D 或常数	要比较的第一个值
IN2	DINT	I、Q、M、L、D 或常数	要比较的第二个值

（3）CMP？R（实数比较指令）　和"CMP？D"长整数比较指令比较的数值都是用 32 位二进制数表示的，只是数据类型不同，它们的功能都和整数比较指令功能相似，表 6-24 为比较两个实数的指令格式，表 6-25 为实数比较指令的参数。

表 6-24　实数比较指令的格式

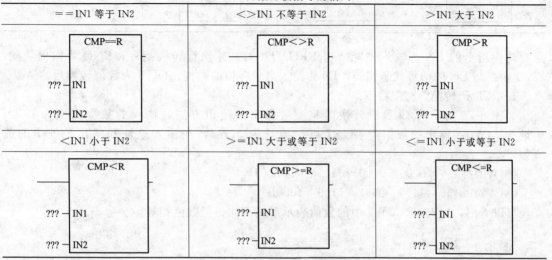

表 6-25　实数比较指令的参数

参数	数据类型	存储区	说　　明
输入框	BOOL	I、Q、M、L、D	上一逻辑运算的结果
输出框	BOOL	I、Q、M、L、D	比较的结果，仅在输入框的 RLO＝1 时才进一步处理
IN1	REAL	I、Q、M、L、D 或常数	要比较的第一个值
IN2	REAL	I、Q、M、L、D 或常数	要比较的第二个值

四、转换指令

转换指令用于不同数据类型之间的转换、对数值取整和对数值求补码等。表 6-26 为转换指令的格式。

表 6-26　转换指令的格式

BCD 码转换为整型	BCD 码转换为长整型	长整型转换为 BCD 码	整型转换为 BCD 码
BCD_I EN　ENO ???─IN　OUT─???	BCD_DI EN　ENO ???─IN　OUT─???	DI_BCD EN　ENO ???─IN　OUT─???	I_BCD EN　ENO ???─IN　OUT─???
长整型转换为浮点型	整型转换为长整型	取整为长整型	截取长整数部分
DI_R EN　ENO ???─IN　OUT─???	I_DI EN　ENO ???─IN　OUT─???	ROUND EN　ENO ???─IN　OUT─???	TRUNC EN　ENO ???─IN　OUT─???
向上取整	向下取整	对整数求反码	对长整数求反码
CEIL EN　ENO ???─IN　OUT─???	FLOOR EN　ENO ???─IN　OUT─???	INV_I EN　ENO ???─IN　OUT─???	INV_DI EN　ENO ???─IN　OUT─???

续表

对整数求补码	对长整数求补码	浮点数取反	
NEG_I EN ENO ???—IN OUT—???	NEG_DI EN ENO ???—IN OUT—???	NEG_R EN ENO ???—IN OUT—???	

转换指令的 EN 为输入使能，当 RLO 为 1 时，才执行转换指令；ENO 为输出使能，ENO 始终与 EN 的信号状态相同；IN 为输入准备转换的数值；OUT 为数值转换后的结果。

1. BCD 码转换为整型数

如图 6-79 所示为 BCD 码转换为整型数指令的使用方法，输入的数据类型为 BCD，地址为 MW0；输出的数据类型为 INT，地址为 MW2。在输入地址和输出地址中的数值如下：

（MW0）＝456＝0000　0100　0101　0110BCD

（MW2）＝456＝0000　0001　1100　1000B

可以看出，MW0 和 MW2 中的数值表示形式不同，但数值相等。

程序段 1：标题：

图 6-79　BCD 码转换为整型数指令应用举例

2. 整型数转换为 BCD 码

如图 6-80 所示为整型数转换为 BCD 码指令的使用方法，输入的数据类型为 INT，地址为 MW0；输出的数据类型为 BCD，地址为 MW2。

（MW0）＝123＝0000　0000　0111　1011B

（MW2）＝123＝0000　0001　0010　0011　BCD

3. 整型数转换为长整型数

如图 6-81 所示为整型数转换为长整型数指令的使用方法，输入的数据类型为 16 位的整型数（INT），地址为 MW0；输出的数据类型为 32 位的长整型数 DINT，地址为 MD2。

4. BCD 码转换为长整数

如图 6-82 所示为 BCD 码转换为长整型数指令的使用方法，输入的数据类型为 32 位的 BCD，地址为 MD0；输出的数据类型为 32 位的长整型数 DINT，地址为 MD4。

程序段 1：标题：

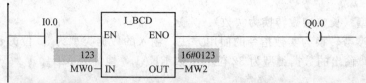

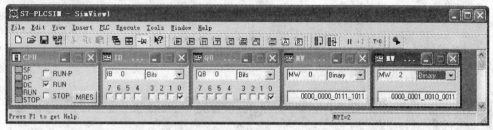

图 6-80 整型数转换为 BCD 码指令应用举例

程序段 1：标题：

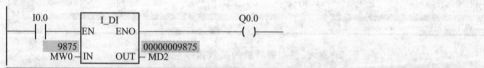

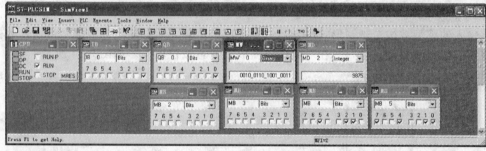

图 6-81 整型数转换为长整型数指令应用举例

5. 长整型数转换为 BCD 码

程序段 1：标题：

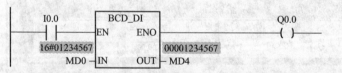

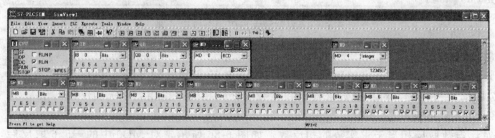

图 6-82 BCD 码转换为长整型数指令应用举例

长整型数转换为 BCD 码指令的输入数据类型为 32 位的 DINT；输出的数据类型为 32 位的 BCD 码。

6. 长整型转换为浮点型（长整型数转换为实数）

如图 6-83 所示为长整型数转换为实数指令的使用方法，输入的数据类型为 32 位的长整型数 DINT，地址为 MD0；输出的数据类型为 32 位的实数 REAL，地址为 MD4。

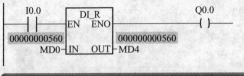

图 6-83　长整型数转换为实数指令应用举例

7. 对整数求反码

将输入的整型数按二进制形式展开，进行求反码运算之后，输出的数据是将输入数据的"0"在对应位置变成"1"，"1"在对应位置变成"0"，按位取反。如图 6-84 所示。

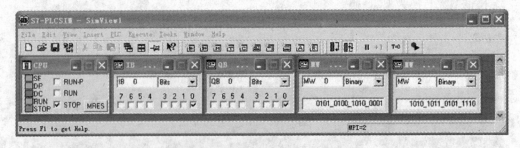

图 6-84　对整数求反码指令应用举例

8. 对整数求补码

对整数求补码相当于求整数的相反数，如图 6-85 所示，对 MW0 中的 50 求补码后，在 MW2 中结果为−50，对长整数求补码和整数求补码相同，也相当于求相反数。

9. 浮点数取反

对浮点数取反相当于求实数的相反数，如图 6-86 所示，对 MD0 中的−5.6 取反后，在 MW2 中结果为 5.6，即将正数变为负数，负数变为正数。

程序段 1 : 标题:

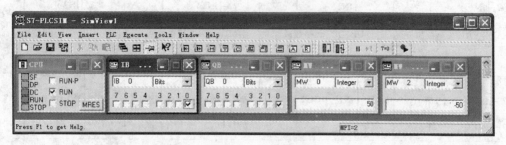

图 6-85　对整数求补码指令应用举例

程序段 1 : 标题:

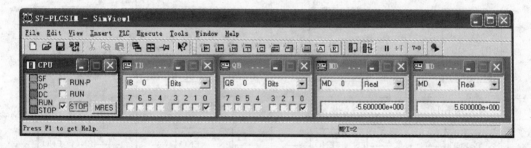

图 6-86　浮点数取反指令应用举例

10. 取整指令应用

ROUND 取整为长整型指令，相当于对输入数值进行四舍五入运算；TRUNC 截取长整数指令的功能是将输入数值的小数部分直接舍去，只保留整数部分；CEIL 向上取整指令相当于取最接近并且大于该数的整数；FLOOR 向下取整和向上取整指令相反。

五、函数运算指令

函数运算指令包括对整数函数和浮点数函数进行运算的指令，表 6-27 所示为整数函数指令的格式，表 6-28 所示为浮点数函数指令的格式。

在 STEP 7 中可以用函数运算指令对整数、长整数和实数进行加、减、乘、除等算术运算。算术运算指令在累加器 1 和 2 中进行，在累加器 2 中的值作为被减数或被除数。算术运算的结果存在累加器 1 中，累加器 1 原有的值被运算结果覆盖，累加器 2 中的值保持不变。

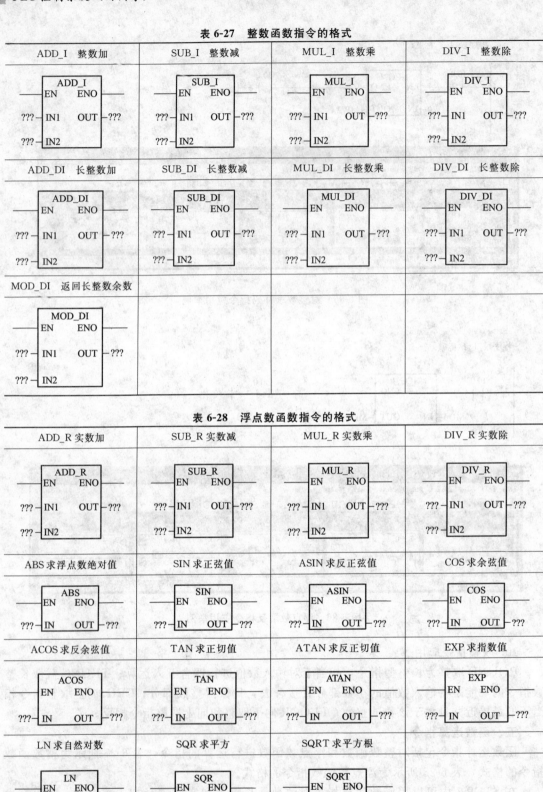

表 6-27　整数函数指令的格式

表 6-28　浮点数函数指令的格式

【例 6-1】　编程计算 $(56×20+15-46)÷18$ 的数值。

通过仿真器模拟程序运行结果如图 6-87 所示。

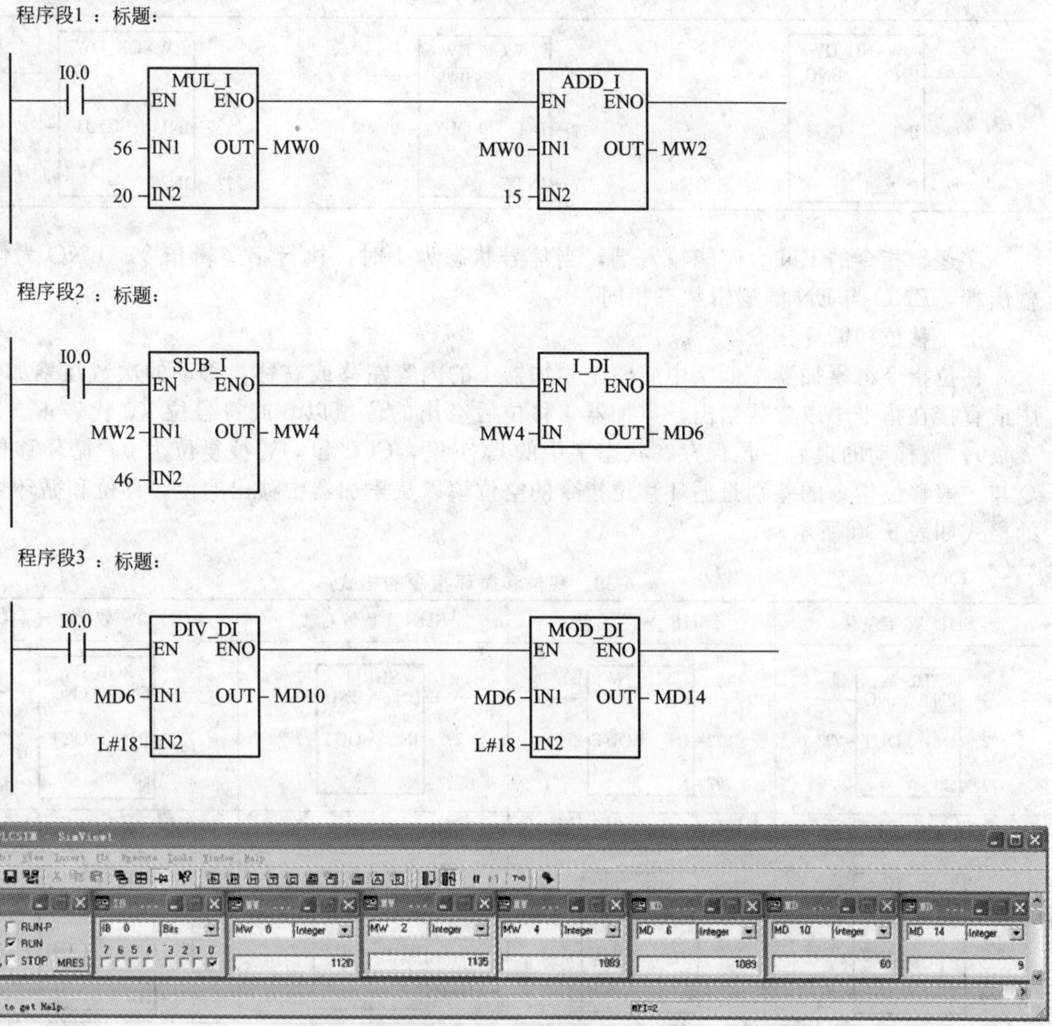

程序段1：标题：

程序段2：标题：

程序段3：标题：

图 6-87　应用举例

六、字逻辑指令

字逻辑指令将两个字（16 位）或双字（32 位）逐位进行与、或、异或等逻辑运算。每个字或双字都必须分别存放在 2 个累加器中，操作的结果被存放在累加器 1 中，原有的内容被覆盖。字逻辑运算指令的格式如表 6-29 所示。

表 6-29　字逻辑运算指令格式

WAND_W 单字与运算	WOR_W 单字或运算	WXOR_W 单字异或运算
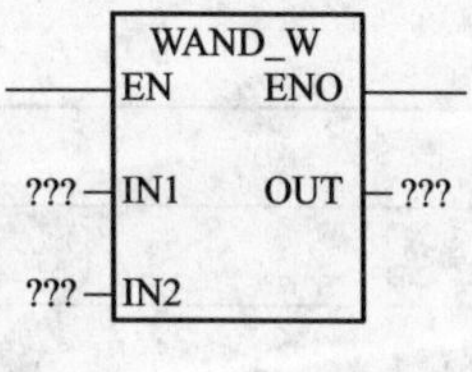	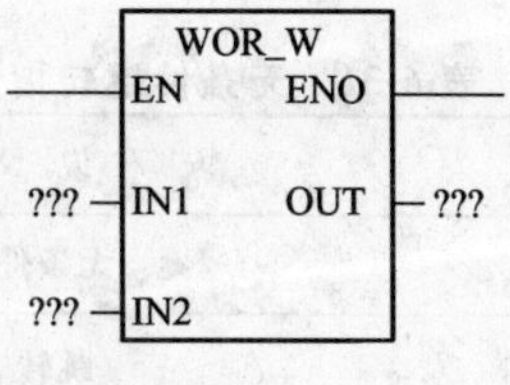	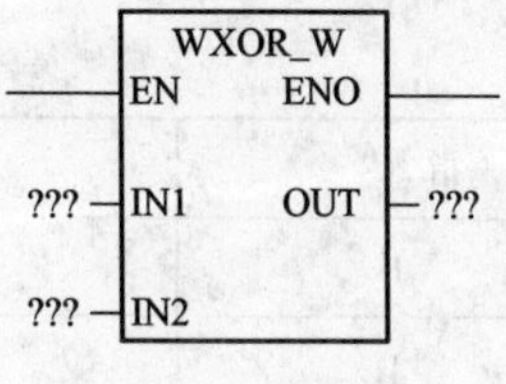

WAND_DW 双字与运算	WOR_DW 双字或运算	WXOR_DW 双字异或运算
WAND_DW EN　ENO ???—IN1　OUT—??? ???—IN2	WOR_DW EN　ENO ???—IN1　OUT—??? ???—IN2	WXOR_DW EN　ENO ???—IN1　OUT—??? ???—IN2

字逻辑指令的 EN 为使能输入端，当信号状态为 1 时，执行字逻辑指令。ENO 为使能输出端，ENO 与 EN 的逻辑状态相同。

七、移位和循环指令

移位指令将累加器 1 低字中或整个累加器 1 的内容左移或右移，移动的次数在累加器 2 中或直接在指令中以常数给出。累加器 1 移位后空出的位填以 0 或符号位（0 代表正、1 代表负），被移动的最后一位保存在状态字中的 CC1 里，CC0 和 OV 被复位为 0。循环移位指令与一般移位指令的差别是循环移位指令的空位填以从累加器中移出的位。移位和循环指令的格式如表 6-30 所示。

表 6-30　移位和循环指令的格式

SHL_W 字左移	SHR_W 字右移	SHR_I 整数右移	ROL_DW 双字循环左移
SHL_W EN　ENO ???—IN　OUT—??? ???—N	SHR_W EN　ENO ???—IN　OUT—??? ???—N	SHR_I EN　ENO ???—IN　OUT—??? ???—N	ROL_DW EN　ENO ???—IN　OUT—??? ???—N
SHL_DW 双字左移	SHR_DW 双字右移	SHR_DI 长整数右移	ROR_DW 双字循环右移
SHL_DW EN　ENO ???—IN　OUT—??? ???—N	SHR_DW EN　ENO ???—IN　OUT—??? ???—N	SHR_DI EN　ENO ???—IN　OUT—??? ???—N	ROR_DW EN　ENO ???—IN　OUT—??? ???—N

八、控制指令

1. 逻辑控制指令

逻辑控制指令是指逻辑块内的跳转和循环指令，这些指令中止程序原有的线性逻辑流程，跳到另一处执行程序。跳转或循环指令的操作数是地址标号，该地址标号指出程序要跳往何处，标号最多为 4 个字符，第一个字符必须是字母，其余字符可为字母或数字。与它相同的标号还必须写在程序跳转的目的地前，称为目标地址标号。在一个逻辑块内，目标地址标号不能重名。在语句表中，目标标号与目标指令用冒号分隔。在梯形图中，目标标号必须在一个网络的开始。

（1）无条件跳转指令　如表 6-31 所示。

表 6-31　无条件跳转指令

指　令	说　明
JU	无条件跳转
JL	跳转表格

无条件跳转指令（JU）无条件中断正常的程序逻辑流程，使程序跳转到目标处继续执行。跳转表格指令（JL）实质上是多路分支跳转语句，它必须与无条件跳转指令一起使用。多路分支的路径参数存放于累加器 1 中。

（2）条件跳转指令　如表 6-32 所示。

表 6-32　条件跳转指令

指　　令	说　　明
JC	当 RLO=1 时跳转
JCN	当 RLO=0 时跳转
JCB	当 RLO=1 且 BR=1 时跳转，指令执行时将 RLO 保存在 BR 中
JNB	当 RLO=0 且 BR=0 时跳转，指令执行时将 RLO 保存在 BR 中
JBI	当 BR=1 时跳转，指令执行时，OR、FC 清 0，STA 置 1
JNBI	当 BR=0 时跳转，指令执行时，OR、FC 清 0，STA 置 1
JO	当 OV=1 时跳转
JOS	当 OS=1 时跳转，指令执行时，OS 清 0
JZ	累加器 1 中的计算结果为 0 跳转
JN	累加器 1 中的计算结果为非 0 跳转
JP	累加器 1 中的计算结果为正跳转
JM	累加器 1 中的计算结果为负跳转
JMZ	累加器 1 中的计算结果小于等于 0 跳转
JPZ	累加器 1 中的计算结果大于等于 0 跳转
JUO	实数溢出跳转

（3）循环指令　使用循环指令（LOOP）可以多次重复执行特定的程序段，重复执行的次数存在累加器 1 中，即以累加器 1 为循环计数器。LOOP 指令执行时，将累加器 1 低字中的值减 1，如果不为 0，则回到循环体开始处继续循环过程，否则执行 LOOP 指令后面的指令。循环体是指循环标号和 LOOP 指令间的程序段。由于循环次数不能是负数，所以程序应保证循环计数器中的数为正整数（数值范围：0～32767）或字型数据（数值范围：W♯16♯0000～W♯16♯FFFF）。

（4）梯形图逻辑控制指令　如表 6-33 所示。

表 6-33　梯形图逻辑控制指令

指　　令	说　　明
<地址>—(JMP)	用于无条件跳转或以 RLO=1 为跳转条件。无条件跳转时不影响状态字，条件跳转时，清 OR、FC；置位 STA,RLO
<地址>—(JMPN)	当 RLO=0 时跳转，清 OR、FC；置位 STA、RLO

在 S7 中，没有根据算术运算结果直接转移的梯形逻辑指令。但通过使用反映字各位状态的常开常闭触点，并使用前面两条跳转指令，即可实现根据运算结果的跳转功能。如表 6-34 所示。

表 6-34　状态位常开、常闭触点

指　　令		说　　明
>0 —| |—	>0 —|/|—	算术运算结果大于 0，则常开触点闭合，常闭触点断开，该指令检查状态字条件码 CC0 和 CC1 的组合，决定结果与 0 的关系
>=0 —| |—	>=0 —|/|—	算术运算结果大于等于 0，则常开触点闭合，常闭触点断开，该指令检查状态字条件码 CC0 和 CC1 的组合，决定结果与 0 的关系
UO —| |—	UO —|/|—	浮点算术运算结果溢出，则常开触点闭合，常闭触点断开
BR —| |—	BR —|/|—	若状态字的位 BR 为 1，常开触点闭合，常闭触点断开

2. 程序控制指令

程序控制指令是指功能块（FB、FC、SFB、SFC）调用指令和逻辑块（OB、FB、FC）结束指令。调用块或结束块可以是有条件的或无条件的。STEP 7 中的功能块实质上就是子程序。子程序和功能块将在项目七中介绍。

3. 主控继电器指令

主控继电器是一种美国梯形图逻辑主控开关，用来控制信号流（电流路径）的通断。如表 6-35 所示。

表 6-35　主控继电器指令

LAD 指令	说　　明
—(MCRA)	激活 MCR 区，该指令表明一个按 MCR 方式操作区域的开始
—(MCRD)	激活 MCR 区（应与 MCRA 成对使用），该指令表明一个按 MCR 方式操作区域的结束
—(MCR<)	主控继电器，该指令将 RLO 保存于 MCR 堆栈中，产生一条子母线，其后的指令与子母线相连
—(MCR>)	恢复 RLO，结束子母线，返回主母线

主控继电器指令的应用举例如图 6-88 所示。程序段 1 在主控继电器指令之外，所以程序段 1 执行不受主控继电器指令的影响，当 I0.0 接通时，Q0.0 得电。程序段 4 在主控继电器指令之中，只有当 I0.2 接通时，激活了主控继电器指令，程序段 4 才会被执行。

【任务实施】

子任务一　停车场车位自动控制

一、控制要求

停车场有 100 个车位，在停车场的入口处有一个接近开关 S1，当有车进入停车场时，接近开关输出脉冲；在停车场的出口处也有一个接近开关 S2，当有车离开停车场时，接近开关输出脉冲。要求在停车场内有空余停车位时，入口处的栏杆才可以开启，允许车辆进入停车场，并用绿色指示灯 L1 表示还有空车位；如果车位已满，则用红色指示灯 L2 表示车位已满，并且栏杆不能开启，禁止车辆进入。

二、I/O 分配

如表 6-36 所示。

三、梯形图程序

如图 6-89 所示。

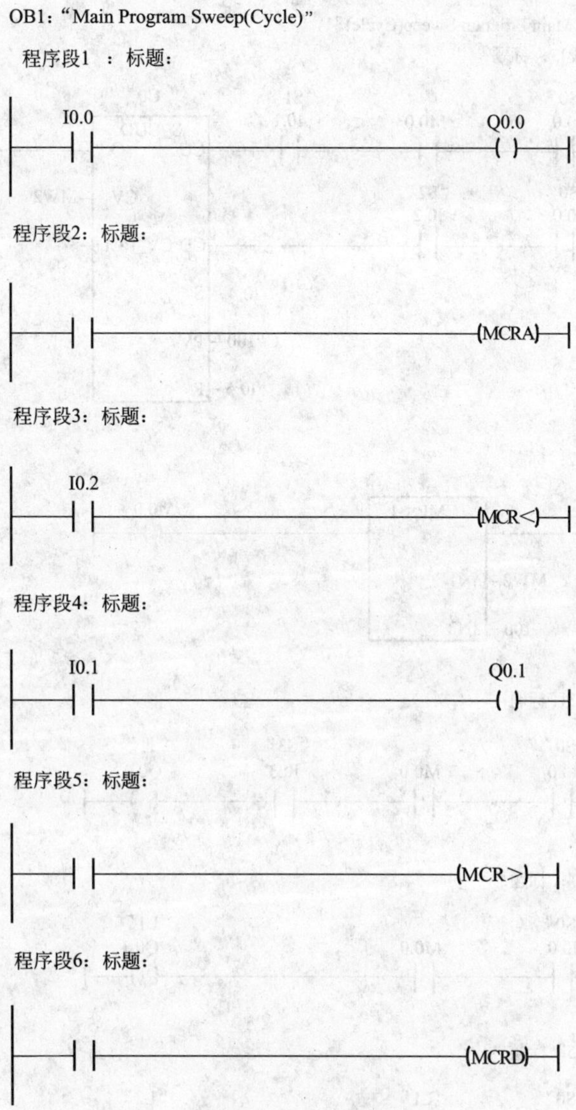

OB1："Main Program Sweep(Cycle)"

程序段1 ：标题：

```
     I0.0                                          Q0.0
 ─────┤ ├─────────────────────────────────────────( )──────
```

程序段2：标题：

```
 ─────┤ ├─────────────────────────────────────────(MCRA)──
```

程序段3：标题：

```
     I0.2
 ─────┤ ├────────────────────────────────────────(MCR<)───
```

程序段4：标题：

```
     I0.1                                          Q0.1
 ─────┤ ├─────────────────────────────────────────( )──────
```

程序段5：标题：

```
 ─────┤ ├─────────────────────────────────────────(MCR>)───
```

程序段6：标题：

```
 ─────┤ ├─────────────────────────────────────────(MCRD)───
```

图 6-88　主控继电器指令的应用举例

表 6-36　I/O 分配表

输　　入			输　　出		
变量	地址	注释	变量	地址	注释
S0	I0.0	系统启动开关	M	Q0.0	栏杆控制电动机
S1	I0.1	入口接近开关	L1	Q0.1	允许进入指示灯（绿灯）
S2	I0.2	出口接近开关	L2	Q0.2	禁止进入指示灯（红灯）
S3	I0.3	栏杆打开按钮			

子任务二　LED 显示控制

一、控制要求

用 PLC 控制七段 LED 数码管，"＋"按钮 S1 每按一下加 1，"－"按钮 S2 每按一下减

OB1："Main Program Sweep(Cycle)"

程序段1：标题：

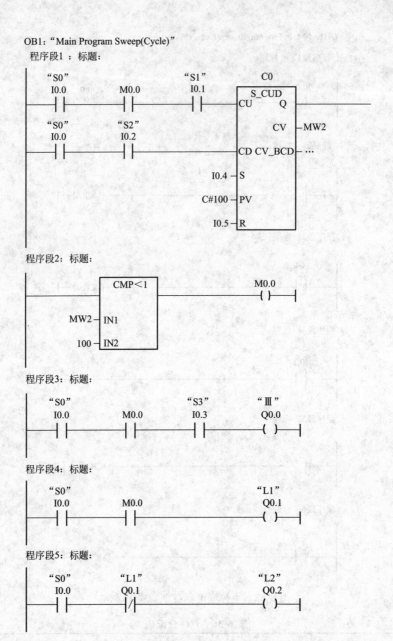

程序段2：标题：

程序段3：标题：

程序段4：标题：

程序段5：标题：

图 6-89　停车场车位自动控制梯形图程序

1，要求能够正确显示数字 0～9。当加到 9 时再按加按钮不再增加，减到 0 时再按减按钮不再减小。

采用共阴极的七段码进行显示，如图 6-90 所示，则对应字段的输入为高电平 1 时，该字段发光；对应字段输入为低电平"0"时，该字段不发光。数字 0～9 对应的字型码如表6-37所示。

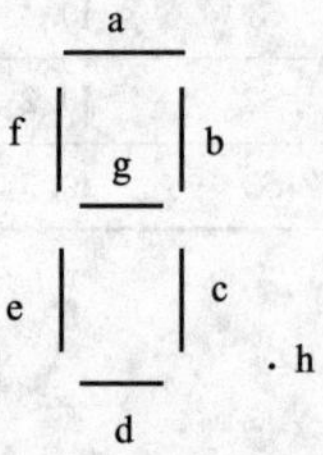

二、I/O 分配

系统启动按钮地址为：I0.0

字型码地址为：QB0

三、梯形图程序

图 6-90　七段
LED 数码管

表 6-37　数字 0～9 对应的字型码表

数字	h	g	f	e	d	c	b	a	字型码
0	0	0	1	1	1	1	1	1	3FH
1	0	0	0	0	0	1	1	0	06H
2	0	1	0	1	1	0	1	1	5BH
3	0	1	0	0	1	1	1	1	4FH
4	0	1	1	0	0	1	1	0	66H
5	0	1	1	0	1	1	0	1	6DH
6	0	1	1	1	1	1	0	1	7DH
7	0	0	0	0	0	1	1	1	07H
8	0	1	1	1	1	1	1	1	7FH
9	0	1	1	0	1	1	1	1	6FH

子任务三　霓虹灯广告屏控制设计

一、控制要求

霓虹灯广告屏中间有 8 个灯管，亮灭的顺序如下。

① 8 个灯管按照 1—2—3—4—5—6—7—8 顺序依次点亮，点亮时间间隔为 1s。

② 当所有灯管都点亮以后，保持 10s。

③ 8 个灯管按照再按照 8—7—6—5—4—3—2—1 的顺序依次熄灭，熄灭时间间隔 1s。

④ 当所有灯管都熄灭以后，保持 2s。

⑤ 再按照 8—7—6—5—4—3—2—1 的。顺序依次点亮，点亮时间间隔 1s。

⑥ 当所有灯管都点亮以后，保持 20s。

⑦ 再按照 1—2—3—4—5—6—7—8 的顺序依次熄灭，熄灭时间间隔 1s。

⑧ 当所有灯熄灭后，保持 2s。

重复以上的过程，直到按下停止按钮，所有灯管熄灭，如图 6-91 所示。霓虹灯广告屏如图 6-92 所示。

二、I/O 分配

如表 6-38 所示。

表 6-38　I/O 分配表

输　　入			输　　出		
变量	地址	注释	变量	地址	注释
S1	I0.0	启动按钮		QB0	8 个霓虹灯控制端
S2	I0.1	停止按钮			

三、梯形图程序

如图 6-93 所示。

OB1：标题：

程序段1 ：标题：

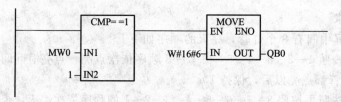

```
           I0.0        M10.0              CO
          ┤ ├        ┤/├            S_CUD
                                    CU      Q
                            I0.1 ─ CD     CV ─ ...
                            I0.2 ─ S  CV_BCD ─ MW0
                            C#9 ─ PV
                            I0.3 ─ R
```

程序段2：标题：

```
              CMP==1                 MOVE
                                 EN      ENO
        MW0 ─ IN1
                           W#16#3F ─ IN    OUT ─ QB0
          0 ─ IN2
```

程序段3：标题：

```
              CMP==1                 MOVE
                                 EN      ENO
        MW0 ─ IN1
                            W#16#6 ─ IN    OUT ─ QB0
          1 ─ IN2
```

程序段4：标题：

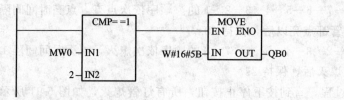

```
              CMP==1                 MOVE
                                 EN      ENO
        MW0 ─ IN1
                           W#16#5B ─ IN    OUT ─ QB0
          2 ─ IN2
```

程序段5：标题：

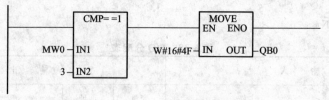

```
              CMP==1                 MOVE
                                 EN      ENO
        MW0 ─ IN1
                           W#16#4F ─ IN    OUT ─ QB0
          3 ─ IN2
```

程序段6：标题：

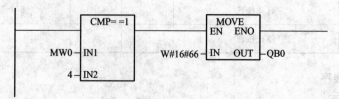

```
              CMP==1                 MOVE
                                 EN      ENO
        MW0 ─ IN1
                           W#16#66 ─ IN    OUT ─ QB0
          4 ─ IN2
```

程序段7：标题：

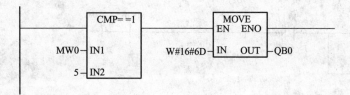

程序段8：标题：

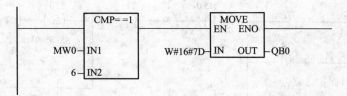

程序段9：标题：

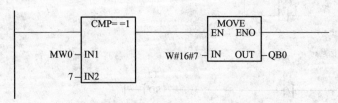

程序段10：标题：

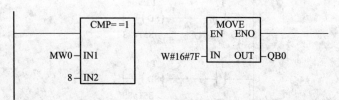

程序段11：标题：

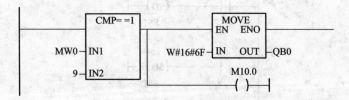

图 6-91　LED 显示控制梯形图程序

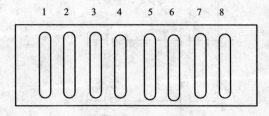

图 6-92　霓虹灯广告屏

OB1：标题：

程序段1：标题：

```
    I0.0          I0.1                        M5.0
────┤├──────┬────┤/├──────────────────────( )──────
    M5.0     │
────┤├───────┘
```

程序段2：标题：

```
    T2                        M5.0      T1          T0
────┤/├────────────┬──────────┤├───────┤/├───────(SD)──────
    T3     T4       │                              S5T#500MS
────┤├────┤/├───────┤
    T5     T6       │                       T0          T1
────┤├────┤/├───────┤                   ───┤├───────(SD)──────
    T7     T8       │                              S5T#500MS
────┤├────┤/├───────┘
```

程序段3 ：标题：

```
    M5.0      T9                    T2
────┤├───────┤/├──────────────────(SD)──────
                                  S5T#8S

              T2          T3
          ───┤├─────────(SD)──────
                        S5T#9S

              T3          T4
          ───┤├─────────(SD)──────
                        S5T#8S

              T4          T5
          ───┤├─────────(SD)──────
                        S5T#1S

              T5          T6
          ───┤├─────────(SD)──────
                        S5T#8S

              T6          T7
          ───┤├─────────(SD)──────
                        S5T#19S

              T2          T8
          ───┤├─────────(SD)──────
                        S5T#8S

              T8          T9
          ───┤├─────────(SD)──────
                        S5T#1S
```

程序段4：标题：

```
     I0.0        M5.1        ┌─────MOVE─────┐
   ──┤├────────(P)───────────┤EN        ENO├────────────
                             │              │
              DW#16#FF00     │              │
                   FFFF──────┤IN        OUT├──MD0
                             └──────────────┘
```

程序段5：标题：

```
     T0          T2          M5.3      ┌────ROL_DW────┐
   ──┤├─────────┤/├─────────(N)────────┤EN        ENO├────────────
                                       │              │
                               MD0─────┤IN        OUT├──MD0
                                       │              │
                             W#16#1────┤N             │
                                       └──────────────┘
```

程序段6：标题：

```
     T0        T3        T4        M5.4     ┌────ROR_DW────┐
   ──┤├───────┤├───────┤/├───────(N)────────┤EN        ENO├────────────
                                            │              │
                                    MD0─────┤IN        OUT├──MD0
                                            │              │
                                  W#16#1────┤N             │
                                            └──────────────┘
```

程序段7：标题：

```
     T0        T5        T6        M5.5     ┌────ROR_DW────┐
   ──┤├───────┤├───────┤/├───────(N)────────┤EN        ENO├────────────
                                            │              │
                                    MD0─────┤IN        OUT├──MD0
                                            │              │
                                  W#16#1────┤N             │
                                            └──────────────┘
```

程序段8：标题：

```
     T0        T7        T8        M5.6     ┌────ROL_DW────┐
   ──┤├───────┤├───────┤/├───────(N)────────┤EN        ENO├────────────
                                            │              │
                                    MD0─────┤IN        OUT├──MD0
                                            │              │
                                  W#16#1────┤N             │
                                            └──────────────┘
```

程序段9：标题：

```
     I0.1      ┌─────MOVE─────┐
   ──┤├────────┤EN        ENO├────────────
               │              │
           0───┤IN        OUT├──MD0
               └──────────────┘
```

程序段10：标题：

```
             ┌─────MOVE─────┐
             ┤EN        ENO├────────────
             │              │
       MB1───┤IN        OUT├──QB0
             └──────────────┘
```

图 6-93　霓虹灯广告屏控制设计梯形图程序

子任务四　加热炉控制

一、控制要求

在加热之前用拨码开关设定加热炉加热时间，设定的值以 3 位 BCD 格式用秒单位显示，即加热时间为 0～999s。按启动按钮后加热炉开始加热。在加热时间未到之前，设置加热时间无效，直到完成本次加热后，按下启动按钮才可以按照新设置的加热时间再次加热。

二、I/O 分配

如表 6-39 所示。

表 6-39　I/O 分配表

系统元件	地　址	系统元件	地　址
启动按钮	I0.7	百位数拨码开关	I0.0～I0.3
个位数拨码开关	I1.0～I1.3	加热控制输出	Q4.0
十位数拨码开关	I1.4～I1.7		

三、梯形图程序

如图 6-94 所示。

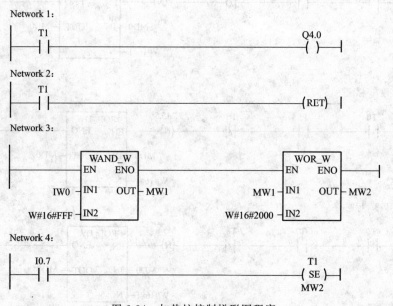

图 6-94　加热炉控制梯形图程序

项目七　用户程序结构与中断

能力目标

① 会建立数据块和编程。

② 会子程序的建立、编程与调用。

③ 会进行中断设置和编程。

知识目标

① 了解 S7-300 用户程序的基本结构。

② 熟悉数据块的生成和变量设置方法。

③ 熟悉子程序的参数设置方法。

④ 熟悉常用 OB 块的属性。

任务一　用户程序结构和数据块的建立

【任务描述】

PLC 中的程序分为操作系统和用户程序。操作系统用于实现 PLC 的启动、刷新过程映像输入/输出表、中断和故障处理、管理存储区和处理通信等系统功能。用户程序是用户编写的完成控制任务的所有程序，STEP 7 将用户编写的程序和程序所需要的数据都放在相应的块中，使用户程序结构化。本任务要求掌握用户程序的基本结构和数据块的建立方法。

【任务分析】

① 掌握用户程序的基本结构。

② 掌握数据块的使用方法。

【知识准备】

一、用户程序的基本结构

用户程序的基本结构由组织块 OB、功能块 FB、功能 FC、系统功能块 SFB、系统功能 SFC、背景数据块 DI 和共享数据块 DB 等程序块组成，这些程序块的简要说明如表 7-1 所示。

表 7-1　程序块类型与描述

块	说　　明
组织块（OB）	操作系统与用户程序的接口，决定用户程序的结构
系统功能块（SFB）	集成在 CPU 模块中，调用一些重要的系统功能，有背景数据块
系统功能（SFC）	集成在 CPU 模块中，调用一些重要的系统功能，无背景数据块
功能块（FB）	用户编写的包含常用功能的子程序，有背景数据块
功能（FC）	用户编写的包含常用功能的子程序，无背景数据块
背景数据块（DI）	调用 FB 和 SFB 时用于传递参数的数据块，在编译过程中自动生成数据
共享数据块（DB）	存储用户数据的数据区域，供所有的块共享

　　用户程序的结构示意如图 7-1 所示，操作系统处理 PLC 的启动、刷新过程映像输入/输出区后，调用用户主程序 OB1，OB1 中程序执行的过程中可以调用另一个块（FC、FB、SFC、SFB）的程序，在被调用的功能块 FB 和功能 FC 中还可以调用其他的块，即可以调用程序的块为 OB1、FB 和 FC，能够被调用的块为 FC、FB、SFC 和 SFB。程序中的所有块都可以使用共享数据块中的数据，功能和系统功能不需要自己的背景数据块，但是功能块和系统功能块则必须有自己的背景数据块。

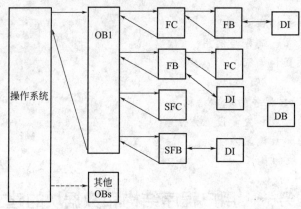

图 7-1　用户程序基本结构示意图

　　1. 组织块 OB

　　组织块是操作系统与用户程序的接口，由操作系统调用，用于控制扫描循环和中断程序的执行、PLC 的启动和错误处理等功能。组织块包括用户的主程序 OB1 和用于事件中断处理的 OB 块。

　　2. 功能 FC

　　功能是用户编写的子程序，它没有固定的存储区，其临时变量存储在局部数据堆栈中，功能执行结束后，这些数据丢失。可以用共享数据区来存储那些在功能执行结束后需要保存的数据，不能为功能的局部，数据分配初始值。

　　3. 功能块 FB

　　功能块也是用户编写的子程序，FB 和 FC 的主要区别是 FB 有自己存储区（背景数据块）。每次调用功能块时，需要提供各种类型的数据给功能块，功能块也要返回变量给调用它的块。这些数据以静态变量（STAT）的形式存放在指定的背景数据块（DB）中，临时变量存储在局域数据堆栈中。功能块执行完后，背景数据块中的数据不会丢失，也不会保存局域数据堆栈中的数据。

　　在编写调用 FB 或系统功能块（SFB）的程序时，必须指定 DB 的编号，调用时 DB 被自动打开。在编译 FB 或 SFB 时自动生成背景数据块中的数据。一个功能块可以有多个背景数据块，使功能块用于不同的被控对象。

　　4. 数据块 DB

　　数据块是用于存入执行用户程序时所需的变量数据的数据区。与逻辑块不同，大多数据块中没有 STEP 7 指令，STEP 7 按数据生成的顺序自动地为数据块中的变量分配地址。数据块分为共享数据块和背景数据块。数据块的最大允许容量与 CPU 的型号有关。数据块中基本的数据类型有 BOOL（二进制位）、REAL（实数或浮点数）、INT（整数）等。

　　（1）共享数据块（Share Block）　共享数据块（一般用 DB 表示）存储的是全局数据，所有的 FB、FC 或 OB 都可以从共享数据块中读取数据，或将数据写入共享数据块。CPU

可以同时打开一个共享数据块和一个背景数据块。如果某个逻辑块被调用，它可以使用它的临时局域数据区（即 L 堆栈）。逻辑块执行结束后，其局域数据区的数据丢失，但是共享数据块中的数据不会被删除。

（2）背景数据块（Instance Data Block）　背景数据块（一般用 DI 表示）中的数据是自动生成的，它们是功能块的变量声明表中的数据（不包括临时变量 TEMP）。背景数据块用于传递参数，FB 的实参和静态数据存储在背景数据块中。调用功能块时，应同时指定背景数据块的编号或符号，背景数据块只能被指定的功能块访问。首先生成功能块，然后生成它的背景数据块。在生成背景数据块时，应指明它的类型为背景数据块，并指明它的功能块的编号。

图 7-2　程序库

5．系统功能块（SFB）和系统功能（SFC）

系统功能块（SFB）和系统功能（SFC）是集成在程序库中，预先编好程序，能够实现特定功能的程序块。可以在编写用户程序时，从程序库 Standard Library 中的 System Function Blocks 中调用相应的 SFB 和 SFC。SFB 和 SFC 的区别是 SFB 用自己的背景数据块，而 SFC 没有背景数据块。

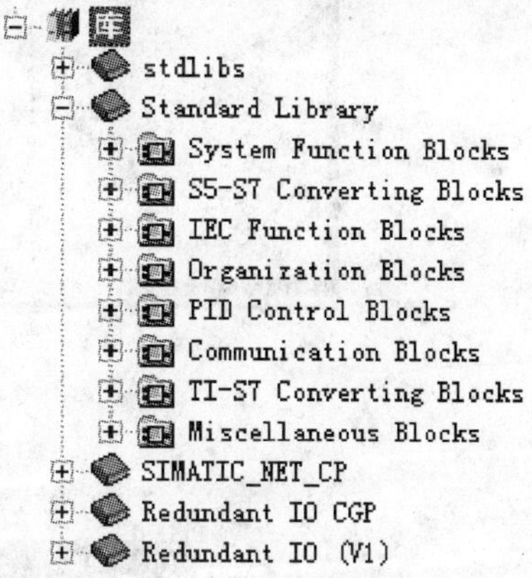

6．程序库

在编程环境的左侧窗口中有可以直接调用的程序库，如图 7-2 所示。常用的程序库为标准库 Standard Library，但是 stdlibs 中有部分程序块和标准库重复。

二、用户程序使用的堆栈

用户程序中使用的堆栈有局部数据堆栈、块堆栈和中断堆栈三种。

局部数据堆栈简称 L 堆栈，是 CPU 中单独的存储器区，可用来存储逻辑块的局部变量（包括 OB 的起始信息）、调用功能（FC）时要传递的实际参数、梯形图程序中的中间逻辑结果等。可以按位、字节、字和双字来存取。

块堆栈简称 B 堆栈，是 CPU 系统内存中的一部分，用来存储被中断的块的类型、编号、优先级和返回地址，中断时打开的共享数据块和背景数据块的编号，临时变量的指针（被中断块的 L 堆栈地址）。

中断堆栈简称 I 堆栈，用来存储当前累加器和地址寄存器的内容、数据块寄存器 DB 和 DI 的内容、局部数据的指针、状态字、MCR（主控继电器）寄存器和 B 堆栈的指针。

【任务实施】

一、建立数据块

在 S7-300 中可以通过建立数据块 DB 来增加数据的存储空间，还可以将一些指定的数据存储到一个共享数据块中。存储在共享数据块中的数据可以被其他的任意一个块使用。在使用 FB 和 SFB 时，还需要建立相应的背景数据块。为了避免出现系统错误，在使用数据块之前，必须先建立数据块，并在块中定义变量（包括变量符号名、数据类型以及初始值等）。数据块中变量的顺序及类型决定了数据块的数据结构，变量的数量决定了数据块的大小。数据块建立后，还必须同程序块一起下载到 CPU 中，才能被程序块访问。

1．建立数据块的方法一

① 在 SIMATIC 管理器界面中的块窗口用鼠标右键点击右部窗口，在弹出的如图 7-3 所示对话框中点击"插入新对象"→"数据块"后，弹出如图 7-4 所示的数据块属性对

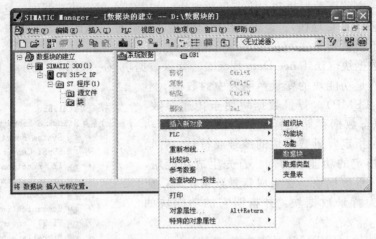

图 7-3　建立数据块的路径

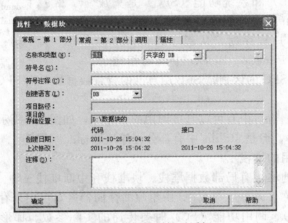

图 7-4　数据块属性对话框

话框。

　　② 单击"确定"按钮后，在 SIMATIC 管理器界面中的块窗口中会出现 DB1 的图标，如图 7-5 所示。

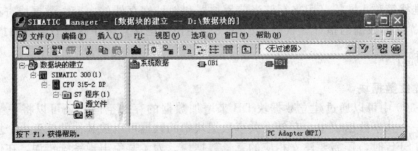

图 7-5　数据块建立窗口

　　③ 双击 DB1 图标，弹出数据块变量声明窗口，如图 7-6 所示。

　　④ 在声明窗口中可以设置变量名称、数据类型、初始值和注释等，如图 7-7 所示。

　　⑤ 如果建立背景数据块，则在建立了功能块以后，按照建立共享数据块的方法建立数据块，在属性设置窗口中选择"背景 DB"并且选择对应的功能块即可，如图 7-8 和图 7-9 所示。

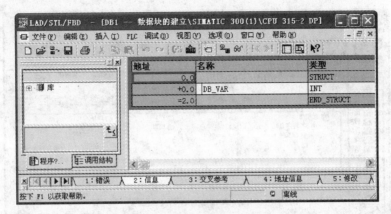

图 7-6 数据块变量声明窗口

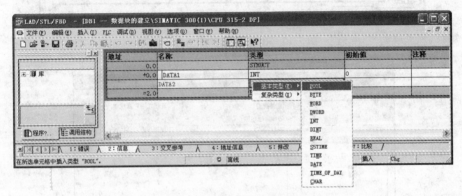

图 7-7 数据块变量类型设置

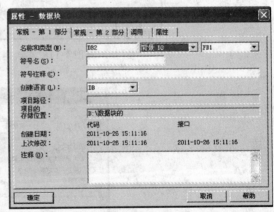

图 7-8 选择背景 DB   图 7-9 选择功能块

2. 建立数据块的方法二

用 LAD/STL/FBD S7 程序编辑器创建数据块。如图 7-10 所示，在打开编程界面 OB1 后，单击新建文件快捷图标，弹出"新建"窗口，在窗口中的"对象名称"输入框中输入要建立的数据块名称，例如，DB3，对象类型为"数据块"，如图 7-11 所示。单击"确定"按钮后，会弹出如图 7-12 所示的"新建数据块"对话框，在对话框中可以选择新建的数据块的类型，可以选择生成数据块、功能块的数据块和自定义类型的数据块三种类型。

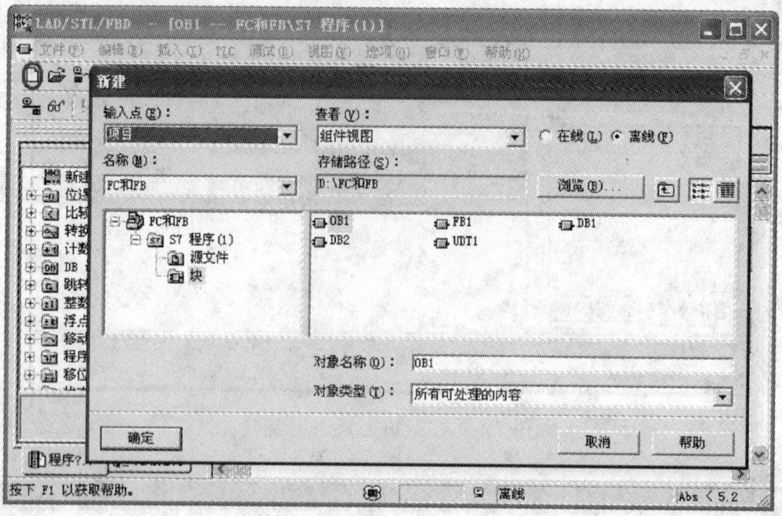

图 7-10　在 OB1 窗口中新建项目

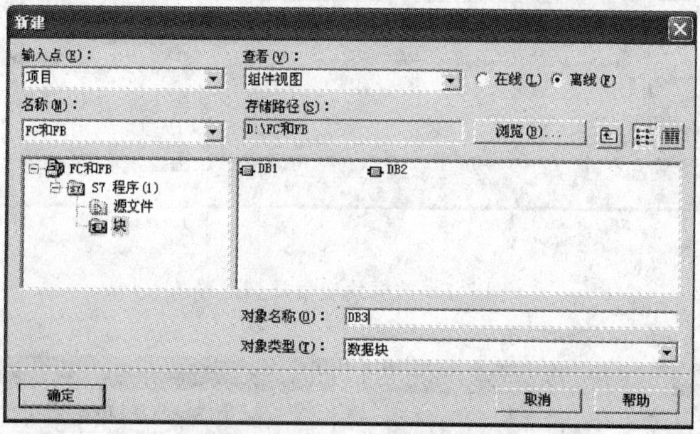

图 7-11　在新建窗口中设置属性

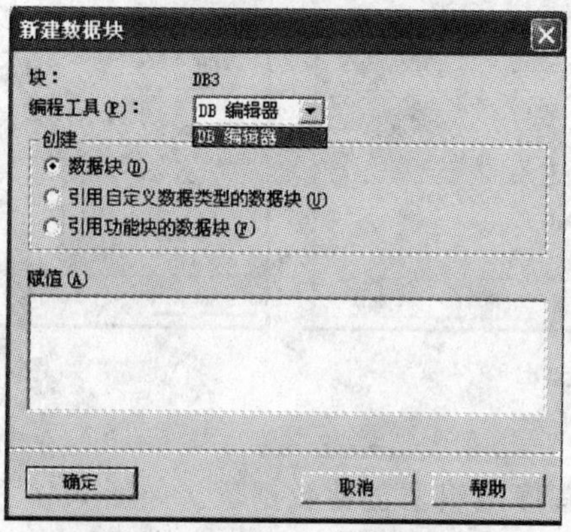

图 7-12　选择建立的数据块类型

　　建立数据块并且变量定义完成后，应单击保存按钮保存并编译（测试）。如果没有错误则需要单击下载按钮，像逻辑块一样，将数据块下载到 CPU 中。如图 7-13 所示，单击窗口中的下载快捷图标，就完成了 DB 块的下载。

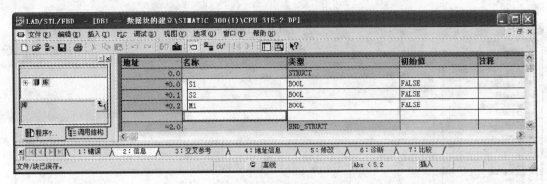

图 7-13　DB 块的下载

二、打开数据块指令的应用

建立了多个数据块后，可以通过打开数据块指令选择使用的数据块，可以利用数据块中的存储空间进行数据的调用。如图 7-14 所示，打开 OB1 编程界面后，在窗口左侧的指令列表中选择 DB 调用指令"—(OPN)"，在 DB1 中将变量进行设置。

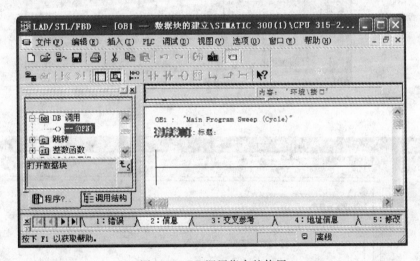

图 7-14　DB 调用指令的使用

在 OB1 中编写好程序后，可以用仿真器观测程序执行的情况，可以在 OB1 窗口中观察程序运行情况，如图 7-15 所示，也可以在 DB1 窗口中观察运行情况，如图 7-16 所示。

三、建立用户定义数据类型（UDT）

STEP 7 允许利用数据块编辑器将基本数据类型和复杂数据类型组合成长度大于 32 位用户定义数据类型（User-Defined dataType，UDT）。用户定义数据类型不能存储在 PLC 中，只能存放在硬盘上的 UDT 块中。可以用用户定义数据类型作"模板"建立数据块，以节省录入时间。UDT 可用于建立结构化数据块，建立包含几个相同单元的矩阵，在带有给定结构的 FC 和 FB 中建立局部变量。

创建用户定义数据类型的方法和建立共享数据块的方法相似，在如图 7-3 所示对话框中点击"插入新对象"→"数据类型"后，弹出如图 7-17 所示的数据类型属性对话框，单击"确定"按钮后，创建一个名称为 UDT1 的用户定义数据类型。

双击数据类型图标可以对 UDT 进行变量设置，如图 7-18 所示。

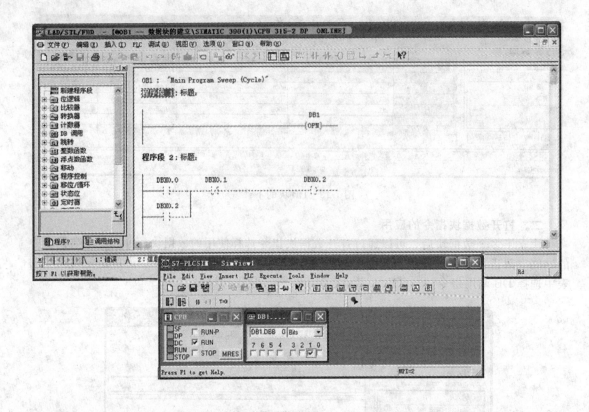

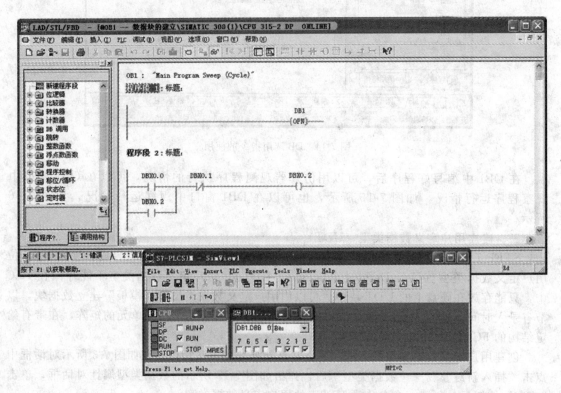

图 7-15　在 OB1 窗口中观测程序运行情况

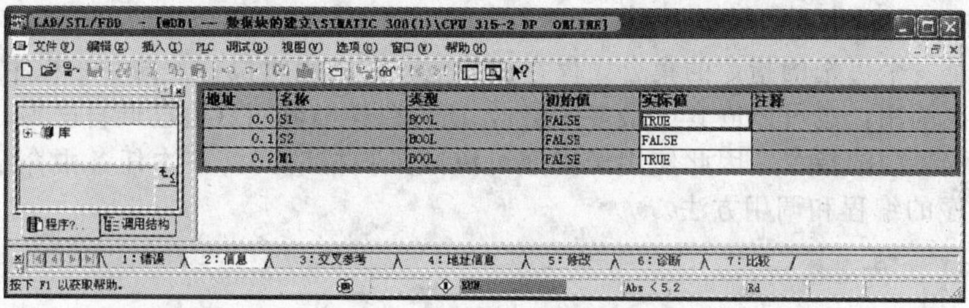

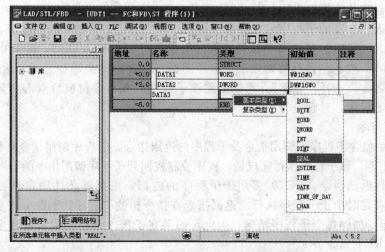

图 7-16 在 DB1 窗口中观测程序运行情况

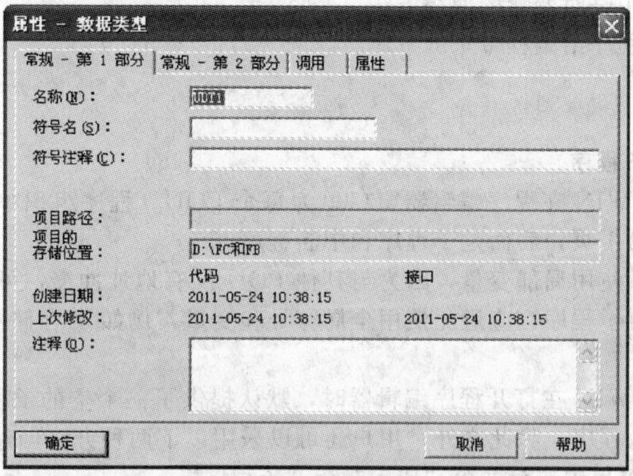

图 7-17 用户定义数据类型属性设置窗口

图 7-18 用户定义数据类型的变量设置窗口

任务二 子程序的建立和调用

【任务描述】

S7-200 和 S7-300 的 CPU 控制程序由主程序、子程序和中断程序组成。

子程序在结构化程序设计中是一种方便有效的工具。使用子程序可以简化程序代码，使程序结构简单清晰，易于查错和维护。通常将具有特定功能并且多次使用的程序段作为子程序。

子程序是一个可选的指令的集合，仅在被其他程序调用时执行。同一子程序可以在不同的地方被多次调用，也可以嵌套（最多 8 层），还可以递归调用（自己调自己）。未调用它时不会执行子程序中的指令，因此使用子程序可以减少扫描时间。在本任务中介绍 S7-200 和 S7-300 子程序的编程和调用方法。

【任务分析】

① 学会子程序的建立、编辑和调用。
② 学会子程序中临时变量的使用方法。
③ 体会使用子程序给编程带来的方便。

【知识准备】

一、S7-200 的子程序

STEP 7-Micro/WIN 在程序编辑器窗口里为每个 POU（程序组织单元）提供一个独立的页。主程序总是第 1 页，后面是子程序和中断程序。

如果子程序中只使用局部变量，因为与其他 POU 没有地址冲突，可以将子程序移植到其他项目。为了移植子程序，应避免使用全局符号和变量，例如 V 存储器中的绝对地址。

1. 建立子程序

STEP 7-Micro/WIN 在打开程序编辑器时，默认提供了一个空的子程序 SBR_0，用户可以直接在其中输入程序。除此之外，用户还可以采用以下两种方法创建子程序。

① 在"编辑"菜单中执行命令"插入"→"子程序"。
② 在程序编辑器视窗中点击鼠标右键，从弹出的菜单中执行"插入"→"子程序"。
程序编辑器将从原来的 POU 显示进入新的子程序。

建立或插入一个新的子程序后，在指令树窗口可以看到新建的子程序图标，默认的子程序名是 SBR_N，编号 N 从 0 开始按递增顺序生成。对于 CPU226XM，N 为 0～127，对其余 CPU，N 为 0～63。用鼠标右键点击子程序图标，在弹出的菜单中选择"重新命名"，可以修改它们的名称；选择"删除"，可以删除该子程序。在指令树窗口双击新建的子程序图标，就可进入子程序，对它进行编辑。

2. 子程序指令

子程序指令包含子程序的调用指令及子程序的返回指令。子程序调用指令将程序控制权交给子程序 SBR_N，该子程序执行完成后，程序控制权回到子程序调用指令的下一条指令。

子程序条件返回指令（RET）多用于子程序的内部，由判断条件决定是否结束子程序调用，在条件满足时中止子程序执行。返回指令在指令树的"程序控制"分支中。由于软件自动将 RET 指令加到每个子程序结尾，因此，如果在子程序调用结束后返回主程序，则不需要手工输入 RET 指令。

子程序指令如表 7-2 所示。

表 7-2　子程序指令

名　称	LAD	STL
子程序调用指令	SBR_0 — EN	CALL SBR_0
子程序条件返回指令	—(RET)	CRET

3. 子程序指令举例

图 7-19 所示为子程序指令使用举例。

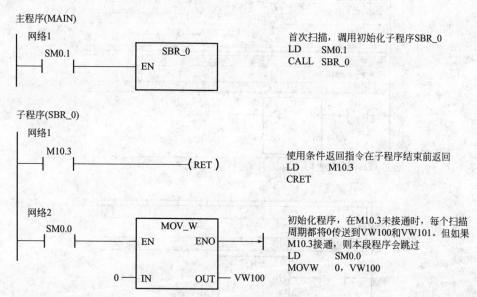

图 7-19　子程序指令使用举例

SM0.0 为特殊存储器位，运行时总为 "1"，在所有扫描周期内必须执行的指令要以 SM0.0 开始。如果子程序中没有安排 RET 指令，子程序将在运行完毕后返回。

4. 带参数调用子程序

（1）局部变量表　程序中的每个 POU 都有自己的由 64B 的 L 存储器组成的局部变量表。它们用来定义有范围限制的变量，局部变量只在它被创建的 POU 中有效。在主程序或中断程序中，局部变量表只包含 TEMP 变量。子程序的局部变量表中的变量类型有 4 种（如图 7-20 所示）。

符号	变量类型	数据类型	注释
EN	IN	BOOL	
	IN		
	IN_OUT		
	OUT		
	TEMP		

图 7-20　子程序的局部变量表

① IN（输入变量）：由调用它的 POU 提供的输入参数。

② OUT（输出变量）：返回给调用它的 POU 的输出参数。

③ IN_OUT（输入_输出变量）：其初始值由调用它的 POU 提供，被子程序修改后返回给调用它的 POU。

④ TEMP（临时变量）：不能用来传递参数，仅用于子程序内部暂存数据。

（2）程序举例　图 7-21 所示的是一个带参数调用的子程序例子。编辑完成的子程序及其局部变量表如图 7-21(a) 所示，图 7-21(b) 是其主程序。

图 7-21 中的子程序完成两个字类型的整数相加功能。主程序将进行相加的实际数据分别传送给子程序的两个参数 DW1 和 DW2，并将二者的和保存在从 VD238 开始的 4 个字节中。

子程序中定义了 3 个变量——DW1、DW2 和 SUM，这些变量也称为子程序的参数。子

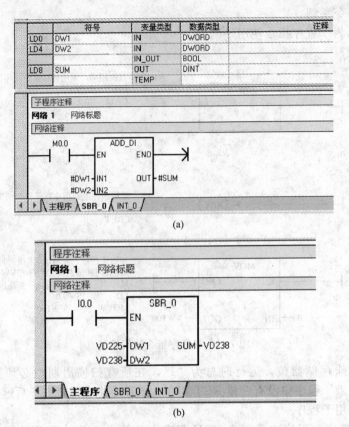

图 7-21　带参数调用子程序举例

程序的参数必须在子程序的局部变量表中定义，如图 7-21(a) 所示。定义参数时必须指定参数的符号名称（如局部变量表中的 DW1、DW2 和 SUM，符号名称最多为 23 个英文字符）、变量类型（如局部变量表中的 IN、IN _ OUT、OUT 和 TEMP）和数据类型（如局部变量表中的 BOOL、DINT ）。可以在局部变量表中给每个变量在"注释"区加上注释。按照子程序指令的调用顺序，参数值分配给局部变量存储器（L 存储器），编程时，系统对每个变量自动分配局部存储器地址。如局部变量表中的 LD0、LD4 和 LD8 等。如要在局部变量表中加入一个参数，右键点击要加入的"变量类型"区，在弹出的选择菜单中，选择"插入"，然后选择"下一行"或"行"即可。子程序的参数是形式参数，并不是具体的数值或者变量地址，而是以符号定义的参数。这些参数在调用子程序时被实际的数据代替。一个子程序最多可以传递 16 个参数。子程序中变量符号名称前的"＃"号表示该变量是局部符号变量。

子程序可以被多次调用，带参数的子程序在每次调用时可以对不同的变量、数据进行相同的运算、处理，以提高程序编辑和执行的效率，节省程序存储空间。

二、S7-300 的子程序

S7-300 的子程序有功能和功能块。功能分为用户编写的功能（FC）和系统预先定义的功能（SFC）两种，功能块分为用户编写的功能块（FB）和系统预先定义的功能块（SFB）两种。子程序功能、功能块和 OB1 的结构相似，都是由变量声明表、代码段及其属性等几部分组成。

1. 局部变量声明表

每个逻辑块的编程窗口中都有一个变量声明表，称为局部变量声明表。局部数据分为参数和局部变量两大类，局部变量又包括静态变量和临时变量（暂态变量）两种。逻辑块中共有 5 种局部变量，局部变量声明表的变量名、变量类型和变量的说明如表 7-3 所示。局部变量可以是基本数据类型或复式数据类型，也可以是专门用于参数传递的"参数类型"。参数类型包括定时器、计数器、块的地址或指针等。

表 7-3 局部变量声明表

变量名	类型	说　　　明
输入参数	IN	由调用逻辑块的块提供数据，输入给逻辑块的指令
输出参数	OUT	向调用逻辑块的块返回参数，即从逻辑块输出结果数据
I/O 参数	IN_OUT	参数的值由调用该块的其他块提供，由逻辑块处理修改，然后返回
静态变量	STAT	静态变量存储在背景数据块中，块调用结束后，其内容被保留
状态变量	TEMP	临时变量存储在 L 堆栈中，块执行结束变量的值因被其他内容覆盖而丢失

对于功能块，操作系统为参数及静态变量分配的存储空间是背景数据块，这样，参数变量在背景数据块中留有运行结果备份。在调用 FB 时，若没有提供实参，则功能块使用背景数据块中的数值。操作系统在 L 堆栈中给 FB 的临时变量分配存储空间。5 种局部变量在功能块中都可以使用，如图 7-22 所示。

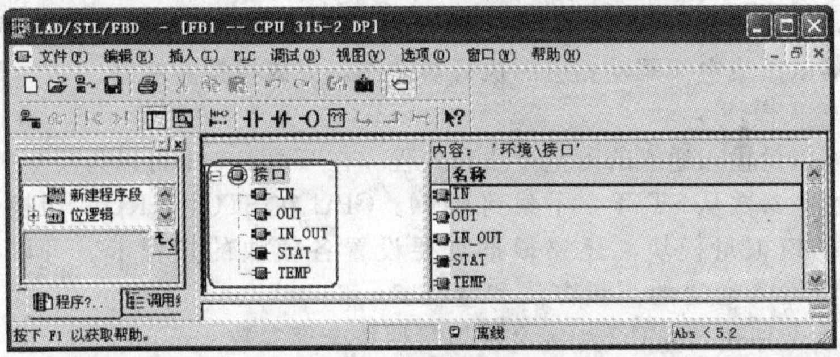

图 7-22 功能块中的局部变量

对于功能，操作系统在 L 堆栈中给 FC 的临时变量分配存储空间。由于没有背景数据块，因而 FC 不能使用静态变量。输入、输出参数以指向实参的指针形式存储在操作系统为参数传递而保留的额外空间中。功能中有 4 种局部变量可以使用，比功能块少了静态变量，如图 7-23 所示。

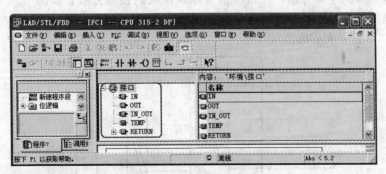

图 7-23 功能中的局部变量

2. 子程序（FC 和 FB）的编程

对子程序逻辑块编程时要进行变量声明，编写控制程序代码，设置子程序的块属性。

对变量的声明包括定义形参、静态变量和临时变量，确定各变量的声明类型、变量名和数据类型，还要为变量设置初始值，如果需要还可为变量注释。

编写子程序逻辑块（FC 和 FB）程序时，可以用以下两种方式使用局部变量。

① 使用变量名，此时变量名加前缀"#"，以区别在符号表中定义的符号地址。增量方式下，前缀会自动产生。

② 直接使用局部变量的地址，这种方式只对背景数据块和 L 堆栈有效。

在调用 FB 时，要说明其背景数据块。背景数据块应在调用前生成，其顺序格式与变量声明表必须保持一致。

三、模拟量的控制

连续变化的物理量称为模拟量，例如温度、压力、速度、流量等。CPU 是以二进制格式来处理模拟值。模拟量输入模块的功能是将模拟过程信号转换为数字格式。模拟量输出模块的功能是将数字输出值转换为模拟信号。

模拟量输入流程是：通过传感器把物理量转变为电信号，通过变送器转换为标准的电压或电流信号，模拟量模块接收到标准的电信号后通过 A/D 转换，转变为与模拟量成比例的数字量信号，并存放在缓冲器里，CPU 通过"L PIWx"指令读取模拟量模块缓冲器的内容，并传送到指定的存储区中待处理。

模拟量输出流程是：CPU 通过"T PQWx"指令把指定的数字量信号传送到模拟量模块的缓冲器中，模拟量模块通过 D/A 转换器，把缓冲器的内容转变为成比例的标准电压或电流信号，标准电压或电流驱动相应的执行器动作，完成模拟量控制。

1. 模拟量输入模块

（1）设置模拟量输入通道的测量方法和量程　在 STEP 7 中可以为模拟量模块定义全部参数，然后将这些参数从 STEP 7 下载到 CPU。CPU 在 STOP→RUN 切换过程中将各参数传送至相应的模拟量模块。还要根据需要设置各模块的量程卡。可以选择以下两种方法设置模拟量输入通道的测量方法和量程。

① 使用量程卡和在 STEP 7 中定义模拟量模块全部参数。

② 通过模拟量模块上的接线方式，并在 STEP 7 中定义模拟量模块全部参数。

（2）模拟量输入模块的接线　模拟量输入模块支持各种传感器，如电压、电流以及电阻传感器。模拟量信号电缆一般使用屏蔽双绞线电缆连接模拟量信号，这样可以减少干扰。电缆两端的任何电位差都可能导致在屏蔽层产生等电位电流，从而产生干扰模拟信号。为防止发生这种情况，应只将电缆一端的屏蔽层接地。

以电压传感器的连接为例，介绍模拟量输入模块的接线方法。如图 7-24 所示为模拟量输入模块与电压传感器连接示意图。

图 7-24 中的符号表示的意义如下。

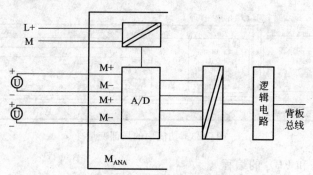

图 7-24　连接电压传感器的模拟量输入模块

① M+：测量线路（正极）。

② M−：测量线路（负极）。

③ M_{ANA}：模拟量测量电路的参考电位。

④ M：接地。

⑤ L+：24V DC 电源。

2. 模拟量输出模块

模拟量输出模块的参数可以在 STEP 7 中设置。如果未在 STEP 7 中设置任何参数，系统将使用默认参数。

模拟量输出模块的参数有诊断中断、组诊断、输出类型选择（电压、电流或禁用）、输出范围选择及对 CPU 的 STOP 模式响应。

模拟量输出模块可为负载和执行器提供电源。模拟量输出模块使用屏蔽双绞线电缆连接模拟量信号至执行器。电缆两端的任何电位差都可能导致在屏蔽层产生等电位电流，进而干扰模拟信号。为防止发生这种情况，应只将电缆一端的屏蔽层接地。

3. 模拟量的闭环控制

S7-300/400 具有强大的闭环控制功能，在标准指令库里提供了 5 个功能块可以用于闭环控制：SFB41/FB41 "CONT _ C" 连续控制器、SFB42/FB42 "CONT _ S" 步进控制器、SFB43/FB 43 "PULSEGEN" 脉冲发生器、FB58 温度连续控制器及 FB58 温度步进控制器。点击 "开始" → "SIMATIC" → "STEP 7" → "PID 控制功能赋值"，使用参数分配工具可以轻松完成 PID 控制系统的参数分配及调试工作。

【任务实施】

子任务一　用功能 FC 编写二分频、四分频和八分频的控制程序

在 SIMATIC 管理器的块窗口中，单击右键填加功能 FC1，在 FC1 的变量声明表中对变量进行设置，如图 7-25 所示。

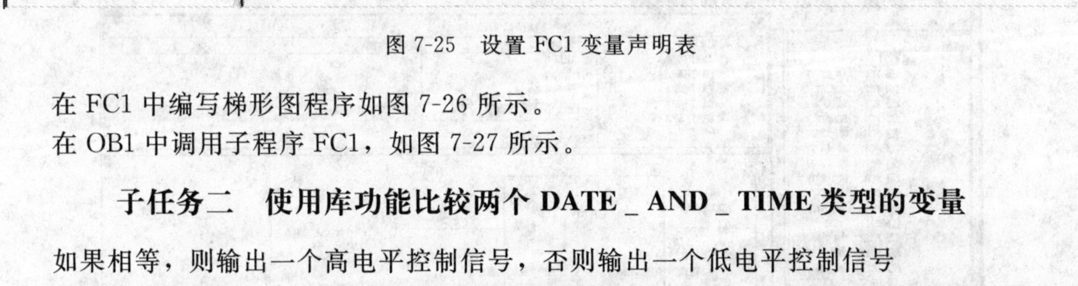

图 7-25　设置 FC1 变量声明表

在 FC1 中编写梯形图程序如图 7-26 所示。

在 OB1 中调用子程序 FC1，如图 7-27 所示。

子任务二　使用库功能比较两个 DATE _ AND _ TIME 类型的变量

如果相等，则输出一个高电平控制信号，否则输出一个低电平控制信号

在 OB1 的编程窗口中左侧列表中选择 "程序库" → "stdlibs" → "iec"，找到系统功能 FC9 EQ _ DT。功能 FC9 用于比较两个 DATE _ AND _ TIME 数据类型格式变量的内容，检查它们是否相等，并将比较结果输出为返回值。如果参数 DT1 的时间与参数 DT2 的时间相等，则返回值的信号状态为 "1"。此功能不报告任何错误。

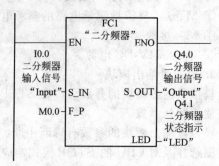

OB1："分频器"

程序段1：二分频

FC1："标题："

程序段1：标题：

程序段2：标题：

程序段3：标题：

图 7-26　在 FC1 中编写梯形图程序

程序段2：四分频

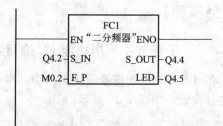

程序段3：八分频

图 7-27　在 OB1 中调用子程序 FC1

如图 7-28 所示，在 OB1 中调用 FC9，并编写程序比较两个 DT 变量。下载运行后可以看到，当 M0.0 接通时 M0.1 为 1 状态。

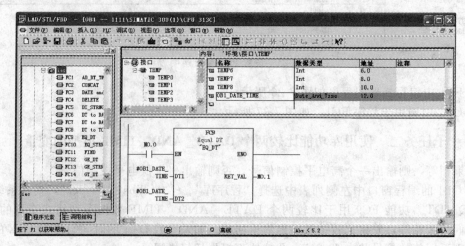

图 7-28　在 OB1 中调用 FC9

子任务三 使用功能块 FB 设计一个关闭延时灯控制程序

编写符号表如图 7-29 所示。

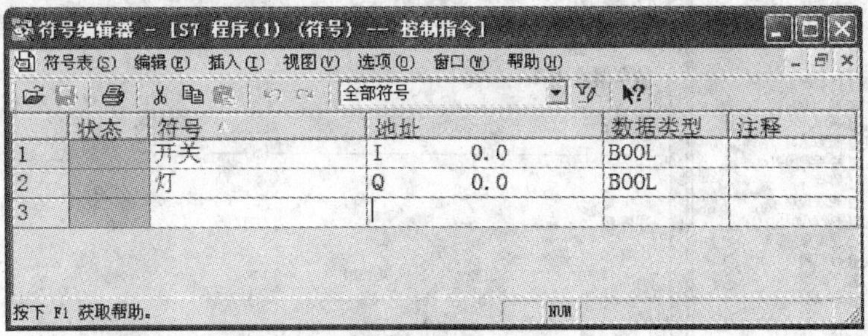

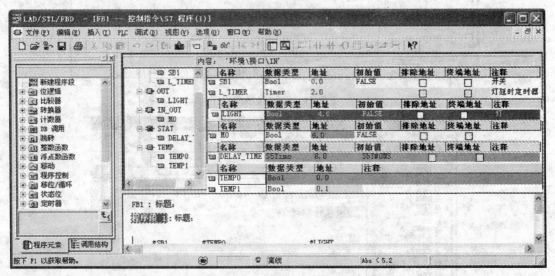

图 7-29 符号表

新建一个功能块 FB1，在 FB1 中设置局部变量，如图 7-30 所示。

图 7-30 在 FB1 中设置局部变量

在 FB1 中编写梯形图程序，如图 7-31 所示。

在 OB1 中调用子程序 FB1，如图 7-32 所示。

通过仿真器观测程序运行情况，如图 7-33～图 7-35 所示。

子任务四 液位 PID 控制

一、控制要求

一个液位控制系统，采用差压变送器测量水箱液位高度，用电动调节阀控制水箱进水流量。水箱液位变化范围为 0～50cm，对应差压变送器的输出 4～20mA 直流信号，将其转化为 1～5V 直流信号后输入 PLC 模拟量输入模块 SM331 的输入端。采用 PID 控制将液位控制在 30cm 处，输出控制信号通过 PLC 的模拟量输出模块 SM332 送到电动调节阀的输入端，控制阀门的开度在 0～100％ 之间变化。

二、I/O 分配

模拟量输入信号地址：PIW256。

模拟量输出信号地址：PQW256。

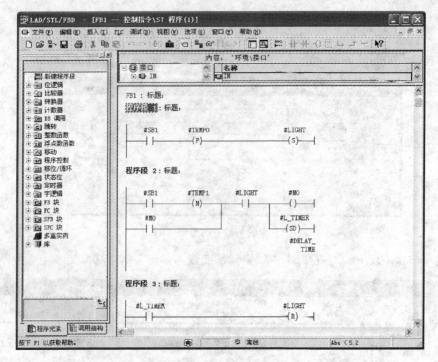

图 7-31　编写梯形图程序

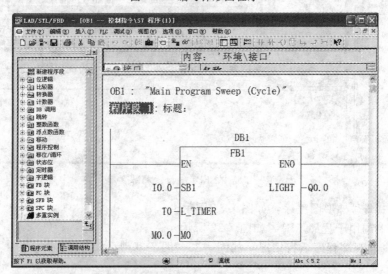

图 7-32　在 OB1 中调用子程序 FB1

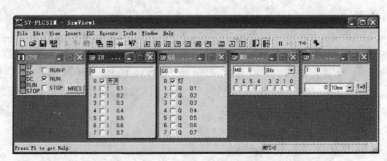

图 7-33　仿真器观测程序运行情况（1）

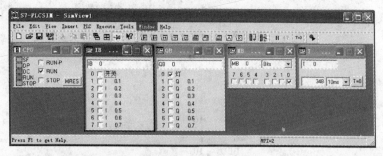

图 7-34　仿真器观测程序运行情况（2）

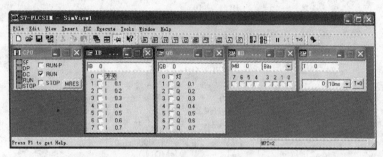

图 7-35　仿真器观测程序运行情况（3）

三、梯形图程序

如图 7-36 所示。

```
OB1：标题：
程序段1：标题：
    A       M       0.0
    =       L       20.0
    BLD     103
    CALL    "SCALE"
      IN       :=PIW256
      HI_LIM   :=5.000000e+001
      LO_LIM   :=0.000000e+000
      BIPOLAR  :=L20.0
      RET_VAL  :=MW10
      OUT      :=MD14
    NOP     O
程序段2：标题：
    A       M       0.0
    AN      M       0.0
    =       M       0.0

程序段3：标题：
    O       M       0.1
    ON      M       0.1
    =       M       0.1
程序段4：标题：
    A       M       0.0
    =       L       20.0
    BLD     103
    A       M       0.0
    =       L       20.1
    BLD     103
    A       M       0.0
    =       L       20.2
```

```
BLD    103
A      M         0.1
=      L         20.3
BLD    103
A      M         0.1
=      L         20.4
BLD    103
A      M         0.0
=      L         20.5
BLD    103
A      M         0.0
=      L         20.6
BLD    103
A      M         0.1
=      L         20.7
BLD    103
CALL   "CONT_C", DB41

COM_RST    : =L20.0
MAN_ON     : =L20.1
PVPER_ON   : =L20.2
P_SEL      : =L20.3
I_SEL      : =L20.4
INT_HOLD   : =L20.5
I_ITL_ON   : =L20.6
D_SEL      : =L20.7
CYCLE      : =T#1S
SP_INT     : =3.000000e+001
PV_IN      : =MD14
PV_PER     : =
MAN        : =
GATN       : =1.000000e+001
TI         : =T#3S
TD         : =T#OMS
TM_LAG     : =T#OMS
DEADB_W    : =0.000000e+000
LMN_HLM    : =5.000000e+001
LMN_LLM    : =0.000000e+000
PV_FAC     : =1.000000e+000
PV_OFF     : =0.000000e+000
LMN_FAC    : =1.000000e+000
LMN_OFF    : =0.000000e+000
I_ITLVAL   : =0.000000e+000
DISV       : =0.000000e+000
LMN        : =MD200
LMN_PER    : =
QLMN_HLM   : =
QLMN_LLM   : =
LMN_P      : =
LMN_I      : =
LMN_D      : =
PV         : =
ER
NOP    0
```

程序段5：标题：

```
A      M         0.0
=      L         20.0

BLD    103
CALL   "UNSCALE"
IN         :=MD200
HI_LIM     :=1.000000e+002
LO_LIM     :=0.000000e+000
BIPOLAR    :=L20.0
RET_VAL    :=MW300
OUT        :=PQW256
NOP    O
```

图 7-36 液位 PID 控制梯形图

任务三 组织块与中断处理

【任务描述】

组织块（OB）是操作系统与用户程序之间的接口，组织块由操作系统调用。S7 中组织块可以用于编写主程序，也可以创建在特定时间执行的程序和执行中断和故障处理功能等。在本任务中，了解常用组织块的功能和编程方法以及中断处理的实现。

【任务分析】

① 组织块的功能和分类。
② 中断的优先级。
③ OB 块的应用实例。

【知识准备】

一、组织块的功能和分类

OB 块用于在 CPU 启动时、循环或时钟执行时、发生故障时和发生硬件中断时执行具体的程序。当多个组织块同时发生中断时，组织块根据其优先级顺序执行相应的 OB 程序。

1. 循环组织块 OB1

S7 的 CPU 启动完成后，操作系统循环执行 OB1，OB1 执行完成后，操作系统再次启动 OB1。在 OB1 中可以调用 FB、SFB、FC、SFC 等用户程序使其循环执行。除 OB90 以外，OB1 优先级最低，可以被其他 OB 中断。OB1 默认扫描监控时间为 150ms（可设置），扫描超时，CPU 自动调用 OB80 报错，如果程序中没有建立 OB80，CPU 进入停止模式。

2. 日期中断组织块 OB10～OB17

在 CPU 属性中，可以设置日期中断组织块 OB10～OB17 触发的日期、执行模式（到达设定的触发日期后，OB 只执行一次或按每分、每小时、每周、每月周期执行）等参数，当 CPU 的日期值大于设定的日期值时，触发相应的 OB 并按设定的模式执行。在用户程序中也可以通过调用 SFC28 系统函数设定 CPU 日期中断的参数，调用 SFC30 激活日期中断投入运行。

3. 时间延迟中断组织块 OB20～OB23

时间延迟中断组织块 OB20～OB23 的优先级及更新过程映像区的参数需要在 CPU 属性中设置，通过调用系统函数 SFC32 触发执行，OB 号及延迟时间在 SFC32 参数中设定，延迟时间为 1～60000ms。

4. 循环中断组织块 OB30～OB38

循环中断组织块 OB30～OB38 按设定的时间间隔循环执行，循环中断的间隔时间在 CPU 属性中设定，每一个 OB 默认的时间间隔不同。OB 中的用户程序执行时间必须小于设定的时间间隔，如果间隔时间较短，由于循环中断 OB 没有完成程序扫描而被再次调用，从而造成 CPU 故障，触发 OB80 报错，如果程序中没有创建 OB80，CPU 进入停止模式。通过调用 SFC39～SFC42 系统函数可以禁止、延迟、使能循环中断的调用。

5. 硬件中断组织块 OB40～OB47

硬件中断由外部设备产生，例如功能模块 FM、通信处理器 CP 及数字量输入、输出模块等。通常使用具有硬件中断的数字量输入模块触发中断响应，然后为每一个模块配置相应的中断 OB。配置中的中断事件出现，中断主程序，执行中断 OB 中的用户程序一个周期，然后跳回中断处继续执行主程序。

　　6. 异步故障中断组织块 OB80～OB87

　　异步故障中断用于处理各种故障事件。

　　7. 启动中断组织块 OB100～OB102

　　用于处理 CPU 启动事件，暖启动 CPU 调用 OB100，热启动 CPU 调用 OB101（不适合 S7-300 系列 PLC 和 S7-400H），冷启动 CPU 调用 OB102。温度越低，CPU 启动时清除存储器中数据区的类型越多。S7-300 只有暖启动 OB100，操作系统不能调用 OB101、OB102。

　　8. 同步错误中断组织块 OB121、OB122

　　OB121 处理与编程故障有关的事件，例如调用的函数没有下载到 CPU 中、BCD 码出错等，OB122 处理与 I/O 地址访问故障有关的事件，例如访问一个 I/O 模块时，出现读故障等。

　　二、中断的基本概念

　　1. 中断过程

　　中断处理用来实现对特殊内部事件或外部事件的快速响应。CPU 检测到中断请求时，立即响应中断，调用中断源对应的中断程序（OB）。操作系统对现场进行保护。被中断的 OB 的局部数据压入 L 堆栈、I 堆栈（中断堆栈）、B 堆栈（块堆栈）。执行完中断程序后，返回被中断的程序，并且将堆栈中的数据弹出。

　　PLC 的中断源为：I/O 模块的硬件中断、软件中断，例如日期时间中断、延时中断、循环中断和编程错误引起的中断。

　　事件中断处理：如果出现一个中断事件，例如时间日期中断、硬件中断和错误处理中断等，当前正在执行的块在当前语句执行完后被停止执行，操作系统将会调用一个分配给该事件的组织块。该组织块执行完后，被中断的块将从断点处继续执行。这意味着部分用户程序可以不必在每次循环中处理，而是在需要时才被及时地处理。

　　2. 中断的优先级

　　OB 块按触发事件分成几个级别，各层次的优先级为 1～26，OB 块的优先级别数值越大，优先级别越高。高优先级的 OB 可以中断低优先级的 OB。当 OB 启动时，提供触发它的初始化启动事件的详细信息，这些信息可以在用户程序中使用。几个组织块可以具有相同的优先级，当事件同时出现时，组织块按事件出现的先后顺序触发，如果超过 12 个相同优先级的 OB 同时触发，中断可能丢失。

　　常用的 OB 块的优先级从低到高的顺序为：背景循环、主程序扫描循环、日期时间中断、时间延时中断、循环中断、硬件中断、多处理器中断、I/O 冗余错误、异步故障（OB80～87）、启动和 CPU 冗余。背景循环的优先级最低。

　　OB90 优先级别（29＝0.29）只比 OB1 的优先级别高，比其他的 OB 块都低。OB80 的级别为 26，28 是指当其他的 OB 块优先级别都比 26 级低时，OB80 为 26 级，只要有 26 级或 27 级的 OB 块，OB80 的优先级别就是 28 级。

　　S7-300 中组织块的优先级是固定的，不能修改，在 S7-400 中部分组织块的优先级可以进行修改。

【任务实施】

　　一、日期时间中断 OB10 应用

　　日时时间中断 OB10 允许在某一特定日期或特定间隔，中断正在循环的 OB 而去执行中断程序。OB10 执行的时间间隔如下。

　　① Once（一次）：只在特定日期和时间执行一次。

　　② Every minute（每分钟）：从某一特定日期和时间开始，每分钟执行一次。

③ Hourly（每小时）：从某一特定日期和时间开始，每小时执行一次。

④ Daily（每天）：从某一特定日期和时间开始，每天执行一次。

⑤ Weekly（每周）：从某一特定日期和时间开始，每周执行一次。

⑥ Monthly（每月）：从某一特定日期和时间开始，每月执行一次。

⑦ Annually（每年）：从某一特定日期和时间开始，每年执行一次。

使用 OB10 可以在硬件组态中选中 CPU 属性设置对话框，如图 7-37 所示，选中 CPU 硬件组态，打开 CPU 属性对话框，如图 7-38 所示，打开"时刻中断"标签页，选中"激活"状态后设置中断间隔时间和中断开始的时刻。

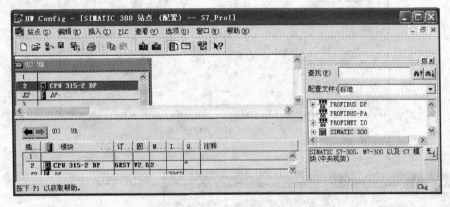

图 7-37 硬件组态

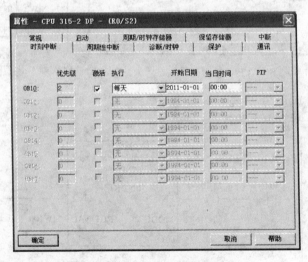

图 7-38 OB10 中断设置

二、循环中断 OB35 应用

在 CPU 属性设置对话框中打开"周期性中断"标签，设置 OB35 的中断时间，如图 7-39所示。

在 SIMATIC 管理器界面中加入新对象 OB35，如图 7-40 所示。

在 OB35 中编写梯形图程序，如图 7-41 所示。

打开 OB1 编写梯形图程序，如图 7-42 所示。

编写程序后，对程序进行编译下载，运行调试程序，则每间隔 1min 执行一次 OB35 中断程序，使得 MW2 中内容加 1。

属性 - CPU 313C - (R0/S2)

| 常规 | 启动 | 周期/时钟存储器 | 保留存储器 | 中断 |
| 时刻中断 | 周期性中断 | 诊断/时钟 | 保护 | 通讯 |

	优先级	执行	相位偏移量	单位	过程映像分区
OB30:	7	5000	0	ms	---
OB31:	8	2000	0	ms	---
OB32:	9	1000	0	ms	---
OB33:	10	500	0	ms	---
OB34:	11	200	0	ms	---
OB35:	12	1000	0	ms	---
OB36:	13	50	0	ms	---
OB37:	14	20	0	ms	---
OB38:	15	10	0	ms	---

| 确定 | | 取消 | 帮助 |

图 7-39 OB35 中断设置

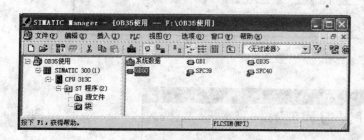

图 7-40 SIMATIC 管理器

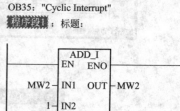

OB35："Cyclic Interrupt"
程序段1：标题：

图 7-41 在 OB35 中编写梯形图程序

OB1："Main Program Sweep(Cycle)"
程序段1：标题：

```
                          SFC40
                        Enable New
                    Interrupts and
                  Asynchronous Errors
    I0.0    M1.0        "EN_IRT"
    ┤├      (P)── EN          ENO
         B#16#2 ─ MODE    RET_VAL ─ MW100
            35 ─ OB_NR
```

程序段2：标题：

```
                          SFC39
                        Disable New
                    Interrupts and
                  Asynchronous Errors
    I0.1    M1.1        "DIS_IRT"
    ┤├      (P)── EN          ENO
         B#16#2 ─ MODE    RET_VAL ─ MW102
            35 ─ OB_NR
```

图 7-42 打开 OB1 编写梯形图程序

三、其他中断设置

在 CPU 的属性设置对话框的"中断"标签页中还可以设置延时中断（OB20）、硬件中断（OB40）和异步错误中断（OB81～87）等。在标签页中显示不可用状态的中断为 S7-300 不能使用而 S7-400 可以设置的中断。如图 7-43 所示。

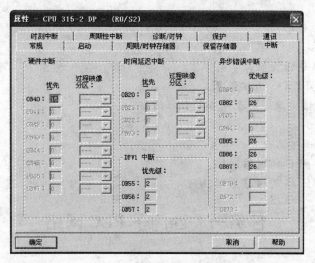

图 7-43 中断属性设置标签页

项目八　通信网络的组态与编程

能力目标

① 会进行 MPI 通信设置。

② 会进行 PROFIBUS 通信设置。

③ 能够使用通信功能块实现基本的数据通信。

知识目标

① 了解常用的通信协议。

② 熟悉西门子 PLC 的通信网络。

③ 掌握西门子 PLC 的通信原理。

任务一　西门子 PLC 网络

【任务描述】

PLC 的通信包括 PLC 之间、PLC 与上位计算机之间以及 PLC 与其他智能设备之间的通信。PLC 与计算机可以直接或通过通信处理单元、通信转接器相连构成网络，以实现信息的交换，并可以构成"集中管理、分散控制"的分布式控制系统，满足工厂自动化系统发展的需要，各 PLC 或远程 I/O 模块按功能各自放置在生产现场进行分散控制，然后用网络连接起来，构成集中管理的分布式网络系统。本任务主要介绍西门子 PLC 的通信方式和网络结构。

【任务分析】

① 了解 PLC 系统通信的形式、结构。

② 了解 PLC 系统通信协议及指令。

【知识准备】

一、PLC 的通信方式和接口

在 PLC 组成的控制系统各个部件之间以及计算机与 PLC 之间，数据信息都是以通信的方式进行交换的。通信的基本方式可分为并行通信与串行通信两种。并行通信是指数据的各个位同时进行传输的一种通信方式。串行通信是指数据一位一位地传输的方式。

1. 并行通信

在并行通信中，至少有 8 个数据位在设备之间传输。发送设备将 8 个数据位通过 8 条数据线传送给接收设备，还可以有 1 位用作数据检验位，接收设备可同时接收到这些数据。在计算机内部的数据通信通常都以并行方式进行，并且把并行的数据传送线称作总线，如并行传送 8 位数据就叫做 8 位总线，并行传送 16 位数据就叫做 16 位总线。由于计算机内部处理的都是并行数据，在进行串行传输之前，必须将并行数据转换成串行数据；在接收端要将串行数据转换成并行数据。数据转换通常以字节为单位进行，用移位寄存器来完成。并行通信的数据传输速度快，但是传输线多，一般用于近距离传输。

2. 串行通信

串行通信方式是在一根数据传输线上，每次传送一位二进制数据，一位接一位地传输。串行传输的速度要慢得多，但由于串行传输节省了大量通信设备和通信线路，在技术上更适合远距离通信。因此，计算机网络普遍采用串行传输方式。

（1）串行通信的类型　在串行通信中，数据的发送和接收要以相同的传输速率同步进行，否则可能造成数据错位使通信发生错误。为了避免接收到错误信息，需要使发送过程和接收过程同步。按照同步的方式不同，串行通信可以分为两种类型：异步通信和同步通信。

异步通信的发送方和接收方独立地产生时钟，但定期同步。采用的数据格式是由一组不定"位数"的数组组成，第一位为起始位，宽度为1，低电平；接着是7～8位的数据位；最后是1～2位停止位；有时还有1位奇偶校验位。异步通信的数据格式如图8-1所示。

图 8-1　异步通信数据格式

同步通信接收端时钟完全由发送方时钟控制，严格同步。所用的数据格式没有起始位、停止位，一次传送的字符个数可变。在传送前，先按照一定的格式将各种信息装配成一个包，该包包括供接收方识别用的一个或两个同步字符，其后紧跟着要传送的 n 个字符，再后就是两个校验字符。接收方接到信号后，进行译码，分辨出数据信号及其时钟信号，然后再依据时钟给定时刻采集数据。

（2）串行通信的连接方式　按照数据在线路上的流向，串行数据通信可分为单工、半双工与全双工三种方式。如图8-2所示。

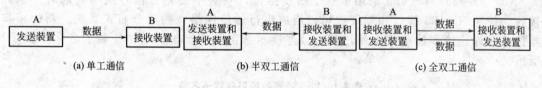

图 8-2　串行通信的连接方式

单工方式：只允许数据按照一个固定方向传送，通信两点中的一点为接收端，另一点为发送端，并且信号传输的方向不能更改。

半双工方式：信息可在两个方向上传输，但在某特定时刻接收和发送是确定的。在半双工通信方式中，信号可以双向传送，但必须交替进行，一个时间只能向一个方向传送。

全双工方式：可作双向通信，两端可同时作发送端、接收端，即能同时在两个方向上进行通信，有两个信道，数据同时在两个方向传输，它相当于把两个相反方向的单工通信组合起来。

单工通信或半双工通信只需要一条信道，而全双工通信需要两条信道（每个方向各一条），但是全双工通信的传输效率最高。

3. 传输速率

传输速率（又称波特率）的单位是波特，其符号为 bit/s 或 bps。在对 PLC 的通信进行设置时，必须设置通信的波特率。例如 S7-200 之间通信速率一般为 9.6kbps，采用自由通信方式时，即用户自定义通信协议（如 ASCII 协议），数据传输速率最高为 38.4kbps。使用 S7-300 的 MPI 接口进行通信时，默认的传输速率为 187.5kbps。

4. 串行通信接口

(1) RS-232C　RS-232C 接口广泛地用于计算机与终端或外设之间的近距离通信。最大通信距离为 15m，最高传输速度速率为 20kbps，只能进行一对一的通信。RS-232C 接口的信号连接如图 8-3 所示。RS-232C 采用共地传送方式，容易引起共模干扰。

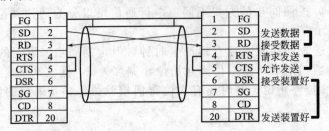

图 8-3　RS-232C 信号连接

(2) RS-422　RS-422 全接口采用双工操作，两对平衡差分信号线分别用于发送和接收，可以抵消共模信号。在最大传输速率（10Mbps）时，允许的最大通信距离为 12m。传输速率为 100kbps 时，最大通信距离为 1200m。一台驱动器可以连接 10 台接收器。RS-422 广泛地用于计算机与终端或外设之间的远距离通信，其信号连接示意图如图 8-4 所示。

图 8-4　RS-422 信号连接　　　　　　　图 8-5　RS-485 信号连接

(3) RS-485　RS-485 采用半双工四线操作，一对平衡差分信号线不能同时发送和接收。使用 RS-485 接口和双绞线可以组成串行通信网络，构成分布式系统。新的接口器件已允许连接多达 128 个站。其信号连接示意图如图 8-5 所示，各端子名称如表 8-1 所示。

表 8-1　RS-485 串行接口各端子名称

端　子	名　称	端口 0/端口 1
1	屏蔽	机壳地
2	24V 返回	逻辑地
3	RS-485 信号 B	RS-485 信号 B
4	发送申请	RST(TTL)
5	5V 返回	逻辑地
6	+5V	+5V,100Ω 串联电阻
7	+24V	+24V
8	RS-485 信号 A	RS-485 信号 A
9	不用	10 位协议选择（输入）
连接器外壳	屏蔽	机壳接地

Pin1　Pin6　Pin9　Pin5

二、SIMATIC 通信网络

1. SIMATIC 通信网络结构

工厂自动化系统的三级网络结构如图 8-6 所示。

（1）现场设备层（现场层） 现场层功能是连接现场传感器和执行器等设备，使用 AS-I（执行器-传感接口）网络。

图 8-6 工厂自动化系统的三级网络

（2）车间监控层（单元层） 单元层功能是用来完成车间主设备之间的连接，实现车间级设备的监控，主要使用 PROFIBUS 和工业以太网，这一级传输速度不是最重要的，但是应能传送大容量信息。

（3）工厂管理层（管理层） 管理层功能是用来汇集各车间管理子网、通过网桥或路由器等连接的厂区骨干网的信息于工厂管理层，主要使用以太网，即 TCP/IP 通信协议标准。

SIMATIC 通信网络包括编程器 PC/PG、人机界面、控制器（S7-200/300/400 等）、传感器和执行器等现场设备。如图 8-7 所示。

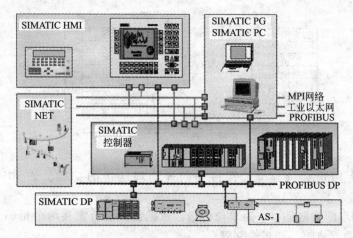

图 8-7 SIMATIC 通信网络示意图

2. MPI 的通信网络

MPI 是多点接口（Multi Point Interface）的简称。S7-300/400 CPU 都集成了 MPI 通信协议和 MPI 的物理层 RS-485 接口。最大传输速率为 12Mbps。PLC 通过 MPI 能同时连接运行 STEP 7 的编程器、计算机、人机界面（HMI）及其他 SIMATIC S7、M7 和 C7。

3. PROFIBUS

工业现场总线 PROFIBUS 是用于车间级监控和现场层的通信系统。PLC 可以通过通信处理器或集成在 CPU 上的 PROFIBUS-DP 接口连接到 PROFIBUS-DP 网上。带有 PROFI-BUS-DP 主站/从站接口的 CPU 能够实现高速和使用方便的分布式 I/O 控制。PROFIBUS 的物理层是 RS-485 接口，最大传输速率为 12Mbps，最多可以与 127 个节点进行数据交换。网络中可以串接中继器，用光纤通信距离可达 90km，可以通过 CP342/343 通信处理器将 S7-300 与 PROFIBUS-DP 或工业以太网系统相连。

4. 工业以太网

工业以太网用于工厂管理层和单元层的通信系统。用于对时间要求不太严格，需要传送大量数据的场合。西门子的工业以太网的传输速率为 10M/100Mbps，最多可以达到 1024 个网络节点，网络的最大范围为 150km。西门子的 S7 和 S5 PLC 通过 PROFIBUS（FDL 协议）或工业以太网 ISO 协议，可以利用 S7 和 S5 的通信服务进行数据交换。

5. PtP 连接

PtP 连接是点对点连接的简称，PtP 可以连接两台 S7 PLC 和 S5 PLC 以及计算机、打印机和条码阅读器等。可通过 CPU313C-2PtP 和 CPU314C-2PtP 集成的通信接口建立点对点连接。点对点连接的接口可以是 20MA（TTY）、RS-232C、RS-422 和 RS-485。

6. AS-I 的过程通信

AS-I 为执行器-传感器接口，是位于自动控制系统最底层的网络，用来连接有 AS-I 接口的现场二进制设备。CP342-2 通信处理器是用于 S7-300 和分布式 I/O ET200M 的 AS-I 主站。AS-I 主站最多可以连接 64 个数字量或 31 个模拟量 AS-I 从站。通过 AS-I 接口，每个 CP 最多可访问 248 个数字量输入和 184 个数字量输出。

三、通信标准

国际化标准组织 ISO 提出的开放系统互连模型 OSI，如图 8-8 所示。作为通信网络国际标准化的参考模型。它详细描述了软件功能的 7 个层次。一类为面向用户的第 5～7 层，另一类为面向网络的第 1～4 层。

图 8-8　开放系统互连模型

① 物理层为用户提供建立、保持和断开物理连接的功能。如 RS-232C、RS-422、RS-485。

② 数据链路层的数据是以帧为单位传送。数据链路层负责在两个相邻节点间的链路上实现差错控制、数据成帧、同步控制等。

③ 网络层的功能是报文包的分段、报文包的阻塞处理和通信子网络的选择。

④ 传输层的单位是报文，它的功能是流量控制、差错控制、连接支持、向上一层提供端到端的数据传送服务。

⑤ 会话层支持通信管理和实现最终用户应用进程的同步，按正确的顺序收发数据。

⑥ 表示层用于应用层信息内容的形式变换。例如数据的加密/解密，信息的压缩/解压和数据兼容。把应用层提供的信息变成能够共同理解的形式。

⑦ 应用层作为 OSI 的最高层，为用户的应用服务提供信息交换，为应用接口提供操作标准。

不是所有的通信协议都需要 OSI 参考模型中的全部 7 层。例如有的现场总线通信协议只采用了 7 层协议中的第 1、第 2 和第 7 层。

四、S7-200 PLC 通信

1. S7-200 PLC 通信部件

S7-200 通信的有关部件，包括通信端口、PC/PPI 电缆、通信卡及 S7-200 通信扩展模块等。

（1）通信端口　S7-200 的 RS-485 串行通信接口通信如图 8-9 所示。

（2）PC/PPI 电缆　PC/PPI 电缆为多主站电缆，一般用于 PLC 与计算机通信，这是一种低成本的通信方式。根据与计算机接口方式的不同，PC/PPI 电缆有两种不同的形式，分别是 RS-232/PPI 多主站电缆和 USB/PPI 多主站电缆。

USB/PPI 多台主站电缆是一种即插即用设备，支持波特率在 187.5kbps 以下的通信，将 PPI 电缆设为接口并选用 PPI 协议，然后在计算机接连标签下设置 USB 端口即可。但不能同时将多根 USB/PPI 多主站电缆连接到计算机上。

RS-232/PPI 多主站电缆带有 8 个 DIP 开关：其中 2 个是用来配置电缆。如果将电缆连到计算机上，则需选择 PPI 模式（开关 5＝1）和本地操作（开关 6＝0）。如果将电缆连在调制解调器上，则需选择 PPI 模式（开关 5＝1）和远程操作（开关 6＝1）。

RS-232/485
通信端口

图 8-9　RS-485 串行接口外形

在计算机接连标签下设置 RS-232 端口，在 PPI 标签下，选站地址和网络波特率即可。RS-232/PPI 多主站电缆外型和尺寸如图 8-10 所示。

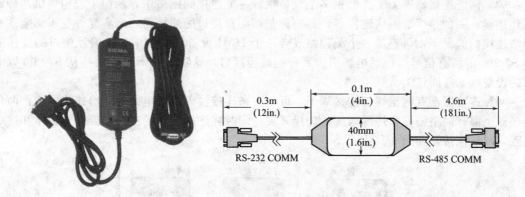

图 8-10　RS-232/PPI 多主站电缆

计算机与 PLC 之间通过 PC/PPI 连接如图 8-11 所示。将 PC/PPI 电缆有"PC"的 RS-232 端连接到计算机的 RS-232 通信接口，标有"PPI"的 RS-485 端连接到 CPU 模块的通信端口，拧紧两边螺钉即可。

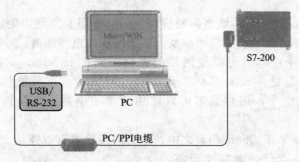

图 8-11　通过 PC/PPI 电缆连接 PC 与 PLC

PC/PPI 电缆的通信设置方法如下。

在 STEP 7-Micro/WIN 编程软件中选择 "Communications"，双击 "Set PG/PC Interface"。在设置 PG/PC 接口界面（图 8-12）中，双击 "PC/PPI cable（PPI）" 图标，打开 PC/PPI 电缆属性设置窗口（图 8-13），选择通信速率（一般为 9.6kbps）。

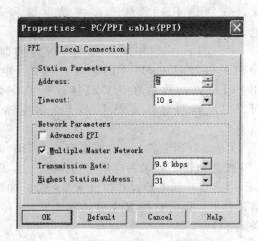

图 8-12　设置 PG/PC 接口对话框图　　　　　　图 8-13　属性设置对话框

（3）网络连接器　为了能够把多个设备很容易地连接到网络中，西门子公司提供两种网络连接器：一种是标准网络连接器，另一种是带编程接口的连接器。后者允许在不影响现有网络连接的情况下，再连接一个编程站或者一个 HMI 设备到网络中。带编程接口的连接器将 S7-200 的所有信号（包括电源引脚）传到编程接口。这种连接器对于那些从 S7-200 取电源的设备（如 TD200）尤为有用。

两种连接器都有两组螺钉连接端子，可以用来连接输入连接电缆和输出连接电缆。两种连接器也都有网络偏置和终端匹配的选择开关，同时在终端位置的连接器要安装偏压和终端电阻。网络连接器如图 8-14 所示。

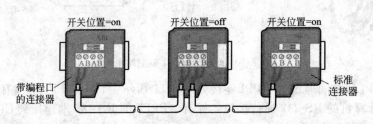

图 8-14　网络连接器

（4）网络中继器　RS-485 中继器为网段提供偏压电阻和终端电阻。使用中继器可以增加网络的长度，为网络增加设备，还可以实现不同网段的电气隔离。

在网络中使用一个中继器可以使网络的通信距离扩展 50m。如图 8-15 所示，如果在已连接的两个中继器之间没有其他节点，那么网络的长度将能达到波特率允许的最大值。在一个串联网络中，用户最多可以使用 9 个中继器，但是网络的总长度不能超过 9600m。

在 9600bps 的波特率下，50m 距离之内，一个网段最多可以连接 32 个设备。使用一个中继器允许用户在网络上再增加 32 个设备。

如果不同的网段具有不同的地电位，将它们隔离会提高网络的通信质量。一个中继器在网络中被算作网段的一个节点，但是它没有被指定的站地址。

图 8-15 带中继器的网络

（5）EM277 PROFIBUS-DP 模块　EM277 PROFIBUS-DP 模块是专门用于 PROFI-BUS-DP 协议通信的智能扩展模块。它的外形如图 8-16 所示。EM277 机壳上有一个 RS-485 接口，通过接口可将 S7-200 CPU 连接至网络，它支持 PROFIBUS-DP 和 MPI 从站协议。其他的地址选择开关可进行地址设置，地址范围为 0～99。

图 8-16　EM277 模块图

图 8-17　CP 243-1 和 CP 243-1 IT 模块外形图

（6）CP 243-1 和 CP 243-1 IT 模块　CP 243-1 和 CP 243-1 IT 都是一种通信处理器，用于在 S7-200 自动化系统中运行。它们可用于将 S7-200 系统连接到工业以太网（IE）中。通过它们可以使用 STEP 7 Micro/WIN 对 S7-200 进行远程组态、编程和诊断。而且，一台 S7-200 还可通过以太网与其他 S7-200、S7-300 或 S7-400 控制器进行通信，并可与 OPC 服务器进行通信。

另外，基于 CP 243-1 IT 的 IT 功能，可以实现监控，如果需要，还可通过 Web 浏览器从一台联网的工控机中控制自动化系统，并将诊断报文通过 E-mail 在系统中发送。使用 IT 功能可以非常容易地与其他计算机以及控制器系统交换全部文件。CP 243-1 和 CP 243-1 IT 模块的外形是一致的，如图 8-17 所示。

2. S7-200 PLC 的通信协议

西门子 S7-200 CPU 支持多种通信协议，根据所使用的机型，网络可以支持一个或多个协议，如点到点（Point-to-Point）接口协议（PPI）、多点接口协议（MPI）、自由通信接口协议、现场总线协议（PROFIBUS）和工业以太网协议。如图 8-18 所示为 S7-200 PPI 网络示意图。

PPI 协议是一种主从协议，主站器件发

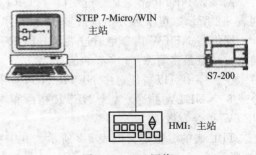

图 8-18　PPI 网络

送请求到从站器件，从站器件响应这个请求。从站器件不发信息，只是等待主站的请求并对请求做出响应。主站靠一个由 PPI 协议管理的共享连接来与从站通信。PPI 并不限制与任意一个从站通信的主站数量，但是在一个网络中，主站的个数不能超过 32。

如果在用户程序中使能 PPI 主站模式，S7-200 CPU 在运行模式下可以作主站。在使能 PPI 主站模式之后，可以使用网络读/写指令来读/写另外一个 S7-200。当 S7-200 作 PPI 主站时，它仍然可以作为从站响应其他主站的请求。

自由口通信协议（Freeport Mode）方式是 S7-200 PLC 的一个很有特色的功能。S7-200 PLC 的自由通信，即用户自定义通信协议（如 ASCII 协议），数据传输率最高为 38.4kbps。

自由口通信协议的应用，使可通信的范围大大增加，控制系统配置更加灵活、方便。应用此种方式，使 S7-200PLC 可以使用任何公开的通信协议，并能与具有串口的外设智能设备和控制器进行通信，如打印机、条码阅读器、调制解调器、变频器和上位 PC 等，当然也可以用于两个 CPU 之间简单的数据交换。当外设具有 RS-485 接口时，可以通过双绞线进行连接，具有 RS-232 接口的外设也可以通过 PC/PPI 电缆连接起来进行自由口通信。与外设连接后，用户程序可以通过使用发送中断、接收中断、发送指令（XMT）和接收指令（RCV）刈通信口操作。在自由通信口模式下，通信协议完全由用户程序控制。另外，自由口通信模式只有在 CPU 处于 RUN 模式时才允许。当 CPU 处于 STOP 模式时，自由通信口停止，通信口转换成正常的 PPI 协议操作。

3. S7-200 PLC 的通信指令

网络的通信功能是通过通信程序来实现的。因此，就需要了解 PLC 提供的通信指令。S7-200 PLC 提供的通信指令主要有：网络读与网络写指令、发送与接收指令、获取与设置通信口地址指令等，下面对各指令的格式、要求和用法分别予以介绍。

（1）网络读与网络写指令 NETR（Network Read）/NETW（Network Write）　网络读与网络写指令格式如图 8-19 所示。

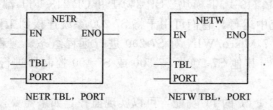

图 8-19　网络读/网络写指令 NETR/NETW

- TBL：缓冲区首址，操作数为字节。
- PORT：操作端口，CPU226 为 0 或 1，其他机型只能为 0。

网络读 NETR 指令是通过端口（PORT）接收远程设备的数据并保存在表（TBL）中，如表 8-2 所示。可从远方站点最多读取 16 字节的信息。

网络写 NETW 指令是通过端口（PORT）向远程设备写入在表（TBL）中的数据。可向远方站点最多写入 16 字节的信息。

在程序中可以写任意多 NETR/NETW 指令，但在任意时刻最多只能有 8 个 NETR 指令或 8 个 NETW 指令、4 个 NETR 指令和 4 个 NETW 指令，或者 2 个 NETR 指令和 6 个 NETW 指令有效。

TBL 表的参数定义如表 8-2 所示。其中字节 0 的各标志位及错误码（4 位）的含义如表 8-3 所示。

表 8-2　TBL 表的参数定义

地址	定义与说明				
字节 0	D	A	E	0	错误码
字节 1	远程站点的地址（被访问的 PLC 地址）				
字节 2	指向远程站点的数据区指针（双字）（指向远程 PLC 存储区中的数据的间接指针）				
字节 3					
字节 4					
字节 5					
字节 6	数据长度（1～16 字节）（远程站点被访问的字节数）				
字节 7	数据字节 0	接收或发送数据区：保存数据的 1～16 字节，其长度在"数据长度"字节中定义。对于 NETR 指令，此数据区指执行 NETR 后存放从远程站点读取的数据区。对于 NETW 指令，此数据区指执行 NETW 前发送给远程站点的数据存储区			
字节 8	数据字节 1				
…	…				
VB122	数据字节 15				

表 8-3　缓冲区首字节标志位的含义

标志位		定义	说　　明
D		操作已完成	0＝未完成，1＝功能完成
A		激活（操作已排队）	0＝未激活，1＝激活
E		错误	0＝无错误，1＝有错误
4 位错误代码	0	无错误	
	1	超时错误	远程站点无响应
	2	接受错误	有奇偶错误，帧或校验和出错
	3	离线错误	重复的站地址或无效的硬件引起冲突
	4	排队溢出错误	多于 8 条的 NETR/NETW 指令被激活
	5	违反通信协议	没有在 SMB30 中允许 PPI，就试图使用 NETW 指令
	6	非法参数	NETR/NETW 表中包含非法或无效的参数值
	7	没有资源	远程站点忙（正在进行上传或下载操作）
	8	第七层错误	违反应用协议
	9	信息错误	错误的数据地址或错误的数据长度

（2）发送与接收指令 XMT（Transmit）/RCV（Receive）　发送与接收指令如图 8-20 所示。

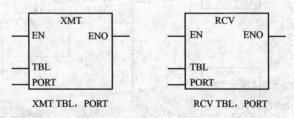

XMT TBL，PORT　　　　　　RCV TBL，PORT

图 8-20　发送与接收指令

发送指令 XMT 启动自由端口模式下数据缓冲区（TBL）的数据发送，通过指定的通信端口（PORT），发送存储在数据缓冲区中的信息。

XMT 指令可以方便地发送 1~255 字符，如果有中断程序连接到发送结束事件上，在发送完缓冲区的最后一个字符时，端口 0 会产生中断事件 9，端口 1 会产生中断事件 26。也可以监视发送完成状态位 SM4.5 和 SM4.6 的变化，而不是用中断进行发送。

TBL 指定的发送缓冲区的格式如图 8-21 所示，起始字符和结束字符是可选项，第一个字节"字符数"是要发送的字节数，它本身并不发送出去。

字符数	起始字符	数据区	结束字

图 8-21　TBL 数据缓冲区格式

如果将字符数设置为 0，然后执行 XMT 指令，以当前的波特率在线路上产生一个 16 位的间断（break）条件。发送间断语和发送任何其他信息一样，采用相同的处理方式。完成间断时产生一个 XMT 中断，SM4.5 或 SM4.6 反映 XMT 的当前状态。

【任务实施】

子任务一　通信指令应用训练

要求：通过检测一些特殊存储器的状态来获知 XMT 指令的执行情况，认识通信指令 XMT 的使用方法。

通过子程序对自由口通信进行初始化设置。其通信协议设置为：自由通信口模式，波特率为 9600bps，无奇偶校验，每字符 8 位。然后定时器进行定时 1.5s，时间到后 PLC 开始发送数据，同时输出口 Q0.5 置 1，当数据发送完后发生中断事件 9，这样就会执行中断程序，使得输出口 Q0.5 产生周期为 1 的方波信号，同时中断程序与中断事件分离。

如果在 Q0.5 的输出端接上灯泡，当发现灯泡点亮时，代表 PLC 开始发送数据，当发送完成后，灯泡就会开始闪烁。

编写检测 XMT 指令发送数据程序如图 8-22 所示。

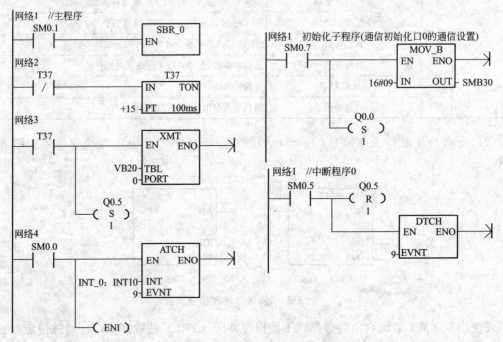

图 8-22　XMT 指令发送数据程序

从程序图中可以看出，将通信完成的中断事件与状态标志位相连接，即可对通信指令 XMT 的执行状态进行显示。实际应用中可通过类似方法，将 XMT 的执行状态通过中断事件与其他操作相连接，达到相应的控制目的。

子任务二　两台 S7-200 PLC 通过 PORT0 口进行 PPI 通信

要求：通过实现两台 S7-200 PLC 通过 PORT0 口互相进行 PPI 通信，了解 PPI 通信的应用。

图 8-23 是通信系统的网络配置图。系统将完成用甲机的 I0.0～I0.7 控制乙机的 Q0.0～Q0.7，用乙机的 I0.0～I0.7 控制甲机的 Q0.0～Q0.7。甲机为主站，站地址为 2；乙机为从站，站地址为 3，编程用的计算机站地址为 0。系统通信的实现过程如下。

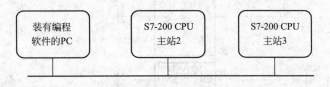

图 8-23　S7-200 CPU 之间的 PPI 通信网络

一、端口设置

分别用 PC/PPI 电缆连接各个 PLC。打开 STEP 7-Micro/WIN 编程软件，选中 "Communications" 打开，双击其子项 "Communication Ports"，打开通信口设置界面。在对甲机进行设置时，将 "PORT0" 口的 "PLC Address" 设置为 2，选择 "Baud Rate" 为 9.6kbps。然后把设置好的参数下载到 CPU 中（通过单击图标完成）。用同样方法设置乙机时，将 "PORT 0" 口的 "PLC Address" 设置为 3，选择 "Baud Rate" 也为 9.6kbps。

二、建立连接

连接好网线，双击 "Communications" 的子项 "Communications"，打开通信连接界面，双击通信刷新图标，编程软件将会显示出网站中站号为 2 和 3 的两个子站。双击某一个子站的图标，编程软件将和该子站建立连接，可以对它进行下载、上传和监视等通信操作。

三、输入、编译通信程序

将编译通过的通信程序下载到站号为 2 的 CPU 模块中（该 CPU 为主站），并把两台 PLC 的工作方式开关置于 RUN 位置，分别改变两台 PLC 输入信号状态，可以观察到通信结果。

通信程序是用网络读/写指令完成的。其中 SMB30 是 S7-200 PLC PORT0 通信口的控制字（SMB130 是 S7-200 PLC PORT1 通信口的控制字），各位表达的意义如表 8-4 所示。表 8-5 是甲机的网络读/写缓冲区内的地址定义，甲机读取乙机 IB0 的值后，将它写入本机的 QB0，甲机同时用网络写指令将自己的 IB0 的值写入乙机的 QB0。

表 8-4　SMB30（SMB130）功能表

P(b7)	P	D	B	B	B	M	M(b0)
PP=		D=	BBB=			MM=	
00:无奇偶校验		0:8 位有效数据	000:38.4kbps			00:PPI 从站模式	
01:偶校验		1:7 位有效数据	001:19.2kbps			01:自由口通信模式	
10:无奇偶校验			010:9.6kbps			10:PPI 主站模式	
11:奇校验			011:4.8kbps			11:保留（默认 PPI 从站模式）	
			100:2.4kbps				
			101:1.2kbps				
			110:0.6kbps				
			111:0.3kbps				

表 8-5　缓冲区各字节的定义

字节意义	状态字节	远程站地址	远程站数据区指针	读写的数据长度	数据字节
NETR 缓冲区	VB100	VB101	VD102	VB106	VB107
NETW 缓冲区	VB110	VB111	VD112	VB116	VB117

在本任务两台 S7-200 实现 PPI 通信中，在相应的通信口组态完成后，仅需在主站通过 NETR 指令和 NETW 指令就可以直接完成了，而从站无需任何程序。乙机在通信中是被动的，它不需要通信程序。则甲机（主站）的通信程序如图 8-24 所示。

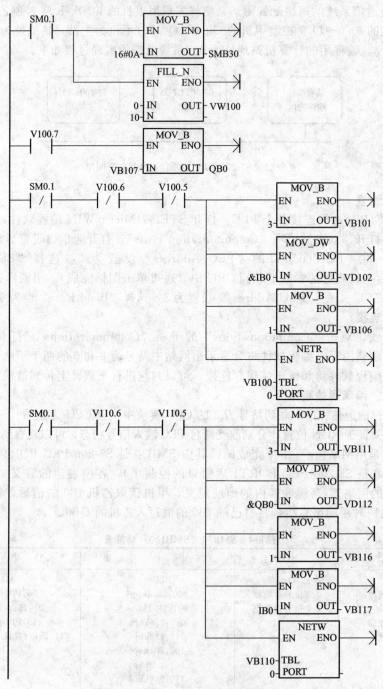

图 8-24　甲机（主站）的通信程序

子任务三　三台 S7-200 PLC 的 PPI 通信

要求：通过三台 S7-200 PLC 的 PPI 通信，进一步说明 PPI 通信的使用过程。

三台 S7-200 PLC 通过 PORT0 口进行通信，甲机为主站（站号为 2），乙机和丙机为从站（乙机站号为 3，丙机站号为 4）。在控制功能上实现乙机的 I0.0 启动丙机的电动机星形-三角形启动器，乙机 I0.1 停止丙机的电动机转动；丙机的 I0.0 启动乙机的电动机星形-三角形启动器，丙机 I0.1 停止乙机的电动机转动。PPI 通信程序是由甲机完成的。网络系统图如图 8-25 所示，乙机和丙机的 I/O 分配如表 8-6 所示。

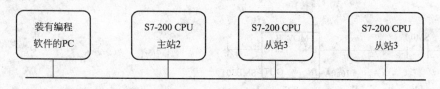

图 8-25　网络系统图

表 8-6　乙机与丙机的 I/O 分配

乙机（从站，站号为 3）	丙机（从站，站号为 4）
I0.0 启动丙机电动机	I0.0 启动乙机电动机
I0.1 停止丙级电动机	I0.1 停止乙级电动机
Q0.0 星形	Q0.0 星形
Q0.1 三角形	Q0.1 三角形
Q0.2 主继电器	Q0.2 主继电器

本任务中的端口设置与网络连接与上一案例完全相同。PPI 通信程序在主站上完成（甲机）如图 8-26 所示，两个从站分别完成各自的星形-三角形启动，乙机程序如图 8-27 所示，丙机程序如图 8-28 所示。

图 8-26 的语句如下。

```
LD      SM0.1
MOVB    16#0A，SMB30     //定义端口 0 为 PPI 主站
LDN     T37
TON     T37，1           //定义定时器，每 100ms 读/写网络一次
LD      T37
MOVB    3，VB301
MOVD    &IB0，VD302
MOVB    1，VB306
NETR    VB300，0         //读从站 3 数据，把 3 号站 IB0 读到主站 VB307 中
LD      T37
MOVB    4，VB401
MOVD    &VB10，VD402
MOVB    1，VB406
NETW    VB400，0         //主站 VB307 发送到从站 4 的 VB10 中
LD      T37
MOVB    4，VB501
```

```
MOVD    &IB0，VD502
MOVB    1，VB506
NETR    VB500，0              //读从站4数据，把4号站IB0读到主站VB507中
LD      T37
MOVB    3，VB601
MOVD    &VB20，VD602
MOVB    1，VB606
NETW    VB600，0              //把主站VB507发送到从站3的VB20中
```

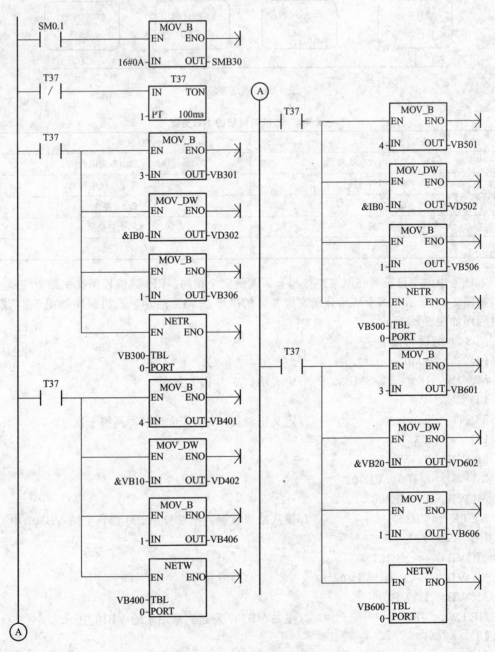

图 8-26　甲机通信程序

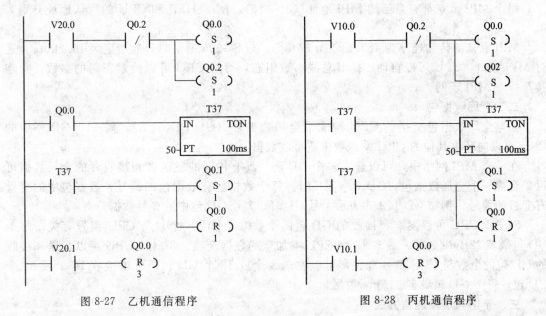

图 8-27 乙机通信程序   图 8-28 丙机通信程序

PPI 的通信程序在主站完成，从站只是完成各自的功能程序，并被动地接受主站的管理。

任务二 MPI 网络通信

【任务描述】

西门子 PLC S7-200/300/400 CPU 上的 RS-485 接口不仅是编程接口，同时也是一个 MPI 的通信接口，不增加任何硬件就可以实现 PG/OP、全局数据通信及少量数据交换的 S7 通信等功能。MPI 网络的通信速率是 19.2k~12Mbps，最多支持连接 32 个节点，最大通信距离为 50m。MPI 网络节点通常可以挂 S7 PLC、人机界面、编程设备、智能型 ET200S、RS-485 中继器等网络元件。

【任务分析】

① 了解 MPI 的通信方式。
② 掌握 MPI 全局数据通信方式的应用。

【知识准备】

一、MPI 通信方式

西门子 PLC 之间的 MPI 通信有三种方式：全局数据包通信方式、无组态连接通信方式、组态连接通信方式。其中，无组态连接通信方式又分为双边编程通信方式与单边编程通信方式。S7-200 PLC 可以进行单边编程通信方式。

S7-300 CPU 集成的第 1 个通信接口就是 MPI 接口，S7-400 CPU 集成的第 1 个通信接口可以是 MPI 接口或 DP 接口。每个 CPU 可以使用的 MPI 连接总数与 CPU 的型号有关，例如 CPU312 为 6 个，CPU418 为 64 个。

联网的 CPU 可以通过 MPI 接口实现全局数据（GD）服务，周期性地相互交换少量的数据。可以与 15 个 CPU 建立全局数据通信。

每个 MPI 节点都有自己的 MPI 地址（0～126），PG、HMI 和 CPU 的默认地址分别为 0、1、2。

MPI 默认的传输速率为 187.5k～1.5Mbps，与 S7-200 通信时只能指定为 19.2kbps。通过 MPI 接口，CPU 可以自动广播其总线参数组态，然后 CPU 可以检索正确的参数，并连接至一个 MPI 子网。

二、全局数据包

参与全局数据包交换的 CPU 构成了全局数据环（GD DIRCLE）。同一个 GD 环中的 CPU 可以向环中其他的 CPU 发送数据或接收数据。

在一个 MPI 网络中，可以建立多个 GD 环。具有相同的发送者和接收者的全局数据可以集合成一个全局数据包（GD PACKET）。每个数据包有数据包的编号，数据包中的变量有变量的编号。例如 GD 1.2.3 表示 1 号 GD 环、2 号 GD 包中的 3 号数据。

S7-300 CPU 可以发送和接收的 GD 包的个数（4 个或 8 个）与 CPU 型号有关，每个 GD 包最多 22Byte 数据，最多 16 个 CPU 参加全局数据交换。S7-400 CPU 可以发送和接收的 GD 包的个数与 CPU 型号有关，可以发送 8 个或 16 个 GD 包，可以接收 16 个或 32 个 GD 包，每个 GD 包最多 64Byte 数据。

三、无组态连接通信方式

无组态连接的 MPI 通信适合 S7-200/300/400 之间的通信，通过调用 SFC65～FC69 来实现。同时，无组态连接通信方式不能与全局数据包通信方式混合使用。无组态连接的 MPI 通信又分为双边编程通信方式与单边编程通信方式。

双边编程通信方式，即本地站与远程站双方都要编写通信程序，发送方使用 SFC65 发送数据，接收方使用 SFC66 接收数据。这些系统功能只有 S7-300/400 才有，因此双边编程的通信方式只适用于 S7-300/400 之间的通信，不能与 S7-200 通信。

单边编程的通信方式只在一方编写程序，这就像客户机与服务器的访问模式，编写程序的一方就是客户机，不编写程序的一方就是服务器，这种通信方式适合于 S7-200/300/400 之间的通信，对于 S7-200 CPU 就只能做服务器了。这种通信方式使用 SFC67 来读取对方指定的地址数据到本地机指定的地方存放，使用 SFC68 系统功能将本地指定的数据发送到对方指定的数据区。

【任务实施】

通过三台 S7-300 PLC 实现全局数据包通信方式。这种通信方式只能在 S7-300 和 S7-400 之间进行。用户不需要编写通信程序，在硬件组态时设置好所有 MPI 通信 PLC 站上的发送区与接收区就可以了。

一、S7-300 PLC 工作站组态

打开 STEP 7，建立一个新项目名称为全局数据，然后在管理器界面中插入三个 SI-MATICA 300 站点，完成后的界面如图 8-29 所示。

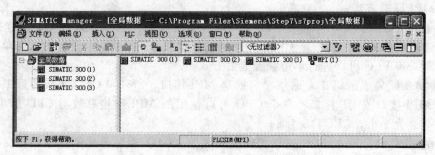

图 8-29　创建新项目

在新建的三个 300 站点中进行硬件组态，依次按照槽架、电源、CPU、I/O 模块的顺序放置模块，硬件组态后存盘并编译。如图 8-30 所示为 SIMATIC 300（1）的硬件组态，如图 8-31 所示为 SIMATIC 300（2）的硬件组态，如图 8-32 所示为 SIMATIC 300（3）的硬件组态。

图 8-30　SIMATIC 300（1）硬件组态

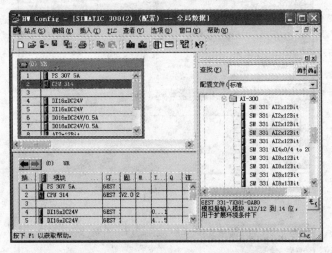

图 8-31　SIMATIC 300（2）硬件组态

二、MPI 通信网络组态

双击 SIMATIC 300（1）硬件组态界面左侧组态框中 2 号槽架位置（CPU 槽），打开 CPU 属性界面，如图 8-33 所示。

在如图 8-33 所示的 CPU 属性对话框的"接口"框中单击"属性"按钮，打开 MPI 接口属性设置对话框，在对话框中选择 MPI 网络，波特率为 187.5kbps，如图 8-34 所示。

如果想修改 MPI 网络属性可以单击右侧"属性"按钮，打开 MPI 属性设置窗口，对 MPI 的波特率等属性进行设置，如图 8-35 所示。

按照同样的方法分别设置其他两个 300 站点的 MPI 属性，MPI 地址分别为 3 和 4。在 SIMATIC 管理器界面中打开 MPI 网络窗口，可以看到组态好的 MPI 网络，如图 8-36 所示。

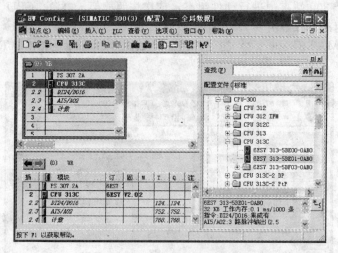

图 8-32 SIMATIC 300 (3) 硬件组态

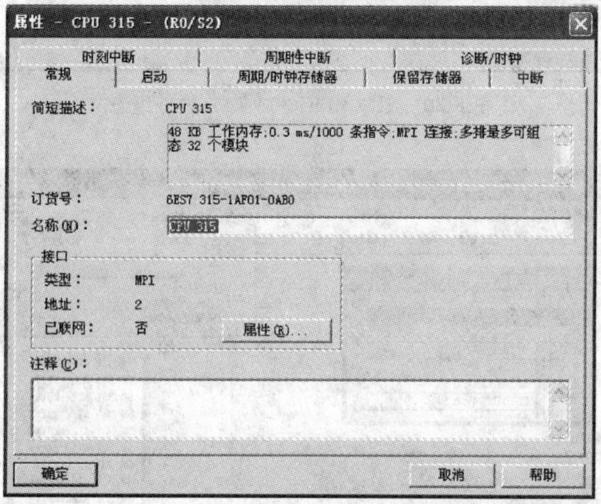

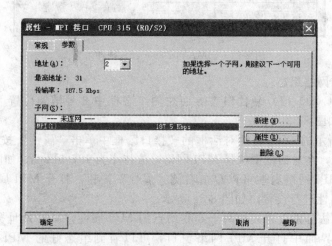

图 8-33 CPU 属性对话框

图 8-34 MPI 接口属性对话框

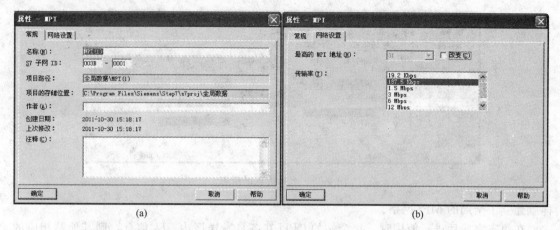

图 8-35 MPI 属性对话框

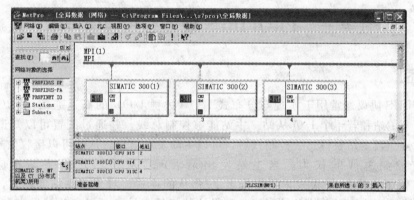

图 8-36 MPI 网络窗口

在 MPI 网络窗口中打开全局数据组态窗口，选择每个数据区所属的工作站 CPU，如图 8-37 所示。

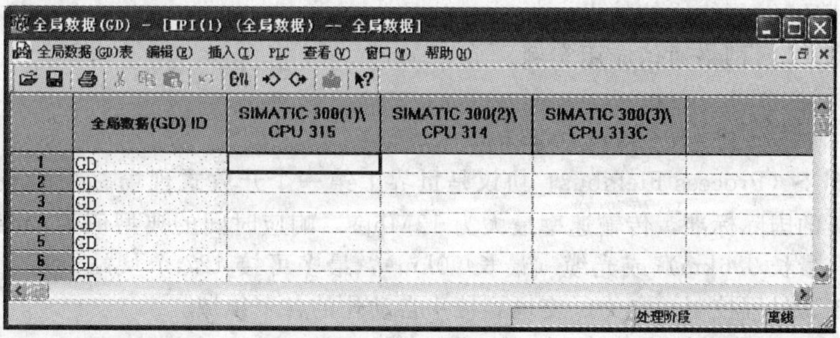

全局数据(GD) ID	SIMATIC 300(1)\ CPU 315	SIMATIC 300(2)\ CPU 314	SIMATIC 300(3)\ CPU 313C	
1	GD			
2	GD			
3	GD			
4	GD			
5	GD			
6	GD			
7	GD			

图 8-37 全局数据组态窗口

工作站选择完成后，在每个站下面所属的表格内直接输入所定义的数据区，而后定义数据的发送或接收。S7-300 接收或发送的字节数最多为 22 个，S7-400 最多是 54 个。发送区与相应的接收区的大小要一致。全局数据组态后，进行编译，编译完成后会自动生成数据包和数据环，如图 8-38 所示。

编译完成后单击该界面的下载图标，将组态好的数据区内容下载到对应的 CPU 中。这

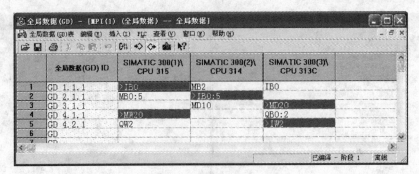

图 8-38　全局数据的组态

样就建立了全局的 MPI 网络。

在组态完成后进行使用时，每个站的 CPU 在各自发送区内写入信息，则其他站相应的接收区就可以得到这些信息。

任务三　PROFIBUS 现场总线通信技术

【任务描述】

PROFIBUS 协议通常用于实现与分布式 I/O（远程 I/O）的高速通信。PROFIBUS 网络通常有一个主站和若干个 I/O 从站。主站能够控制总线，并通过配置可以知道 I/O 从站的类型和站号。当主站获得总线控制权后，可以主动发送信息。从站可以接收信号并给予响应，但没有控制总线的权力。当主站发出请求时，从站回送给主站相应的信息。PROFIBUS 除了支持主/从模式，还支持多主/多从的模式。对于多主站的模式，在主站之间按令牌传递顺序决定对总线的控制权。取得控制权的主站，可以向从站发送和获取信息，实现点对点的通信。在本任务中介绍 PROFIBUS 总线在 PLC 通信中的应用。

【任务分析】

① PROFIBUS 网络通信技术。
② PROFIBUS 网络通信应用实例。

【知识准备】

PROFIBUS（Process Fieldbus）协议是世界上第一个开放式现场总线标准，是用于车间级和现场级的国际标准，传输速率最大为 12Mbps，响应时间的典型值为 1ms，使用屏蔽双绞线电缆（最长 9.6km）或光缆（最长 90km），最多可接 127 个从站。其应用领域覆盖了从机械加工、过程控制、电力、交通到楼宇自动化的各个领域。

PROFIBUS 技术的发展经历了如下过程。

1987 年由德国 SIEMENS 公司等 13 家企业和 5 家研究机构联合开发。

1989 年成为德国工业标准 DIN 19245。

1996 年成为欧洲标准 EN 50170V.2（PROFIBUS-FMS-DP）。

1998 年 PROFIBUS-PA 被纳入 EN 50170V.2。

1999 年 PROFIBUS 成为国际标准 IEC 61158 的组成部分（TYPEⅢ）。

2001 年成为中国的机械行业标准 JB/T 10308—3—2001。

2006 年成为中国的国家标准 GB/T 20540—2006。

一、PROFIBUS 的组成

PROFIBUS 由以下三个兼容部分组成。

1. PROFIBUS-DP

用于传感器和执行器级的高速数据传输，它以 DIN 19245 的第一部分为基础，根据其所需要达到的目标对通信功能加以扩充，DP 的传输速率最高可达 12Mbps，一般构成单主站系统，主站、从站间采用循环数据传输方式工作。

2. PROFIBUS-PA

PROFIBUS-PA 是 PROFIBUS 的过程自动化解决方案，PA 将自动化系统和过程控制系统与现场设备，如压力、温度和液位变送器等连接起来，代替了 4～20mA 模拟信号传输技术。因此，PA 尤其适用于石油、化工、冶金等行业的过程自动化控制系统。

3. PROFIBUS-FMS

解决车间一级通用性通信任务。FMS 提供大量的通信服务，用以完成以中等传输速率进行的循环和非循环的通信任务。由于它是完成控制器和智能现场设备之间的通信以及控制器之间的信息交换，因此它考虑的主要是系统的功能而不是系统响应时间，应用过程通常要求的是随机的信息交换（如改变设定参数等），可用于大范围和复杂的通信系统。

二、PROFIBUS 的通信模型和协议类型

PROFIBUS 通信模型参照了 ISO/OSI 参考模型的第 1 层（物理层）和第 2 层（数据链路层），其中 FMS 还采用了第 7 层（应用层），另外增加了用户层。

PROFIBUS-DP 和 PROFIBUS-FMS 的第 1 层和第 2 层相同，PROFIBUS-FMS 有第 7 层，PROFIBUS-DP 无第 7 层。这种流体型结构确保了数据传输的快速和有效。直接数据链路映像提供易于进入第 2 层的用户数据。用户接口规定了用户及系统以及不同设备可调用的应用功能，并详细说明了各种不同 PROFIBUS-DP 设备的设备行为。PROFIBUS-PA 有第 1 层和第 2 层，但与 DP/FMS 有区别，无第 7 层。PROFIBUS-PA 的数据传输采用扩展的行为的 PA 行规。根据 IEC 1158—2 标准，PROFIBUS-PA 的传输技术可确保其本征安全性，而且可通过总线给现场设备供电。

由于 PROFIBUS-DP 具有可靠性高、性能高、实时性好及其独特的设计等优点，已被几乎所有的生产厂商和用户所接受。PROFIBUS-DP 在整个 PROFIBUS 应用中，应用最多、最广泛，可以连接不同厂商符合 PROFIBUS-DP 协议的设备，用于自动化系统中单元级控制设备与分布式 I/O 的通信。

三、PROFIBUS-DP 通信原理和总线连接器

PROFIBUS-DP 采用 RS-485 协议，其传输技术为半双工通信方式，传输速率在 9.6k～12Mbps 之间可选，对应的通信距离在 100～1200m，根据最大传输速率的不同，可选用双绞线或光纤两种传输电缆。一般来说，在电磁干扰很大的环境下可使用光纤导体以增长高速传输的最大距离。PROFIBUS-DP 的数据链路层是比较复杂的一部分，它主要是通过数据链路层协议在不可靠的物理链路上实现可靠的数据传输。

PROFIBUS-DP 网包括两种介质存取方式：令牌总线方式和主-从方式。数据链路层协议媒体访问控制（MAC）部分采用受控访问的令牌总线和主-从方式。主站间数据传输采用令牌总线方式。令牌在总线上的各主站间传递，持有令牌的主站获得总线控制权，该主站依照关系表与从站或其他主站进行通信。主站与从站之间的周期性数据传输采用主-从方式，主站向从站发送或索取信息。PROFIBUS-DP 网没有使用 OSI 参考模型的应用层，而是自己定义了第 8 层——用户层，这一层与用户接触比较多，它主要定义了 DP 的功能、行规及扩展功能。

国际性的 PROFIBUS 标准 EN 50160 推荐使用 9 针 D 型连接器用于总线站与总线的相互连接（9 针头）。PROFIBUS-DP 的总线连接器结构和外形如图 8-39 所示。D 型连接器的插座与总线站相连接，而 D 型连接器的插头与总线电缆相连接。

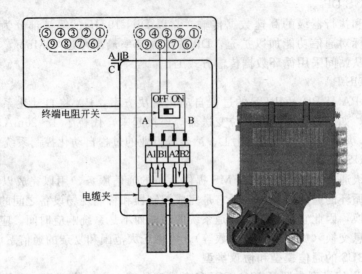

图 8-39　总线连接器

四、PROFIBUS-DP 的设备分类

1. 1 类 DP 主站（DPM1）

1 类 DP 主站是中央控制器，它在预定的信息周期内与分散的站（如 DP 从站）交换信息，并对总线通信进行控制和管理。DPM1 可以发送参数给从站，读取从站的诊断信息。此外，还可以将控制命令发送给个别从站或从站组，以实现输出数据和输入数据的同步。

下列设备可以做 1 类主站。

① 集成了 DP 接口的 PLC。

② 没有集成 DP 接口的 CPU 加上支持 DP 主站功能的通信处理器。

③ 插有 PROFIBUS 网卡的 PC。

④ IE/PB 链路模块。

⑤ ET200S/ET200X 的主站模块。

2. 2 类 DP 主站（DPM2）

2 类 DP 主站是编程器、组态设备或操作面板，是 DP 网络中的编程、诊断和管理设备。DPM2 除了具有 1 类主站的功能外，在与 1 类 DP 主站进行通信的同时，可以读取 DP 从站的输入/输出数据和当前的组态数据，可以给 DP 从站分配新的总站地址。属于这一类的装置包括编程器、组态装置和诊断装置、上位机等。

3. DP 从站

DP 从站是进行输入和输出信息采集和发送的外围设备，它只与组态它的 DP 主站交换用户数据，可以向该主站报告本地诊断中断和过程中断。典型 DP 从站设备有分布式 I/O、ET200、变频器、驱动器、阀、操作面板等。

根据它们的用途和配置，可将 SIMATIC S7 的 DP 从站分为以下几种。

（1）紧凑型 DP 从站　紧凑型 DP 从站具有不可更改的固定结构输入和输出区域。ET200B 电子终端（B 代表 I/O 块）就是紧凑型 DP 从站。

（2）模块式 DP 从站　模块式 DP 从站具有可变的输入和输出区域，可以用 SIMATIC 管理器的硬件组态工具进行组态。ET200M 是模块式 DP 从站的典型代表，可使用 S7-300 全系列模块，最多可有 8 个 I/O 模块，连接 256 个 I/O 通道。ET200M 需要一个 ET200M 接口模块（IM153）与 DP 主站连接。

（3）智能 DP 从站　在 PROFIBUS-DP 系统中，带有集成 DP 接口的 CPU 或 CP342-5 通信处理器可用作智能 DP 从站，简称"I 从站"。智能从站提供给 DP 主站的输入和输出区域不是实际的 I/O 模块所使用的 I/O 区域，而是从站 CPU 专用于通信的输入/输出映像区。

在 DP 网络中，一个从站只能被一个主站所控制，这个主站是这个从站的 1 类主站；如果网络上还有编程器和操作面板控制从站，这个编程器和操作面板是这个从站的 2 类主站。另外一种情况，在多主网络中，一个从站只有一个 1 类主站，1 类主站可以对从站执行发送和接收数据操作，其他主站只能可选择地接收从站发给 1 类主站的数据，这样的主站也是这个从站的 2 类主站，不直接控制该从站。

【任务实施】

三台 PLC 使用 PROFIBUS-DP 组态通信网络系统。系统由一个 DP 主站和两个智能 DP 从站构成。

DP 主站：由 CPU314C-2DP 构成。

DP 从站 1：由 CPU313C-2DP 构成。

DP 从站 2：由 CPU313C-2DP 构成。

在 STEP 7 的管理器界面下新建项目，并插入三个 S7-300 站点，分别命名为 DP 主站、DP 从站 1 和 DP 从站 2，如图 8-40 所示。

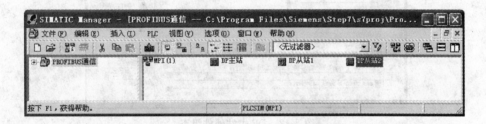

图 8-40　新建项目

按照配置要求分别对三个站点进行硬件组态，在组态 DP 主站 CPU 时弹出 PROFIBUS 接口属性对话框，单击"新建"按钮，打开新建子网 PROFIBUS 窗口，如图 8-41 所示。对网络属性设置完成后单击"确定"按钮完成硬件组态，如图 8-42～图 8-44 所示。硬件组态后进行存盘并编译。

编辑 DP 主站 CPU314C-2DP 的 DP 属性，将其 DP 属性设置为 DP 主站，如图 8-45 所示。

将 DP 从站 1 CPU314C-2DP 和 DP 从站 2 CPU314C-2DP 的属性设置为 DP 从站，如图 8-46 所示，并且将地址分别设置为 3 和 4，如图 8-47 和图 8-48 所示。

将组态好的 DP 从站 1 和 DP 从站 2 存盘后，打开 DP 主站的硬件组态，将已经设置好的 DP 从站和 DP 主站进行连接，如图 8-49 所示。

选中要连接的控制站，单击"连接"按钮后，可以看到从站和主站的 DP 总线进行连接，如图 8-50 所示。

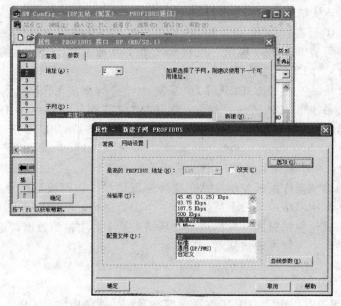

图 8-41　网络属性设置

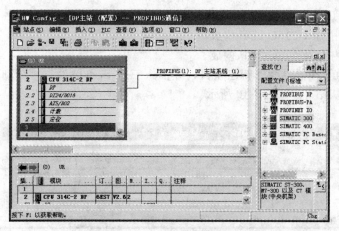

图 8-42　DP 主站硬件组态

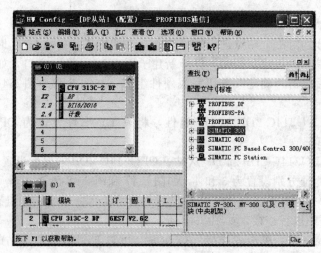

图 8-43　DP 从站 1 硬件组态

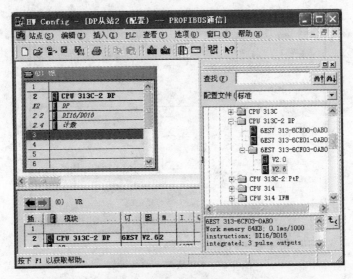

图 8-44　DP 从站 2 硬件组态

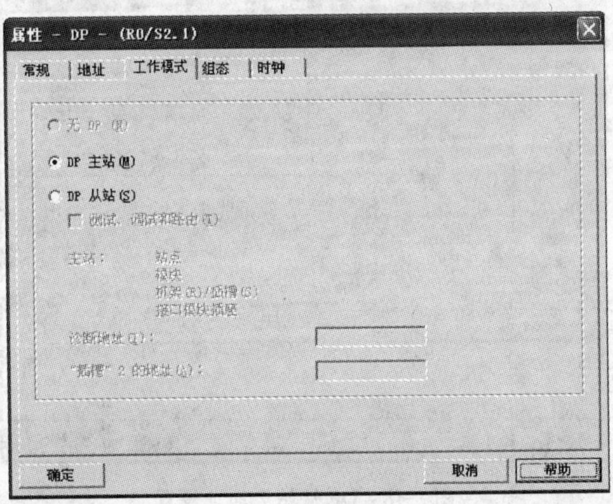

图 8-45　DP 主站属性设置

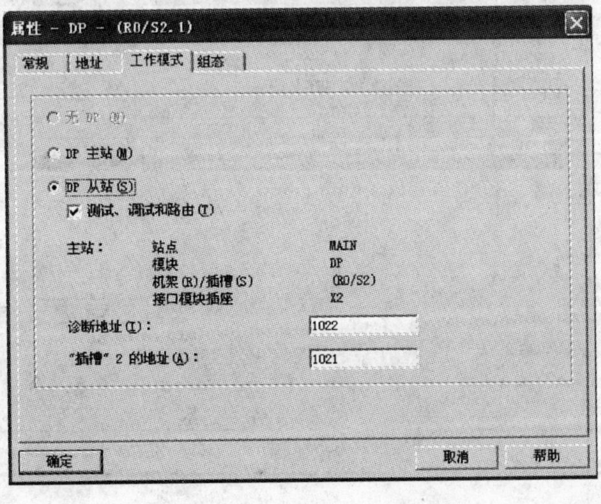

图 8-46　DP 从站属性设置

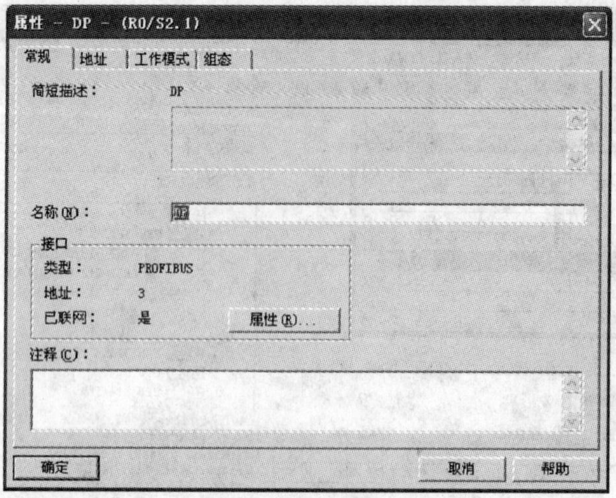

图 8-47　DP 从站 1 地址设置

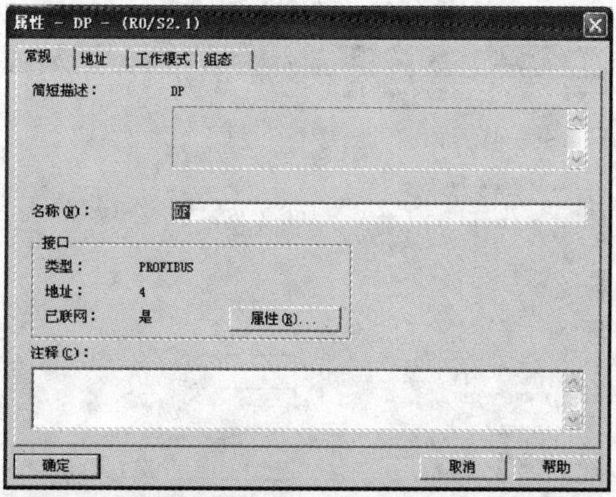

图 8-48　DP 从站 2 地址设置

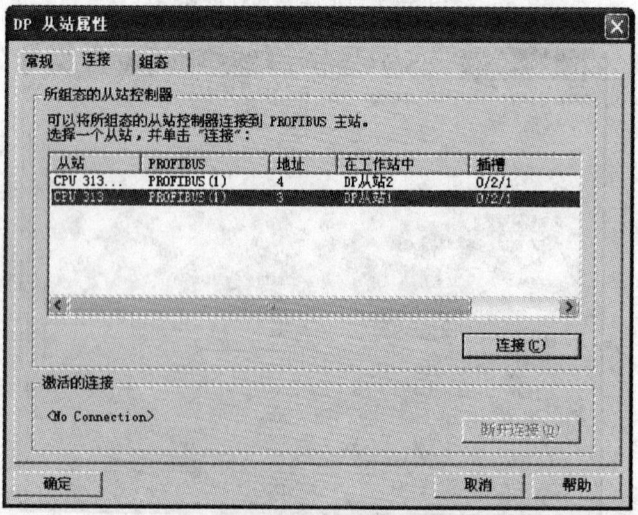

图 8-49　DP 从站连接属性设置标签

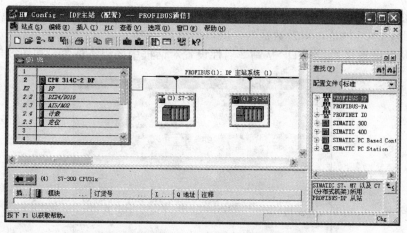

图 8-50　DP 从站和 DP 主站总线的连接

将 DP 从站 1 连接后，设置 DP 从站 1 属性设置对话框中的组态标签，如图 8-51 所示。

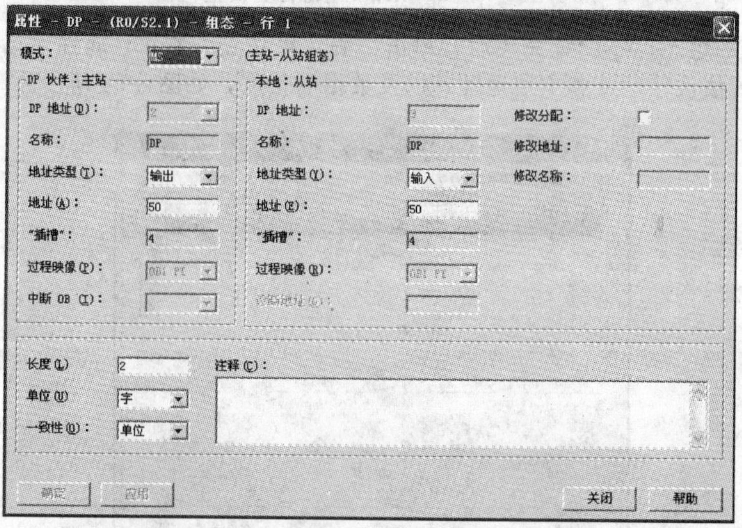

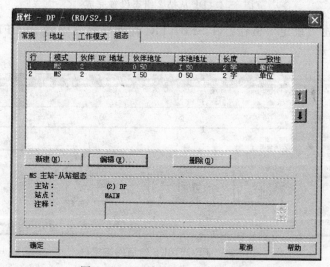

图 8-51　DP 从站 1 组态标签设置

图 8-52　DP 从站 1 组态设置完成

组态标签设置完成后，单击"确定"按钮，在 DP 属性对话框的组态页中会出现设置的通信伙伴地址和本地地址，以及数据的长度，如图 8-52 所示。

将 DP 从站 2 连接后设置 DP 从站 2 属性设置对话框中的组态标签，如图 8-53 所示。

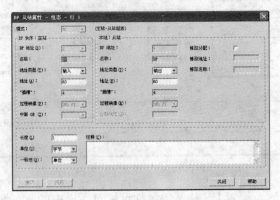

图 8-53　DP 从站 2 组态标签设置

DP 从站 2 的组态标签设置完成后，单击"确定"按钮，在 DP 属性对话框的组态页中会出现设置的通信伙伴地址和本地地址，以及数据的长度，如图 8-54 所示。

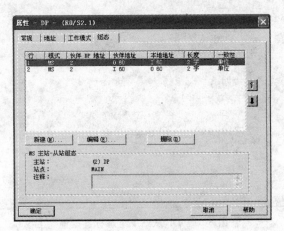

图 8-54　DP 从站 2 组态设置完成

设置完成后单击"确定"按钮，在 SIMATIC 管理器界面中将 PROFIBUS 网络界面打开后，如图 8-55 所示。

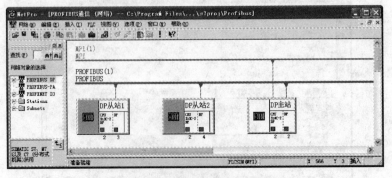

图 8-55　PROFIBUS 通信网络窗口

参 考 文 献

[1] 廖常初. 大中型 PLC 应用教程. 北京：机械工业出版社，2007.1

[2] SIMATIC S7-300 可编程控制器模板规范. 西门子中国有限公司

[3] SIMATIC S7-300 硬件和安装手册. 西门子中国有限公司

[4] 钟肇燊，冯太合，陈宇驹. 西门子 S7-300 系列 PLC 及应用软件 STEP 7. 广州：华南理工大学出版社，2006.1

[5] 陈建明. 电气控制与 PLC 应用. 北京：电子工业出版社，2010.1

[6] 秦益林. 西门子 S7-300PLC 应用技术. 北京：电子工业出版社，2007.4

[7] 廖常初. S7-300/400PLC 应用教程. 北京：机械工业出版社，2009.1

[8] 刘锴，周海. 深入浅出西门子 S7-300PLC. 北京：北京航空航天大学出版社，2004.8

[9] 胡健. 西门子 S7-300 可编程应用教程. 北京：机械工业出版社，2007.3

[10] S7-300 系列 PLC 硬件组态实例. 中国工控网

[11] 张运刚，宋小春，郭武强. 从入门到精通——西门子 S7-300/400PLC 技术与应用. 北京：人民邮电出版社，2007.8

[12] 《SIMATIC S7-200 可编程控制器系统手册》西门子中国有限公司

[13] 金沙，耿惊涛. PLC 应用技术. 北京：中国电力出版社，2010.2

[14] 孙平. 可编程控制器原理及应用. 北京：高等教育出版社，2003.1

[15] 肖峰，贺哲荣. PLC 编程 100 例. 北京：中国电力出版社，2009.6